博物学家的
神秘动植物图鉴

[意] 斯特凡诺·马佐蒂著   李禾子译

地震出版社
Seismological Press

图书在版编目（CIP）数据

博物学家的神秘动植物图鉴 /（意）斯特凡诺·马佐
蒂著；李禾子译 . -- 北京：地震出版社，2022.1
  ISBN 978-7-5028-5162-0

Ⅰ .①博… Ⅱ .①斯… ②李… Ⅲ .①动物学－生物
学史－世界②植物学－生物学史－世界 Ⅳ .① Q95-091 ②Q94-091

中国版本图书馆 CIP 数据核字 (2021) 第 100242 号

著作权合同登记 图字：01-2021-7019
Esploratori perduti.Storie dimenticate di naturalisti italiani di fine Ottocento
©2011 Codice edizioni,Torino
The simplified Chinese translation rights arranged through Rightol Media
本书中文简体版权经由锐拓传媒取得Email:copyright@rightol.com。

地震版　XM4520/P（6073）

博物学家的神秘动植物图鉴

［意］斯特凡诺·马佐蒂　　　著

李禾子　　译

责任编辑：李肖寅
责任校对：凌　樱

出版发行：**地震出版社**
　　　　　北京市海淀区民族大学南路 9 号　　　　　　　邮编：100081
　　　　　发行部：68423031　　68467991　　　　　　传真：68467991
　　　　　总编室：68462709　　68423029
　　　　　证券图书事业部：68426052
　　　　　http://seismologicalpress.com
　　　　　E-mail：zqbj68426052@163.com

经销：全国各地新华书店
印刷：三河市龙大印装有限公司

版（印）次：2022 年 1 月第一版　　2022 年 1 月第一次印刷
开本：710×960 1/16
字数：305 千字
印张：21
书号：ISBN 978-7-5028-5162-0
定价：88.00 元
版权所有　翻印必究
（图书出现印装问题，本社负责调换）

目录

绪　论

　　自然学家是一位文明化的猎手。他单枪匹马深入田野或树林，排除杂念，屏气凝神，以全身心去感知周遭的自然生命，并从每一个细枝末节中提取重要的含义。

　　——《亲生命性》（*Biofilia*），爱德华·威尔逊（Edward O. Wilson）

　　历史和科学教导我们，热情和欲望并不等于真理。

　　——《知识大融通》（*Consilience: The Unity of Knowledge*），爱德华·威尔逊

本书所讲述的故事，时间范围从意大利作为一个国家的诞生到第一次世界大战的爆发。如果说，光是书写这段几乎被遗忘的复杂历史就已足够困难，那么再将其与当下日新月异的世事变化相联系似乎就是难上加难。19世纪下半叶，真的与当今社会，与这个充满矛盾冲突、以科技为本，且瞬息万变的全球化社会有所关联吗？那个时代的故事在今天难以再现；也正因为如此，想从其中觅得当下的价值似乎有点儿荒诞，甚至匪夷所思。

但若真如爱德华·威尔逊在开篇引言中所说，历史和科学教导我们，热情和欲望并不等于真理，那么或许我们可以尝试去重温那些意大利探险家的旅程，判断他们的丰功伟绩在今天是否依然意义非凡。我们在后续章节里即将认识的旅行家们，除却对于功成名就的欲望和野心，或许还为我们留下了某些接近真理、永垂不朽的东西。

回望历史，那个时代的主角们以实现民族统一为理想，他们投身于罗马暴动、米兰五日起义，参加朱塞佩·加里波第（Giuseppe Garibaldi）的千人登陆行动。他们的家庭出身、社会阶层、文化背景、兴趣爱好不尽相同，其中既有商贩、冒险家、传教士、猎人、军人、记者、政客，也有知名科学家、地理学家、地质学家、动物学家、植物学家、人类学家。在意大利那段特殊的历史时期里，他们出于对知识和探索的渴求走到一起，怀着同样躁动不安的好奇心背井离乡，前往地球上那些未经涉足的处女地进行游历，收获新知。

对于意大利而言，19世纪也是工业化进程、实证主义和殖民主义高歌猛进的时代。正是在这一时期，新兴学科如民族人类学、生物地理学、生态学，以及融合了上述所有科目的生物多样性研究，开始了它们漫长的学科发展和方法演变的过程，进行了概念拓展以及理论巩固。

在19世纪，旅行和探险形成了一股名副其实的风潮。最初一批以旅游文学为主的报纸杂志也应运而生，它们带领读者在幻想的海洋里畅游。从1840年起，得益于国际性展览和殖民地展会的举办，每个人都有机会欣赏甚至亲手触摸到那些前所未见的自然珍宝（岩石、矿物、蛇、鳄鱼、羽翼绚丽的鸟儿，以及哺乳动物）。当时，地图、地球仪、各类风光写生和动植物写实画作已经随处可见，尤其是人物肖像照——有人将头戴饰以天堂鸟艳丽羽毛帽子的漂亮资产阶级小姐们和"凶猛的食人族"摆在一起，让其共同出镜。更有甚者，为了满足当时大众邪恶的窥阴癖需求，还将不同种族的人运至欧洲，作为"活体野人"展出。

博物收藏在当时极为盛行。在意大利上流社会的贵族和资本家中，收藏陈列柜里绝不能少了色彩缤纷的热带蝴蝶，来自新几内亚或阿比西尼亚（今埃塞俄比亚）的鸟儿，羚羊的头、角，或者其他猛兽标本。最炙手可热的莫过于鸟类标本，在19世纪它们常被用来装饰客厅，这被圭多·戈扎诺（Guido Gozzano）形容为"品质优良，品味恶俗"。旅行之风的兴起，还要归功于当时的作家从最初一批自然学家和探险家的详细报告中汲取灵感而来创作出的一系列文学作品；而那时，正是探险小说的鼎盛时期。埃米里奥·萨尔加里（Emilio Salgari）是那个时代知名的探险文学作家，而他作品里的许多场景和人物正是取材于奥多阿多·贝卡利（Odoardo Beccari）在婆罗洲所进行的科考之旅。

在探索地球的过程中，查尔斯·达尔文（Charles Darwin）和阿尔弗雷德·拉塞尔·华莱士（Alfred Russel Wallace）可谓两位关键人物，他们对意大利探险家的理论形成（和灵感方向）产生了重要影响。这两位英国科学家正是在环游世界的途中深化了物种进化理论，并从根本上改变了人类看待地球生命的方式，进而催生了一场科学文化革命。这全新的世界观开启了一个属于科学考察的新时代。在意大利，来自不同阶级、怀抱不同目的的人们，在未经涉足的大陆上开展了同样非比寻常的探险，从非洲之角的荒漠到南美洲的森林，从婆罗洲到新几内亚，从喜马拉雅之巅到北极，直至火地岛。

他们携带着勘测地形和检测气象的仪器、制作动物标本的工具、步枪与火药、捕虫网和装满酒精的玻璃瓶、蜡叶标本压制机、笨重的老式照相机，以及沉重的玻璃板，对成千上万的动植物新物种进行探索发现和分类编目，并对原住居民的风俗习惯进行了详细记录。我们随后将会陆续介绍，前往厄立特里亚和埃塞俄比亚的奥拉齐奥·安提诺里（Orazio Antinori）、前往婆罗洲的奥多阿多·贝卡利、前往苏门答腊的埃利奥·莫迪利阿尼（Elio Modigliani）、前往索马里的路易吉·罗贝奇·布里凯蒂（Luigi Robecchi Bricchetti）、前往新几内亚的路易吉·玛丽亚·德阿尔贝蒂斯（Luigi Maria d'Albertis）、前往高加索和喜马拉雅山脉的菲利波·德菲利皮（Filippo de Filippi）、前往巴塔哥尼亚的贾科莫·博韦（Giacomo Bove）、前往缅甸的莱昂纳多·费亚（Leonardo Fea），以及其他许许多多把一生中最美好的时光献给地理学、自然学和民族学探索事业的人们。

然而，旅途中并不只有冒险精神和惊世发现，肉体的摧残、疾病的困扰、严重的意外和当地人的敌意夺走了许多生命。只有少数人能够幸存下来，而即便是大难不死，这些幸运儿们在接下来的漫长岁月里也无法摆脱疟疾、痢疾和高烧的折磨，再也无法回到"正常"的欧洲生活。

一段意大利历史

为了全面了解 19 世纪下半叶至 20 世纪初意大利探险家们的精神信念、行为动机和文化背景，我们有必要在这里对当时意大利社会所经历的重大历史事件，以及世界范围内的社会、文化、经济和政治变革进行一个专门的介绍。

对欧洲而言，19 世纪的标签是工业化进程、自由主义，以及相较于（经历了两次世界大战的）20 世纪，欧洲列强间相对平和的外交关系。但同时 19 世纪也意味着帝国主义和侵略战争，欧洲国家对亚洲、非洲和美洲大陆的大举瓜分。19 世纪更是彼时的"超级大国"——大英帝国大肆扩张的时代。帝国的贸易网将海外商品运往西方，为相关运输企业积累了巨额利润，同时也为市场经济和金融行业的诞生奠定了基础。在这样的背景下，探险家、冒险家、传教士、贸易商人等角色相继诞生，他们为推动科学地理的发展做出了卓越贡献。蒸汽轮船和电报机的出现使我们的星球不再广阔也不再神秘，在帝国列强眼中，所谓的"海外"就此成为寻常之地。

意大利于 1882 年国家统一仅 20 周年之际，正式登台亮相。在最初的 20 年里，国内涌现出一批崇尚殖民主义的组织和团体，试图将意大利推上殖民扩张的道路。不过最终还是由当时的意大利政府正式拍板通过这一决策。

紧随其他欧洲列强的脚步，意大利政府调整外交政策，发起了一次殖民行动：法国的反对，迫使意大利放弃突尼斯，将目标转向厄立特里亚，并由此切实地参与到了"瓜分非洲"的行动之中。意大利的第一步是夺取位于红海的阿萨布湾；随后的一系列行动使意大利跻身当时的殖民国家行列，而这一重大政治战略决策，使得此后的意大利在外交关系中持续徘徊于犹豫、恐惧和渴望之间。

为了了解当时的政治风向，让我们一起重回 1869 年：

当时担任意大利总理的是路易吉·闵那布利（Luigi Menabrea）将军，他来自历史右翼[1]，是维托里奥·埃马努埃莱二世（Vittorio Emanuele II）的亲信。尽管在非洲和东方沿海地区建立商贸基地的时机已经成熟，但意大利政府并不想直接介入。最佳策略是将私人贸易公司推到前台当代理人，例如拉斐尔·鲁巴蒂诺（Raffaele Rubattino），而国家则为鲁巴蒂诺公司提供贷款，帮助它配备船只远征印度洋，同时指派探险家朱塞佩·萨佩托（Giuseppe Sapeto）加入勘察，在红海沿岸寻觅一块可用的商贸基地。萨佩托在海军少将古列尔莫·阿克顿（Guglielmo Acton）的陪同下，前往厄立特里亚海岸，并为公司选定阿萨布湾这一避风港，此处不受常年造访红海地区的季风困扰。1869 年 11 月 15 日，萨佩托和阿克顿与阿萨布部落酋长签署了一项协定，以 3 万里拉的价格收购了阿萨布湾周边的土地。

此时，在闵那布利的继任者，时任总理乔瓦尼·兰萨（Giovanni Lanza）的主导下，意大利政府与鲁巴蒂诺公司签订了一项正式协议，使这次完全由政府资助的行动，表面上看起来像是一个私人企业的自主行为。兰萨如此选择为的是避免受到伦敦和巴黎的苛责，当时已经占领红海沿岸大部分土地的英法两国，显然不愿看到第三国插足的情况。

受意大利政府任命，萨佩托登上了鲁巴蒂诺公司的"非洲"号商船，沿着"热那亚—孟买"航线出发，前往非洲的红海沿岸展开探索研究，同时调查曾在非洲内陆建立农业殖民地的乔瓦尼·贾辛托·斯泰拉（Giovanni Giacinto Stella）之死一事。同行的还有两位年轻科学家，奥多阿多·贝卡利和阿尔杜罗·伊塞尔（Arturo

---

[1] 称为"历史右翼"是为了和 20 世纪出现并沿用至今的右翼区分开，特指 1849 年由加富尔伯爵（Conte di Cavour）领导并延续至意大利统一的参政政党。

Issel），以及最后一刻才加入旅程并曾代表意大利政府出席苏伊士运河开通仪式的"泰斗"级探险家奥拉齐奥·安提诺里。在伊塞尔看来，这片面向红海的海湾，"被一条距离摩卡海滨仅 35 海里的海峡一分为二，这里应该能够吸引，至少一部分，珍贵的也门咖啡的贸易活动——目前它们都流向了亚丁市场；距离这片广阔原始的咖啡产地不远的是加拉人①（Galla）的地盘，那里有望被打造成商业中心和贸易港；同时在那里，我们的部分农产品似乎也能猎得不错的商机"。

就这样，1870 年 3 月 13 日，阿萨布海湾的布亚海角上升起了意大利三色旗。尽管收购阿萨布的成本相当之高（意大利政府为此支付了 10.41 万里拉），但没过多久它就被弃在一旁了。在最初的热情消散后，各种批评、质疑和反对意见就从四面八方奔涌而来。意大利的行动不仅引起了埃及的极度反感，更造成了英国的不悦。后者认为，意大利的介入，对各大殖民势力在这块战略要地上所做的平衡博弈构成了威胁。

事实上，就连鲁巴蒂诺也忽略了阿萨布商贸基地，转而钟情于埃及和阿拉伯半岛等更具优势的港湾。1871 年，尼诺·比西奥（Nino Bixio）提出"阿萨布案"，并在议会质问②中严厉批评政府的相关做法。比西奥提出对阿萨布湾实施军事占领，同时要求意大利正式拥有该领土的主权。他的提议使民众重拾兴趣，也逼迫谨慎的兰萨攻占厄立特里亚。

于是，意大利政府便下令给"韦托·皮萨尼"（Vettor Pisani）号蒸汽护卫舰指挥官洛韦拉·迪玛利亚（Lovera di Maria）伯爵，要求他前去勘察这块殖民地的

---

①今称奥罗莫人（Oromoo）。奥罗莫人是一个主要分布在埃塞俄比亚的民族，同时也有部分分布在肯尼亚东部、北部以及索马里。

②指在议会中，一名或多名议员对意大利共和国政府提出疑问，以了解关键政治决策的原因。

真实潜力。参与任务的还有一个专家委员会，他们负责评估这片殖民地的实际价值。调查结果十分明确：阿萨布不适合成为殖民地，因为它既不能成为商贸基地，也不能成为农业殖民地。由此开始，直至多年以后，意大利才重拾殖民非洲的想法。

19世纪80年代初，阿戈斯蒂诺·德普雷蒂斯（Agostino Depretis）出任历史左翼①政府首脑，时任外交部长的是著名学者、国际法专家帕斯夸莱·斯坦尼斯劳·曼奇尼（Pasquale Stanislao Mancini）。正是在这一时期，意大利迈出了正式殖民东非的第一步。1882年7月4日，意大利政府决定向鲁巴蒂诺公司购买其在阿萨布湾的土地权益，并于1885年2月5日派遣了一支远征部队正式登陆厄立特里亚海岸，占领马萨瓦。虽然这一系列事件在国际上的影响力不足挂齿，却标志着意大利在面对欧洲列强间的微妙平衡时，在政治选择上做出的重大转折。

此次行动也使意大利亲身参与到一个具有划时代意义的国际进程当中来。其源头可追溯至15世纪，也就是葡萄牙对非洲和亚洲进行扩张的时期，同时也是克里斯托弗·哥伦布（Christopher Columbus）发现美洲大陆的年代（1492年）。然而直到19世纪，真正具有经济军事意义的体制才开始出现。初期（19世纪上半叶），它更像是一种"非正式帝国主义"，后来逐渐演变为"正式帝国主义"，一系列依附于核心国家的真正意义上的边缘省份随之建立起来。这一殖民浪潮的成因复杂，也无法用单一观点进行解释。若要究其根源，那么势必要展开更为深入的分析和研究，而这似乎与我们的既定目标不符。所以，我们在此仅对推动帝国主义兴起的部分因素稍事回顾。

在19世纪最后10年里，银行资本紧密参与了第二次工业革命的生产进程，

---

①称为"历史左翼"，是为了和20世纪出现并沿用至今的左翼区分开。特指从"议会革命"发生并导致历史右翼倒台的1876年开始，直到1896年的参政政党。

同时欧洲列强间为掠夺资源而起的竞争，也在殖民政策中燃起新一轮硝烟。资源掠夺也与当时的政治、经济、金融和帝国主义文化息息相关，由此构建的政治经济体系为那个时代留下了深深的烙印。同时，文化因素对殖民现象的影响也不容小觑。实证主义和自由主义的核心理念使欧洲人认为，他们在文化和文明层面上相较于其他大陆的居民更为优越。深受社会达尔文主义影响的欧洲人认为有必要向原住居民传播西方文明，促使其"向更高等级进化"，以摆脱"没有历史的民族"这一悲惨处境。

这场游戏的主要玩家是当时的两个超级大国：一个是英国，它得益于声势浩大的探险活动以及日益工业化的经济体系，对亚洲、大洋洲、北美洲、非洲的许多地区进行了渗透；另一个则是法国，尽管在拿破仑战争落败后它失去了原有的殖民地，但在19世纪初它又重拾殖民活动，并成功占领了位于北非和远东地区（中南半岛）的大片土地。为了更好地了解殖民现象的覆盖面，我们仅需知道1880年的欧洲统治了约2400万平方千米的殖民地和居住于此的3亿多人民。1913年的欧洲拥有约3.2亿居民，管辖着约5300万平方千米的帝国领地和分布于世界各地的约5.5亿臣民。

在这些欧洲超级大国面前只能算是个二流球队的意大利登场了。19世纪80年代初，意大利的工业化进程还处在萌芽阶段，只有不到10%的意大利人生活在大城市。意大利的殖民地十分有限，其海外领地仅占世界殖民地总面积的不到4%。其他列强在殖民地所拥有的臣民数量要远超其国内居民数量；而1913年的意大利在拥有厄立特里亚、索马里和利比亚三个海外殖民地的情况下，殖民地臣民数量与意大利本土居民数量的比例最高达到1∶15。

意大利选择参与这场艰难的游戏，是因为帝国主义归根结底是一个需要与欧洲各国保持微妙平衡、需要特定国际关系的政治经济体制。因此，年轻的意大利也不可避免地要加入这一复杂的国际关系网。从外交、经济和文化的角度来看，殖民事业成就了传奇般的自由主义意大利。为构建殖民帝国而进行的努力与竞争成为新目标，意大利试图就此提高自身地位，拉近与其他大国的距离。

德尔·博卡（Del Boca）认为，在殖民体系的背景下，探险家这一角色在意大利政府对目标领土进行攻占的过程中，（多少刻意地）发挥了关键作用。与此同时，被巨大商业利益所驱动的殖民游说团体，也不断推动着意大利进行海外殖民。其中主要有萨伏伊（Savoia）家族、强大的意大利地理学会、各大探险协会以及各种殖民主义团体。为他们撑腰的是国内新闻界、军火和船舶制造业者等，其高层领导大多来自共济会，而该组织在意大利的鼎盛时期正是 19 世纪下半叶。

意大利探险家成为最早一批抵达目的地的开拓者，而在欧洲帝国主义的竞争中，这种探索优先权将被转换成探险家所属国对目的地进行的殖民优先权。随着这一制度的出现，探险家成为先遣部队；若探险家在勘察过程中遭遇不幸，那么这种殖民选择会被强化成正当权益，而其本人也将被追封为烈士。

早在实现国家统一之前，意大利就已经与非洲以及东方建立了繁荣的贸易关系。这批先驱们在以私交为主、无关政治的前提下，为意大利的殖民事业奠定了基础。同时还有大批传教士，他们是第一批向东非原住居民传播福音的宗教人物，他们规划了深入这片大陆的最初途径。在他们之中，将会有不少重要人物出现。

先　驱

第一位主人公，是我们在前文中已经提过的朱塞佩·萨佩托。作为圣拉撒路骑士团①的一员，他行经红海沿岸，成为意大利殖民扩张的先行者之一。1837年，他定居阿杜瓦，并写下了一系列描述厄立特里亚和阿比西尼亚的作品。之后，他又移居巴黎、佛罗伦萨和热那亚，教授阿拉伯语。1869年11月，他代表鲁巴蒂诺公司重返非洲，负责阿萨布湾的收购事宜。

萨佩托是一个复杂多变、好奇心强烈的人。他以科学为重，传播科学甚于传教。在教士这个身份之前，萨佩托首先是一位地理学家、自然学家、考古学家、民族学家和语言学家。正如德尔·博卡（2001年）所言，他是科普特（Copti，意为埃及的基督徒）修道院与教堂神圣遗迹的掠夺者。在其最著名的作品《寻访门萨、博戈斯和哈巴布族人》（ *Viaggio ai Mensa，ai Bogos e agli Habab* ）中，他用极具个人特点的语言和借古喻今的风格写出了自己的愿景：

　　"上帝保佑，希望我这项工作能够吸引哪怕一个意大利人去展开有益的科学之旅；时至今日，马可·波罗已经后继无人了。至少据我所知，已经没人愿意本着一颗热爱科学的心，告别意大利，远赴那些资源丰富、充斥着文物古迹和珍贵手稿的地方，并通过学习和研究，为自然史、民族志学②、地理学、历史学、文献学等学术发展做出贡献，使我国在这些领域得以跻身欧洲最具文化竞争力的国家之列，一如我们在政治外交领域所获得的成就。"

对埃塞俄比亚文化的浓厚兴趣，使他不可避免地参与到了当时错综复杂的殖民

---

①曾是耶路撒冷王国的一个医学与军事修会，成立于12世纪。
②也称民族志研究，它通过实地考察，直接接触单一群体的文化对其进行研究。要注意区分民族志学和民族学。民族志学负责记录和撰写单一民族的相关资料，而民族学则是人类学的分支，负责对采集到的民族志材料进行研究，比较与分析人类的族群、种族与（或）国家群体之间的起源、分布、技术、宗教、语言与社会结构。

行动中。对当地情况的深刻了解使他得以为殖民活动出谋划策，并在当时担任了我们今天所说的外交官一职，负责与统治埃塞俄比亚各个地区的部落首领们对接，这些部落包括蒂格勒族（Tigrè）、绍阿族（Scioa）、门萨族（Mensa）、哈巴布族（Habab）、高吉安族（Goggiam）。萨佩托的企业家精神在他自己的文字中显露无遗：

> 阿萨布是阿比西尼亚全境，或者说至少大部分地区的交通枢纽，这是促使我选择它作为意大利殖民地的重要原因……不过我无意攻占阿比西尼亚。哎！我只是希望我们能主导那片地区的商业贸易。

另一位代表人物则是古列尔莫·马萨亚（Guglielmo Massaja），方济嘉布遣会修士[1]，曾担任都灵马利佐救济会的神父。他醉心于医学，并作为精神导师与维托里奥·埃马努埃莱二世国王交往密切；同时他也是作家西尔维奥·佩里科（Silvio Pellico）的好友。1846年，他被教皇格列高利十六世（Gregorio XVI）任命为宗座代牧[2]，并前往埃塞俄比亚进行传教。马萨亚溯尼罗河而上，穿越沙漠，来到埃塞俄比亚原住居民奥罗莫人的领地，并作为代牧在此度过了35年的传教生涯。他的一生颠沛流离，曾前往圣地[3]朝拜，也饱受牢狱之灾、流放之苦；但钢铁般的意志和坚韧不拔的精神让他最终成功建立了一系列的传教会和救济中心。

马萨亚是第一个将教理问答（基督教各派教会对初信者传授基本教义的简易教材）翻译成奥罗莫语的欧洲人。精通医术的他一直致力于为当地原住居民治疗一些地方性流行病，尤其是天花，因此被当地人尊称为"天花之父"。

---

[1]一支成立于1525年的天主教男修会，方济会的三大分支修会之一。
[2]直接听命于教皇的主教，负责管辖代牧区——天主教徒数量未达标的非正式教区，目的是培养信徒以便成立正式教区。
[3]约旦河与地中海之间的一个区域，包括约旦河的东岸，犹太人、基督徒、穆斯林均以此处为神圣之地。

但马萨亚最为人称道的功绩，是为早期抵达非洲中东部的外交科考团队提供了不可或缺的支持。这位传教士的政治影响力与日俱增，直至成为绍阿国王孟尼利克（Menelik）的顾问；同时他还参与了自 1889 年起埃塞俄比亚首都亚的斯亚贝巴的建设。约翰四世（Giovanni IV）皇帝在统一埃塞俄比亚后，开始忌惮马萨亚的威望，在 1879 年将他流放海外。回到意大利后，马萨亚在圣乔治阿克雷马诺（San Giorgio a Cremano）度过了他生命中的最后几年，最终在极度贫困中黯然离世。今天，他在非洲东部收集的各种材料都被保存在弗拉斯卡蒂（罗马）"古列尔莫·马萨亚"埃塞俄比亚博物馆中。

与萨佩托紧密相连的还有乔瓦尼·贾辛托·斯泰拉——一个在意大利进行非洲殖民的早期极具争议的人。1847 年 9 月，经过祝圣仪式（在授予圣职时会进行的宗教仪式，寓意将身心献给上帝）成为神父之后，他便前往非洲进行传教，并在公会学院（Collegio della Congregazione）的所在地阿加缅（Agamien）落脚。1849 年，为躲避针对传教士的迫害，他搬到贡德尔（Gondar），随后又移居至马萨瓦附近。他在那里一直待到 1852 年初，直到与萨佩托一起开启了一次漫长而危险的旅行——探索埃塞俄比亚西部，并在那里成功与当地人建立了友谊。

刚一抵达，斯泰拉就尝试与加富尔取得联系。斯泰拉深知加富尔对非洲沿岸的殖民扩张充满兴致，于是便向他寻求支持以实现自己在该地区建立农业殖民地的计划。然而这一计划，以及他与一位当地女性多年的同居关系，使得他与教会产生了矛盾。而这一切最终令他在 1866 年做出了一个大胆的决定——脱下教士长袍。但是，这块由他建立在博戈斯人地盘上的殖民地尚未成熟。1870 年，奥拉齐奥·安提诺里来到这里，见证了斯泰拉美梦的终结［博纳蒂（Bonati），2000 年］。斯泰拉在经历了漫长而痛苦的煎熬后，于 1869 年在非洲大地逝世。

19 世纪最著名的传教士当中，尤其值得一提的还有达尼埃尔·孔博尼（Daniele

Comboni）。他于 1831 年出生在利莫内小镇的一户工人家庭，是八个兄弟中唯一存活下来的幸运儿。他曾就读于维罗纳的一所男校，师从尼古拉·玛扎（Nicola Mazza）神父——正是他激发了孔博尼对非洲大陆和传教事业的热爱。在完成哲学和神学学业之后，孔博尼于 1854 年被特伦托主教乔瓦尼·奈博穆切诺·德奇德里尔（Giovanni Nepomuceno de Tschiderer）任命为神父。3 年后，他开始了自己的首次长途旅行。在沙漠中穿行 4 个月后，他抵达了苏丹的喀土穆。那几年里，孔博尼在位于博尔戈尔 - 努巴（Gebel-Nuba）地区的戈尔凡山脉（Golfan）和青尼罗河沿岸进行了多次探索，并于旅途中收集了相关地形的数据，绘制了新版的达尔努巴（Dar Nuba）地图。此外，他还致力于誊写努比亚语字典，并积极学习登卡人（Denka）的语言。

孔博尼的人道主义尤其表现在其对废除非洲奴隶制度所做的努力上。1867 年，他建立了自己的传教修会，其成员后来都被称为"孔博尼教士"；同年，他还创办了一份杂志。1872 年，教皇庇护九世（Pio IX）决定将中非的传教任务委托给孔博尼教士们，并在 1877 年将孔博尼任命为该地区的主教和中非的宗座代牧。孔博尼所建立的修会，为陆续前往喀土穆的探险家们指引了方向，加埃塔诺·卡萨蒂（Gaetano Casati）、佩莱格里诺·马泰乌齐（Pellegrino Matteucci）和罗莫洛·杰西都曾到访于此；后者在 1881 年前往加扎勒河的途中险些丧命，正是得益于孔博尼修女们的精心照料才有幸康复［罗马纳托（Romanato）1998 年］。

与此同时，孔博尼与曼弗雷多·坎佩里奥（Manfredo Camperio）交往密切，后者创办及主编的杂志《探险家》（L'esploratore）详细刊登了孔博尼在位于苏丹科尔多凡南部的达尔努巴进行探险活动时所收集到的地形地貌勘探数据。

殖民地旅行家

在意大利殖民事业的主要支持者中，有一个早在 19 世纪上半叶就已崭露头角的重要角色，他就是曼弗雷多·坎佩里奥。1847 年，他因政治阴谋而被放逐到林茨；次年他参与了革命起义；1849 年，他参加了第一次意大利独立战争并再次被流放海外。1850 年，他前往伦敦，登上了远赴澳大利亚的轮船；抵达墨尔本后，因生活所迫，他不得不在名为"水手 - 通道"（Sailors-Gallery）的金矿里做了一名矿工［弗加扎（Fugazza）和马尔凯蒂（Marchetti），2002 年］。

此后他又以水手的身份登上了荷兰帆船"古列尔莫·巴伦茨"（Guglielmo Barrents）号，以满足自己那不可抑制的探索热情。1857 年，不屈不挠的坎佩里奥在米兰再次参与政变，并被流放至皮埃蒙特（Piemonte）。1859 年，他参军入伍，参加了意大利所有的独立战役，其中包括以上尉军衔和曼弗雷多·方蒂（Manfredo Fanti）将军的副官身份所参与的 1866 年一役。翌年，他与公共教育部长切萨雷·科伦蒂（Cesare Correnti）、加埃塔诺·内格里（Gaetano Negri）及著名科学家古斯塔沃·乌兹耶利（Gustavo Uzielli）在佛罗伦萨创立了意大利地理学会。

重返东方之后，1869 年底，坎佩里奥与奥拉齐奥·安提诺里一起出席了盛大的苏伊士运河通航仪式。1877 年 7 月，他在米兰创办了《探险家：旅行地理商报》（*L'esploratore. Giornale di viaggi e geografia commerciale*），并担任主编。坎佩里奥在这个期刊上发表了多篇文章，极力煽动意大利政府在全球战略要地进行殖民活动。

他的这些意见均来自合作者们所发来的信息。他的合作者，即这群当时真正的特使，应他之命前往世界各地进行探索。其中最为活跃的，是身处摩洛哥的朱利奥·阿达莫利（Giulio Adamoli）、前往阿根廷潘帕斯草原的朱塞佩·维戈尼

（Giuseppe Vigoni）、被派往阿拉伯和索马里的伦佐·曼佐尼（Renzo Manzoni）和前文已经提过的前往苏丹的罗莫洛·杰西。此外，还有绍阿的奥拉齐奥·安提诺里、努比亚的卡洛·皮亚贾（Carlo Piaggia）、泽拉（Zeila）的安东尼奥·切基（Antonio Cecchi）、新几内亚的路易吉·玛丽亚·德阿尔贝蒂斯和苏丹的达尼埃尔·孔博尼。

从 1878 年起，坎佩里奥的主要活动转为推动和组织非洲探险。也正是在那一年，他在米兰成立了非洲商业勘探协会。该协会与意大利地理学会以及几位伦巴第企业家一起，为奥拉齐奥·安提诺里侯爵所率领的赤道湖泊科考队提供了重要支持。

在最初那批被纯粹的冒险精神和求知欲望所驱使的探险家之中，尤其值得铭记的是卡洛·皮亚贾。他于 1851 年离开祖国，先是前往突尼斯，随后抵达埃及和苏丹，并沿着尼罗河一路探索周边地区。接触到原住居民文化后，他便开始尝试学习当地语言以更好地领略那里的风土人情。随后我们还将在奥拉齐奥·安提诺里身边看到卡洛·皮亚贾，并将了解他是如何成长为当时首屈一指的民族学家和自然学家的。

同样跻身著名先驱行列的还有乔瓦尼·米亚尼（Giovanni Miani），他分别于 1848 年和 1849 年在罗马和威尼斯参与革命运动。他曾沿尼罗河一路探索，追寻其源头，并最终抵达乌干达。米亚尼不拘一格，生性躁动不安；他涉猎广泛，从音乐到教育，甚至农业和埃及学研究，都是其兴趣所在。坎佩里奥对米亚尼的勘探大加赞赏，并在自己的作品中将其与美国著名探险家亨利·史坦利（Henry Stanley）相提并论。1857 年，米亚尼在巴黎提出了寻觅尼罗河源头的计划，而这也让他被提名为法国地理学会会员。同年，他与好友安德烈亚·博诺（Andrea Bono）一同踏上了冒险之旅，沿着苏丹的白尼罗河一路行至马克多瀑布（cascate di Makedo），随后抵达距离尼罗河源头仅 60 千米的乌干达尼穆拉平原（piana di Nimula）。据舒尔迪奇

（Surdich，1986 年）回忆，米亚尼还把自己的名字刻在了那里的一棵拥有百年树龄的罗望子树上，直至今日，当地人仍然把这棵树称作"旅行家之树"。

米亚尼于 1871 年返回非洲，当时已经 60 岁高龄的他跟随商队，进行了一场探险：他们沿着韦莱河（fiume Uele）行进，直抵芒贝图人（Monbuttuù）和布坎戈人（Bkango）的领地。他在那里待了数月之久，并与可怕的食人族尼安 - 尼安人（Niam-Niam）进行了亲密接触。他在此次探险中搜集整理的大部分自然学藏品和民族学资料目前仍被保存在威尼斯自然历史博物馆中。但米亚尼最终在旅途中不幸离世，并将两个阿卡俾格米人①（Pygmies）托付给了意大利地理学会。在他逝世之后，这两个俾格米人被转交给了米兰自然历史博物馆馆长埃米里奥·科尔纳利亚（Emilio Cornalia）。此人于 1874 年与保罗·潘切里（Paolo Panceri）、克里斯托弗·贝洛蒂（Cristoforo Bellotti）一道前往喀土穆，开展非洲动物群的研究和采集工作。回到意大利后，这两个俾格米人也作为研究样本被他们带往各地进行"科学巡展"，并在当时引起了强烈关注和极大反响。

另一位极富冒险精神的探险家则是我们前面提到过的拉文纳（Ravenna）人罗莫洛·杰西，他是一名烧炭党②（Carbonari）的政治流亡者，曾服役于英国军队并参加了克里米亚战争，随后还加入了加里波第领导的"阿尔卑斯猎手"这一武装力量。杰西是战火中人，时常冷漠无情。他接触原住居民文化完全是出于统治目的，与皮亚贾和米亚尼的理念截然不同。1874 年，杰西被他在克里米亚结识的好友戈登·帕夏（Gordon Pasha）邀至苏丹。从此杰西便开始陆续参与由意大利探险家所组织的考察活动，一同探索当时还鲜为人知的非洲之角。同时，性子火暴

①并不是一个种族，而是泛指所有全族成年男子平均高度低于 150 厘米或低于 155 厘米的种族。今天"俾格米人"这个名词一般被用来专指在非洲的相关人种。
②1800—1831 年活跃在意大利各国特别是意大利半岛南部的秘密民族主义政党，致力于意大利的统一和自由。

的杰西还在尼罗河支流加扎勒河的河谷地区积极打击奴隶交易，并因此赢得了"非洲加里波第"的美誉。

在这片凶险陌生的土地上进行了多年的惊世冒险之后，这位来自罗马涅（拉文纳所在的大区）的旅行家将这一系列充满戏剧性的故事收录在《在埃属苏丹度过的七年——发现、狩猎与反黑奴贩卖》（*Sette anni nel Sudan Egiziano. Esplorazioni，cacce e guerra contro i negrieri*）中。此书于他死后的 1891 年面世，由他的儿子菲利切（Felice）和曼弗雷多·坎佩里奥共同出版。在他的一系列探险项目中，最具科学地理价值的当数 1874 年的加扎勒河勘察，以及与皮亚贾共同进行的阿尔贝托湖（lago Alberto）环湖之旅。同时，他是第一个用肉眼目睹鲁文佐里（Ruwenzori）雪山并确认了其存在的探险家。1878 年，他和佩莱格里诺·马泰乌齐一同沿着青尼罗河探索，虽然未能与切基和基亚里尼（Chiarini）的探险队会师，但还是成功收获了一部分阿姆哈拉人（Amhara）的民族学材料（舒尔迪奇，1986 年）。最终，杰西非凡的一生却迎来了戏剧性的收尾：他在 1881 年回国途中不幸死于苏伊士。

杰西的旅伴，是我们前面提到过的一位医生，佩莱格里诺·马泰乌齐，尽管同样来自拉文纳，但实际上二人的私交并不好。马泰乌齐被当时通俗文学中极为流行的旅行故事所吸引，决心去探索新的地域和文化。他最初的探险完成于苏丹以及奥罗莫人的领土，他在那里进行了重要的自然科考，而其成果都被记录在了 1879 年由米兰特莱维斯（Treves）出版社出版的《苏丹和奥罗莫人》（*Sudan e Gallas*）中。同年，马泰乌齐收到探险协会的邀请，以商业与科研为目的对阿比西尼亚进行勘察。他从厄立特里亚的马萨瓦出发，穿越提格雷（Tigrai）以及埃塞俄比亚的其他地区，一路直抵青尼罗河右岸。旅途结束后，他在 1888 年由特莱维斯出版的第二本作品《于阿比西尼亚》（*In Abissinia*）中，讲述了考察期间的经历以及对沿路国家的观察记录。

在意大利稍事停留后，马泰乌齐于 1880 年 2 月和乔瓦尼·博尔盖塞亲王（principe Giovanni Borghese），以及马萨里（Massari）中尉一起开始了横渡非洲的旅程。博尔盖塞亲王只陪他行进了部分路段并承担了全部探险费用，而马萨里中尉则与他一起完成了整趟行程，并陪伴他直到生命的最后一刻。他从红海出发，随后抵达大西洋沿岸的尼日尔河河口，其间横穿了埃及、苏丹、达尔富尔、乍得、博尔努帝国、芒加王国、尼日尔、埃根和达荷美，全程总长 4600 千米。这趟堪称幸运的旅途实际上也充满了波折与磨难，威胁着马泰乌齐的健康：他在经海路返回利物浦的途中，持续不断地发着高烧。他于 1881 年 8 月 5 日登陆英国，并在抵达伦敦后的 8 月 8 日与世长辞。马泰乌齐的遗体最终由火车途经巴黎运回意大利；火车沿途停留期间，人们纷纷向他的遗体致以崇高的敬意，这一切彰显了马泰乌齐在当时的人气与声望。

在当时众多的环球旅行家之中，还有一位名叫安杰洛·卡斯戴尔博洛涅西（Angelo Castelbolognesi）的费拉拉人。年仅 17 岁之际，他就作为商业代理远赴埃及，此后又迁至苏丹。在那里，他先是担任了银行家、英国领事约翰·佩瑟里克爵士（sir John Petherick）的代办，后又成为一家蜡制品贸易公司的代表。随后他还进行了鸵鸟毛的贩售，生意遍及欧洲多国。1856 至 1857 年，他进行了人生中最重要的探险之旅。他沿白尼罗河行进，一路直达与加扎勒河汇流处（卡斯戴尔博洛涅西，1988 年）。尽管他是个彻头彻尾的商人，但其身上蕴含的探险家与收藏家特质也让他在旅途中收获了一系列珍品，并为费拉拉自然历史博物馆提供了最为核心的一系列藏品。

奔赴非洲大陆，尤其是非洲之角的探险家与日俱增。这要归功于各大商业协会（如非洲商业勘探协会）在殖民主义游说团体的推动下频繁组织的探险活动。这些探险家们戏剧性十足的冒险经历，大大丰富了当时的游记文学创作，并为后世的历史分析提供了充足的研究资料。这类文学作品能帮助我们全面了解意大利在探索非洲过程中所经历的历史事件，同时它们也针对探险文化展现出了属于那个特殊历史时期的典型解读：讲述意大利探险家的事迹，强调他们作为民族英雄的形象，着重赞颂他们的丰功伟绩；同时以历史学特有的严谨态度对各类事件进行分析，研究事件背后的动机以及这些行为所带来的政治影响；最后还不忘批判殖民时期意大利的残忍暴行。

这里值得强调的是，尽管在前殖民阶段意大利尚未拥有海外殖民地，但它并不缺乏研究非洲文化与东方文化的学者，以及跻身国际科学界的科学家与自然学家。早在 18 世纪与 19 世纪上半叶，伟大的科学探索之旅已经为各类自然学科的诞生奠定了基础。这些学科范围广，从地理学到地质学，从植物学到动物学，从考古学到民族人类学。同时值得一提的是，虽然自 19 世纪上半叶以来，欧洲的自然科学发展得如火如荼，但对于意大利统一前那些零星散落在亚平宁半岛的城邦国家而言，科学进步聊胜于无。但在此期间也有人尝试为自然科学的发展做出自己的贡献，其中极具代表性的人物就是享誉世界的自然学家和动物学家夏尔·波拿巴（Carlo Bonaparte）亲王。正是他推动了意大利科学家首次全国性会议的举办，并且该会议在此后持续举办了 9 次，直至 1863 年。在托斯卡纳大公莱奥波尔多二世（Leopoldo Ⅱ）的支持与参与下，波拿巴于 1839 年 10 月在比萨组织了第一次意大利科学家大会并取得了巨大成功。

400 位与会者协力合作，为打造一个真正的社区共同体奠定了基础，以科学之名提前实现了民族统一。那一时期的意大利学者纯粹为科学所驱使，与殖民国家外派的特使不同，他们无意进行海外资源开发的务实作业。当时数量可观的各类专业杂志也着力于刊载探索之旅的细节，及时为意大利读者们更新旅程资讯。其中因世界范围内对东方文化日益剧增的兴趣而催生出的最具象征意义的产物，就是 1873 年由奎多·科拉（Guido Cora）在都灵创办的《宇宙》（Cosmos）杂志。

正如我们在厄立特里亚阿萨布湾事件中所介绍的那样,除了那些无私的探险家,还存在着许多人,他们当中既有欧洲文化界的著名学者,也有急于推动意大利殖民主义发展的传教士和冒险家。就这样,新成立的意大利政府,在经济和政治利益的驱动下,开始向其他大陆进发。船舶动力的发展——从风帆到发动机的改变,以及苏伊士运河的开通,为意大利主要港口城市(热那亚、那不勒斯)的商会提供了前往远东和非洲谋取海上利益的重要动力。正是这种商业上的转型,促使各地政府着手寻觅商业基地,以扶持各大船主与贸易商人。

意大利登场

统一后的意大利在经济、军事等各层面皆是兵微将寡,同时在外交政策上对法国俯首称臣。羸弱之姿绝对不是大刀阔斧开展海外殖民事业的理想条件。当时,大多数意大利人还是目不识丁的文盲,意大利语仅流通于小范围的文化阶层;在2700万意大利人中,只有60多万人会说意大利语,而其他人则几乎完全依靠方言交流。直至1877年,小学课程才被纳入义务教育,而同年就读于高中的学生总数仅约6万人。

诚如马西莫·达泽利奥(Massimo D'Azeglio)所言,眼下最紧迫的任务是为意大利打造一个民族,即 "塑造意大利人"。也正因为如此,当时许多知识分子致力于撰写各类教育文章,它们广为流传并取得了巨大的成功。其中尤为值得一提的是米凯莱·莱索纳(Michele Lessona),他是一位著名的动物学家、达尔文理论的传播者,也是一位自然学旅行家。他于1869年撰写的《心想事成》(*Volere eè potere*)就是一篇主要面向年轻人的杂文。莱索纳在作品中大力推崇的意大利人形象,都是出身卑微却因刻苦学习而功成名就的角色[斯卡林杰拉(Scaringella),2011年]。

类似的还有埃迪蒙托·德·亚米契斯(Edmondo De Amicis)在《爱的教育》(Cuore)一书中刻画的人物。尽管这些人物在今天看来过于夸张,但在当时却为年轻人提供了参考榜样,树立了道德楷模,为这个新生国家的基本价值观的形成奠定了基础。德·亚米契斯对探险事业十分热衷,他甚至和几位探险家一道,亲身参与了南美洲的科考活动。那次旅行被记录在1889年出版的《在海洋上》(Sull'Oceano)一书中。在书中,他讲述了与数百名为寻求美好未来而移民拉丁美洲的同胞一起乘船横渡大西洋的经历。当时整个国家的文化氛围正发生着巨变,马志尼主义①和自由复兴主义的理念已经日薄西山。加里波第曾经的追随者——尼诺·比西奥就是一个从追求民族复兴转为推崇帝国主义的典型人物。比西奥公开支持阿萨布的占领计划,这位曾经的民族统一志士摇身一变,成为一名船东。他在1873年不幸死于霍乱,而当时他正乘坐锻造于英国纽卡斯尔(Newcastle)造船厂的机动帆船"马达洛尼"(Maddaloni)号在苏门答腊水域航行,寻觅着新的东方贸易之路。

意大利最感兴趣的无疑是毗邻地中海的国家的领土,而当时北非唯一未被染指的土地就是突尼斯。于是意大利政府便在1875年往那里派遣了一支由安提诺里率领的科学考察队,而随队的就有年轻的士兵奥雷斯特·巴拉蒂耶里(Oreste Baratieri)(未来那场惨烈的阿杜瓦战役的领导者)。他后来从加贝斯湾出发,一路评估将海水引入沙漠盐湖洼地的可能性。

---

①指以意大利政治家、哲学家、爱国主义者马志尼的政治理念为核心的思想,即意大利解放唯有通过建立共和国才能实现,而驱动人民的则是对祖国如宗教般强烈的信仰。对于马志尼而言,真正的共和国是一个能够为全体人民实现自由与公正的地方。

　　为了反制意大利的初次进军，1881 年 5 月 12 日，法国签署了"保护国条约"①。由于这位近邻缺乏合作意识，意法关系急剧恶化，而这也推动意大利将外交方向转至柏林和维也纳，并于 1882 年与其缔结了"三国同盟"。

　　这一政治风向得到了弗朗切斯科·克里斯皮（Francesco Crispi）的强烈支持。他延续着前辈们坚定不移的转化主义②路线，于 1887 年接替德普雷蒂斯成为意大利总理。克里斯皮重点推行了以反法为核心的经济保护主义政策，并因此引发了一场关税战争，给意大利南部的农业生产带来了毁灭性打击。他试图构建一个强大的政权，以殖民扩张为首要目标。然而这个梦想最终在阿杜瓦那场灾难性的战役中幻灭。这场战争是欧洲军队在面对非洲武装时所遭受的最严重打击；由此，意大利的帝国主义扩张之路画上了句号。

　　意大利在非洲之角的军事探索充斥着各类悲剧性事件。继 1887 年 500 位将士在多加利（Dogali）惨遭屠杀，1895 年 3000 名官兵在安巴阿拉吉（Amba Alagi）壮烈牺牲后，1896 年 3 月 1 日，巴拉蒂耶里将军和他的 18000 名士兵在阿杜瓦战役中惨败。此次失利要归咎于战略失误和对阿比西尼亚军队装备及实力的低估。而这场战役的伤亡及俘虏人数，至今仍是历史学家们探讨的课题。意大利军方估计，意籍官兵阵亡约 4900 人，此外还有约 1000 名殖民地原住居民士兵（特指服役于意大利军队的原住居民士兵）；被俘获的意籍官兵至少有 1900 人，

---

　　①保护国是殖民统治的一种形式，宗主国借保护弱小国家之名与其签订不平等条约，伺机将其吞并。

　　②在议会术语中特指出于典型的功利目的，反对派的大多数人选择转入多数派，以此代替统治议会的多数派和操控议会的反对派之间的公开分歧。转化主义最早出现于 1880 年的意大利王国，是一种常见的议会组阁方法，无论左翼还是右翼都借此解决眼前问题而非为长远的政治意图考虑。当时的议员不受党派束缚，原因是在 19 世纪的意大利还不存在真正有组织的党派。选举中每位候选人都只代表个人，而他只支持自己的"客户"负责。而议员们则会不断调整站队方向，用议会选票谋取私人利益。

原住居民士兵 800 人。阿比西尼亚方面对其伤亡人数的估算则更为笼统：3500 至 12000 人阵亡，7500 至 24000 人负伤（德尔·博卡，2001 年）。同年 5 月，意方就地埋葬了 3025 名阵亡官兵，其中有 1500 人死于战场外的逃亡中——这 1500 人中的大多数因害怕被俘后惨遭阉割而褪去鞋履，拙劣地伪装成原住居民。罗马方面从下面这条简洁扼要的信息中得知了此次战败："绍阿人攻势猛烈，左右夹击，我军被迫撤离，很快便无力招架。所有山地炮台均落入敌手。"

返回意大利后，巴拉蒂耶里因指挥不力而被送上法庭，并以一个颇具争议的无罪判决彻底结束了军旅生涯。6 月 18 日，战争宣告结束。10 月 26 日，双方签署了《亚的斯亚贝巴和平协议》，协议规定，意大利继续持有马萨瓦沿海地区，但必须放弃对埃塞俄比亚的军事保护。阿杜瓦战败的消息传回意大利，在内忧外患的背景下，意大利的社会变革一触即发。为此，政府试图以独裁行动进行反制，具体行动包括武装公职人员、关闭主要大学、解散工会和慈善组织、镇压各类报纸，以及逮捕审判了几位左翼领导人等。克里斯皮主动请辞，与此同时整座半岛彻底陷入骚乱且怒吼着"孟尼利克万岁"。

1885 年不仅是攻占马萨瓦的年份，也是意大利对所谓的"香料之国"索马里地区伸出殖民触手的一年。索马里地区被不同的主权所分割：北部由奥比亚（Obbia）和马吉尔廷（Migiurtinia）苏丹国统治，而南部的司法管辖权则归属于桑给巴尔苏丹国。意大利对这片土地的兴趣毫无疑问源自军事目的，因为它为意大利提供了夺取埃塞俄比亚的切入点。当时的自然学探险家乔瓦尼·巴蒂斯塔·利卡塔（Giovanni Battista Licata）在其作品《阿萨布与达纳奇利人》（*Assab e i Danachili*）中对意大利这场殖民活动表示了支持，并从文化、道德、种族和政治等几个方面阐述了其缘由。

这一次，意大利政府同样将初期的谈判工作委托给了一位探险家。因为安东尼奥·切基在探索朱巴河河口的出色表现，总理曼奇尼授意他与桑给巴尔苏丹进行交涉，以获得进入贝纳迪尔各大港口的许可。当时的意大利人对非洲之角这片广阔领土仍然一无所知；而我们在稍后即将看到，第一个为此地的深度科学探索打下基础的意大利人，是来自帕维亚的路易吉·罗贝奇·布里凯蒂，也是他将这片面朝印度洋的地区命名为索马里。

还有一位商人也在这片新殖民地的开拓上贡献了自己的力量，他就是文森佐·菲洛纳尔迪（Vincenzo Filonardi）。这位出色的企业家被政府任命为意大利驻桑给巴尔苏丹国代表。他从罗马银行获得资金，成立了自己的贸易公司，并被获准经营索马里境内分布于印度洋沿岸直至摩加迪沙的几大港口。他游走于意大利、英国和桑给巴尔苏丹国政府之间开展外交活动，为奥比亚和马吉尔廷两大苏丹国签署保护国协议以及收购贝纳迪尔奠定了基础。意大利政府在索马里的正式落地，吸引了大批探险家的目光。随后我们将会看到恩里科·鲍迪·迪维斯梅（Enrico Baudi di Vesme）和欧金尼奥·鲁斯波利（Eugenio Ruspoli）那意义非凡的科学之旅。他们探索了英属索马里兰——该地区北部附属于英国的领土——以及埃塞俄比亚管辖下的欧加登。此外，南部地区也不乏探险家们的身影，其中最受欢迎的当数朱巴河流域和贝纳迪尔地区，代表人物则是乌戈·费兰蒂（Ugo Ferrandi）、维托里奥·博泰格（Vittorio Bottego），以及安东尼奥·切基。而他们于 1896 至 1897 年的相继逝世，结束了意大利在索马里最为辉煌的科考时代。

意大利政府的殖民扩张目标并不局限于非洲之角，他们一如既往地渴求着拥有一片俯瞰地中海的土地。当时非洲大陆的势力划分已成定局，对于意大利而言，在占领突尼斯的计划化为泡影之后，已经没多少地盘可以挑选了。另一种可能则是入侵当时已经沦落为“欧洲病夫”的奥斯曼帝国。事实上，早在 19 世纪 80 年代，克里斯皮就已经将利比亚纳入殖民地的考量范围；但直到 20 世纪的第一个十年，它才被正式收入囊中。意大利为此付出了巨大的经济代价，甚至牺牲了数千条生命。

　　和殖民东非时期一样，在殖民利比亚期间，同样有不少探险家成为攻占这块北非领土的先头部队。早在 19 世纪初，来自比萨的医生阿戈斯蒂诺·克里维利（Agostino Crivelli）和来自热那亚的医生保罗·德拉·切拉（Paolo Della Cella）就从的黎波里出发，对锡尔提加沿岸进行了勘察。克里维利最终抵达了德尔纳，德拉·切拉则前往了本拜，并完成了一系列自然学和考古学研究。1850 年，传教士菲利波·达塞尼（Filippo da Segni）成为第一个进入利比亚内陆的旅行家，他穿越费赞和博尔努到达乍得湖。而他撰写的研究报告因极具科学价值，后来被刊登在《意大利地理学会公报》（*Bollettino della Societa à geografica italiana*）上。

　　此外，因绘制了首张厄立特里亚地图而闻名于世的地理学家、制图学家奎多·科拉，同样对利比亚的沙漠地区进行了探索，并将考察报告收录在了出版于 1884 年的《真实的撒哈拉》（*Il vero Sahara*）一书中。1881 年，曼弗雷多·坎佩里奥和地理学家朱塞佩·海曼（Giuseppe Haimann）抵达班加西，试图从那里出发前往图卜鲁格和杰格布卜绿洲，然而最终旅程因土耳其当局的禁令而中断。坎佩里奥将利比亚视为"应许之地"；他撰写的旅行报告，开启了为攻占这一新殖民地而进入白热化的民族主义运动，而这一切，将在 1911 年达到高潮（德尔·博卡，2003 年）。

　　20 世纪初，维斯康蒂·维诺斯塔（Visconti Venosta）部长与法国进行了一系列外交接触，后者曾于 1881 年阻止意大利进入突尼斯。这项外交工作随后由以萨拉科（Saracco）、萨纳尔德里（Zanardelli）和乔利蒂（Giolitti）为首的几届自由党政府持续推进。最终，乔利蒂与法国签订协议，保障了意大利在新殖民地的利益［拉邦卡（Labanca），2002 年］。乔利蒂与法国政府达成的协议规定，法国可能对摩洛哥进行的殖民扩张被允许；而作为交换，意大利则被允许进入的黎波里塔尼亚和昔兰尼加这两个土耳其势力薄弱的地区。

1911 年秋，乔利蒂带领的意大利政府决定对利比亚进行军事入侵，并由此开启了一系列血腥战争的序幕：首先要对抗奥斯曼帝国，然后要镇压当地人的反叛。对利比亚进行军事入侵的战役不仅耗资巨大，还让意大利牺牲了 3000 条生命。在这场战役中，意大利不得不与伊斯兰游击队斗智斗勇。实际上当时的利比亚，无论是作为原料产出地，还是作为意大利劳工的输出地，都毫无经济优势。而对于意大利而言，这场战争却是其树立国际形象的机会。与此同时，为了进一步削弱奥斯曼军队的力量，乔利蒂调遣意大利海军占领了罗德岛、斯波拉迪斯群岛（Sporadi）中的部分岛屿以及土耳其管辖下的多德卡尼斯（Dodecaneso）群岛。在阿杜瓦遭遇惨败之后，意大利终于在各大列强面前重新赢回了自己应有的国际声望。

与此同时，奥斯曼帝国的解体让巴尔干国家逐步陷入危机，整个欧洲不可避免地向第一次世界大战迈进；正如拉邦卡（2005 年）所写的那样，"众所周知，在坚持了一年尴尬的中立立场并背叛了欧洲唯一的同盟后，意大利加入战争绝非偶然。至于利比亚，它在和平时期或许能让意大利'更伟大'。然而世界大战爆发了，利比亚也就无用了"。

重拾探险记忆

强烈的求知欲与探索欲、永不枯竭的好奇心，以及为祖国文化发展而献身的坚定信念——若是想要回答前言开篇处提出的问题，恐怕这就是答案，也是我们此刻回顾和解读那段历史最好的理由。除却殖民主义思想和个人主义野心，那个时代的自然探险家们所创造的真正价值，令我们得以再现这段被遗忘的历史。他们为自然科学的发展和地球生物多样性知识的普及，做出了无可争议的贡献。也正是因为如此，时至今日他们的名字仍然活跃在科学研究领域。

今天大家都心知肚明破坏生物多样性所带来的风险，以及它对我们的未来所造成的影响（威尔逊，2004 年）。1992 年，在里约热内卢签署的《生物多样性公约》（*Convenzione sulla diversità biologica*），明确强调了生物多样性及其组成部分的内在价值：生态、遗传、社会经济、科学、文化教育、娱乐及美学价值。公约指出，保护生物多样性就要保护原生生态系统，同时维持并恢复活跃物种在其生长环境下的种族繁衍。人类所造成的物种灭绝危机过于严重（利基和列文，1998 年；埃尔德雷奇，1998 年），使得近几十年对于生物多样性的研究和保护比以往任何时候都更为活跃。同样，许多意大利研究人员也投身于这一不可或缺的研究，在各色物种消失之前对它们进行学习。

尽管身微力薄，但直到今天意大利的考察队仍然在国际科学界占有一席之地，并取得了喜人的成果。在众多从事生物多样性热点研究的当代探险家中［迈尔斯（Myers）等人，2000 年］，有来自都灵地区自然科学博物馆的佛朗哥·安德烈奥内（Franco Andreone），他对马达加斯加的两栖动物进行了长达数十年的研究（安德烈奥内，2008 年）；有来自特伦托自然科学博物馆的动物学家弗朗切斯科·洛韦罗（Francesco Rovero）和米凯莱·梅内贡（Michele Menegon），他们对坦桑尼亚东部的弧形山脉进行了探索，并发现了新的哺乳动物（洛韦罗等人，2008 年）和两栖动物［梅内贡和达文波特（Davenport），2008 年］；梅内贡等人，2008 年）；有来自维罗纳自然历史博物馆的莱昂纳多·拉泰拉（Leonardo Latella），他曾多次前往中国研究当地的洞穴动物［拉泰拉和佐尔津（Zorzin），2008 年］。在开展科学研究的同时，他们也在努力保护这些壮丽的生态系统以及生活于此的稀有物种，并邀请当地人参与社会经济议题，共同推动土地的保护与发展。

意大利博物馆研究人员在环游世界期间所填写的统计调查同样数量惊人，

他们为生物地理学的发展和各类动植物新物种的发现，做出了卓越贡献。我与同事、自然学家乔瓦尼·博阿诺（Giovanni Boano）、罗伯托·辛达科（Roberto Sindaco）在秘鲁安第斯山脉的亚纳查加 - 切米连国家公园（Parque Nacional de Yanachaga-Chemilleén）进行了一次探险，通过这次探险，我们得以了解，如何在短短几天的勘探里，在这片未经开发的土地上发现大量尚不为人知的哺乳动物、鸟类、爬行动物和两栖动物，甚至是新的物种（博阿诺等人，2008 年）。

我们希望通过这一系列讲述冒险探索的故事，去追忆那群活跃在 19 世纪，如今却被世人遗忘的杰出探险家们。我们想要重现的不仅是当年那些惊世发现，还有他们曾经的期盼、热忱与激情，以此为意大利的科学文化发展延续火种。

第一章　科学之船

　　那是 1876 年 7 月 7 日：一日将尽，炎热异常；万里无风，水静无波；天色渐晚，迎着最后一缕夕阳，乘着轻柔的晚风，一叶白帆驶出热那亚港，远航他乡。蓝底白星旗在细长的桅杆上摇曳，三色旗则被高高升至顶端。黄昏将尽，夜幕降临，万物被无尽的黑暗所笼罩。渐渐地，那叶白帆也被悄然吞噬了。

——恩里科·德阿尔贝蒂斯（Enrico d'Albertis）

白诞生之初，年轻的意大利就迫不及待地寻求认同，渴望成为西方的一股新力量；同时积极谋求与近东、远东以及新大陆的国家建立政治和商业关系。正当意大利王国在世界地缘政治版图中艰难跻身时，一种严重的微粒子病（一种蚕的传染病）袭击了对王国具有重要商业及战略意义的纺织业，造成了严重的损失，并使伦巴第、皮埃蒙特和威尼托地区的纺织厂陷入了危机。家蚕微粒子病由一种微生物（家蚕微孢子虫）引起，这种微生物会让家蚕身上出现如胡椒颗粒大小的斑点。染病的家蚕幼虫会停止生长，身体呈现灰色，并且再也无法织出珍贵的蚕茧。为了重振纺织业，纺织厂只能尽快采购健康的蚕卵，然而当时能提供货源的市场只有中国。在农业部长路易吉·托雷利（Luigi Torelli）的倡导和压力下，时任总理兼外长的阿方索·拉马尔莫拉（Alfonso Lamarmora）于1865年向远东派遣了一支海上科考队。

由此开启了一系列由意大利皇家海军以及众多私人船只参与的伟大海上冒险。某些船只的名号十分响亮，为的是纪念重大历史事件和人物，如护卫舰"马坚塔"号（corvetta Magenta）、皇家巡防舰"加里波第"号、蒸汽护卫舰"韦托·皮萨尼"号以及皇家巡洋舰"克里斯托弗·哥伦布"号。另外一些则被冠以极富女性魅力的优雅名称，例如皇家护卫舰"克洛蒂尔德公主"号（regia corvetta Principessa Clotilde）、蒸汽巡防舰"女王"号（pirofregata Regina）、独桅纵帆船"薇

"马坚塔"号皇家蒸汽护卫舰

奥兰特"号（cutter Violante）。这些船只陪伴着我们的自然学探险家们周游世界，并且时常还要将结束行程、精疲力竭的他们，从东方、非洲之角或者南美洲的港口接回国。在船只的参谋总部中，除海军中校、上尉和海上警卫队外，通常还有科学家，他们负责观察、测量、采集等工作。曾经冲锋陷阵的战舰，此后也都逐渐转变为为科学服务。

早在意大利统一之前，就已经有不少武装货船出于科学或商业目的，尝试开展环球航行。初批舰队中，就有隶属于撒丁海军的（不幸的）巡防舰"女王"号。1839 年，它曾载着动物学家卡费尔（Caffer）和植物学家卡萨雷托（Casaretto），试图进行环球之旅。

但在合恩角所遭遇的风暴使船体受到了严重损坏，所以环球航行的目标自然也就落空了。不过他们还是设法采集到了十分有趣的数据和资料。他们所收获的

恩里科·希利尔·吉廖利

菲利波·德菲利皮画像

动物标本多达 2400 件，其中大部分是哺乳动物和鸟类。

而由政府推动，第一次真正意义上的远洋行动，则是由新成立的意大利海军所派遣的皇家护卫舰 "马坚塔" 号完成，同时它也是第一艘完成环球航行的船只。1865—1868 年，"马坚塔" 号拜访了北半球所有主要的大陆和地区。随船出行的不仅有外交官员，还有动物学家恩里科·希利尔·吉廖利（Enrico Hillyer Giglioli）和菲利波·德菲利皮。这次考察取得了意义非凡的科学成果：分属 2000 多个物种的数千件动物标本，极大丰富了意大利各个自然科学博物馆的馆藏资源。

紧随其后的是属于"韦托·皮萨尼"号蒸汽护卫舰的环球航行时代。它于 1869 年锻造于威尼斯兵工厂，并于 1893 年完成了自己的使命。它的满载吨位为 2115 吨，船身长 65.1 米，宽 11.8 米。除了三桅方帆外，它还配备了两台锅炉和一台可替换的螺旋桨发动机。这台发动机的功率为 300 马力（1 马力 ≈ 735 瓦特），可以达到 10 节航速（1 节 =1.852 千米 /

时）。船上共 238 名船员。莱瓦（Leva，1992 年）如此描述它："装备精良，外形优雅，舵轮灵敏；无论顺风逆风，它都表现良好，但航速较慢；不过，它能经受大风大浪的考验，极少渗入海水；船舱布置舒适，可满足海外长途旅行的需求。"

它的首航任务由海军中校朱塞佩·洛韦拉·迪玛利亚（Giuseppe Lovera di Maria）负责。1871 年 5 月 30 日，它从那不勒斯港出发，开始了自己的初次环球航行；一路途经 41 个港口，访问了苏伊士、阿萨布、亚丁、新加坡、横滨、上海、澳门、香港、新几内亚、新西兰、澳大利亚和乌拉圭等国家和地区。"韦托·皮萨尼"号的远洋航程总长 48000 英里（1 英里 ≈ 0.87 海里），其中 40000 英里以风力驱动，全程历时 440 天，于 1873 年 9 月 10 日返回那不勒斯。

在这初次航行中，护卫舰还对两位意大利探险家进行了搜寻，他们是奥多阿多·贝卡利和路易吉·玛丽亚·德阿尔贝蒂斯，二人曾前往新几内亚探险但就此音讯全无。而后，正是"韦托·皮萨尼"号的船员在 1872 年成功找到了他们。1874—1877 年，"韦托·皮萨尼"号先后在德·内格里（De Negri）和安萨尔多（Ansaldo）两任舰长的指挥下，进行了第二次环球航行。此次行动以水文探测为目的，主要是为了对马鲁古群岛中部分岛屿的地理位置进行记录及修正。

1879—1881 年，它在日本海巡航，并一路直达西伯利亚海岸；1882—1885 年，在帕伦博（Palumbo）舰长的指挥下，它进行了第三次也是最后一次环球之旅，并就此为自己的职业生涯画上了句号。在最后一次航行中，除军事任务外，它还完成了水文测量、水质的化学及物理性质测定，以及海洋生物的取样等作业。这些科研活动的负责人是海军上尉加埃塔诺·基耶尔基亚（Gaetano Chierchia）。在起航之前，他在由安东·多恩（Anton Dohrn）领导的那不勒斯国际动物学研究站进行了入门速成培训。1881 年，在乘坐"华盛顿"号展开地中海水文测量作业时，基耶尔基亚得到了熟悉海洋生物学的机会，并对潘泰莱里亚岛海底的珊瑚礁和海洋动物进行了观测。这些经历使他成为当时船上最适合负责自然科学作业的人。

　　为了满足对海洋的科考需求，意大利海军水文局为"韦托·皮萨尼"号配备了当时最先进的设备和工具：测深器、挖泥机、渔网、显微镜以及负责收集化学和物理数据的探测仪，它们协助"韦托·皮萨尼"号收集了大量生物数据和材料，以供专家们进行研究。基耶尔基亚的探索收获颇丰："350个玻璃罐，1140根试管，25只装满了各种动物的锌盒，166多件藻类及植物标本，以及4箱贝壳、动物残骸和海底样本等。"此次海洋科考航行所取得的大部分成果都被发表在了1885—1886年出版的《海事杂志》（*Rivista marittima*）上。

恩里科·德阿尔贝蒂斯

　　在那几年里，科学探索之风尤为盛行，以至为科研目的而进行的航海活动不再是国家机构的专属特权，个人、科学研究的真正赞助者同样对远洋探险充满了兴趣。那个时代特有的冒险精神和好奇心在彼得罗·帕韦西（Pietro Pavesi）的文字里一览无遗。这位帕维亚大学动物学教授在介绍"薇奥兰特"号的地中海探险成果时，如此说道："1875年2月23日是自然科学史上值得被铭记的日子。来自热那亚的恩里科·德阿尔贝蒂斯先生、皇家海军军官、那位探索新几内亚的勇者的堂弟，怀着对海洋的热爱和为祖国博物馆添砖加瓦的决心，满心欢喜地乘坐一艘名为'薇奥兰特'的木质小帆船从桑皮耶尔德雷纳（Sampierdarena）启航了。""薇奥兰特"号在地中海进行了数次考察，采集了大量藻类、鱼类及其他海洋生物的样本以供研究，并揭秘了一系列当时仍属未知的物种。

在意大利海军建军的头十年里，最重要的航海行动无疑是"马坚塔"号所完成的那一次。1865 年初，这艘蒸汽护卫舰被派往拉普拉塔港口待命。当它从蒙得维的亚出发时，船上载着两位科学家，也正是他们让此次行动成为一次真正意义上的科考之旅。在继续介绍这场著名的远洋科考之前，我们先来了解一下这两位自然学家。

»»» 人类与猴子

19 世纪末的意大利杂志曾如此描述过一个完美的探险家形象：只依靠自身的强健体格，技艺高超，意志坚强，"他必须年富力强、经验丰富、胆识过人"，唯有如此才能承受住旅途中的各类艰难困苦。在海上的长途航行中，"每个人都必须服从船上严明的纪律"。此外，"优先考虑那些熟练掌握物理、化学、机械构造、语言、音乐、武器操作知识，以及身法敏捷的人选"。我们无从知晓菲利波·德菲利皮是否具有这些特质；但可以肯定的是，他既不缺扎实的科学素养，也不乏热烈的冒险情怀。就这样，他在 1866 年的冬天登上了"马坚塔"号。

德菲利皮于 1814 年 4 月 20 日出生在米兰，祖籍皮埃蒙特。他的科学生涯始于帕维亚大学的医学系。在大学里，得益于解剖学家巴尔托洛梅奥·帕尼扎（Bartolomeo Panizza）的教导，他的兴趣逐渐从临床医学转向了自然科学。因此，毕业之后，他没有回米兰继承父业，而是选择留在帕维亚大学担任动物学教授赞德里尼（Zendrini）的助教。此后，德菲利皮又应邀从帕维亚大学前往米兰自然历史博物馆，担任馆长兼创始人乔治·扬（Giorgio Jan）的助理。在那里，他还举办了一系列关于自然科学的公开讲座，讲授地质学和动物学的最新知识。

他在米兰自然历史博物馆开展的教学和研究活动引起了都灵大学动物学教授弗兰切斯科·安德烈亚·博内利（Francesco Andrea Bonelli）的继任者——朱塞佩·赫内（Giuseppe Gené）的关注，赫内对德菲利皮大加赞赏。也正是在赫内去世后的1847年，德菲利皮接任他站上了都灵大学动物学的讲台。德菲利皮同时还兼着都灵动物学博物馆馆长的职位，他计划丰富博物馆的馆藏，尤其是鸟类和鱼类标本，并为比较解剖学开辟一个全新展区。

那几年里，他还在国内外的杂志上发表了各类文章，内容涉及地质学、矿物学、动物学、系统分类学、胚胎学、解剖学、比较生理学及应用科学等。他留下了一系列旅行笔记，并出版了许多极具教学科普意义的作品，它们在当时都被定义为"人文科学"。而到了19世纪中叶，他已然成为意大利一位伟大的自然学家，同时在国外享有盛誉。

1862年，德菲利皮有幸跟随外交使团前往波斯进行旅行，并在途中结识了数位在当时声名远扬的自然学旅行家。正如我们将在第四章中看到的那样，这个召集了米凯莱·莱索纳和贾科莫·多利亚（Giacomo Doria）（未来热那亚自然历史博物馆的创办人）的科学考察团，于4月从热那亚港出发，航经黑海，并沿着里奥尼河上溯到马拉尼。从那里开始，他们又经历了一段漫长的艰苦骑行。在穿越亚美尼亚和波斯北部之后，一行人终于在8月初抵达了德黑兰。

在波斯腹地进行了一系列艰难考察后，德菲利皮终于不堪重负地病倒了；因此他不得不挥别代表团的其他成员，取道里海和俄罗斯，历经波折，于11月返回了意大利。这一路上的探险经历和观测数据都被收录在了出版于1865年的《1862

年波斯旅行笔记》（*Note di un viaggio in Persia nel 1862*）中。

但真正使德菲利皮一跃成为都灵媒体焦点的，是他于 1864 年 1 月 11 日晚举办的一场名为"人类与猴子"的公开讲座，后来该讲座内容被多次出版成册。这场讲座一时间令舆论哗然，并在随后引发了轩然大波。它标志着达尔文主义在意大利的开端，与此同时，也拉开了一系列广泛而激烈的辩论。尽管作为虔诚的教徒的德菲利皮在提出论点时表现出了十足的谨慎，却仍因仅仅设想了人类与猴子间的亲缘关系而备受指责，并被扣上了唯物主义和无神论者的帽子。然而矛盾的是，他也遭受到了达尔文主义者的批评。他们认为他前言不搭后语，未能明确阐述人类是由猴子直接进化而来的假设。此后，在德菲利皮和他的学生米凯莱·莱索纳的不懈努力下，都灵逐渐成为达尔文思想在意大利的传播中心。

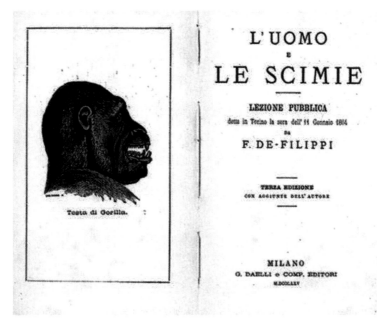

菲利波·德菲利皮的论文《人类与猴子》封面

那场关于人类起源的讲座所引发的争论还未平息，意大利政府——或许是为了赶走这个麻烦的人——便邀请德菲利皮乘坐"马坚塔"号参加环球之旅。德菲利皮欣然接受，但这也成为他的最后一次旅行。一抵达香港，他就患上了肝病，情况之严重令他无法返回意大利，并且很快夺走了他的生命。他于 1867 年 2 月 9 日去世。他的旅伴恩里科·吉廖利（1868 年）这样讲述当时因病情危急而被迫滞留在这座中国城市里的他的状态：

> 由于长时间暴露在这些地区的恶劣气候中，他在 1 月 12 日就出现了痢疾的初期症状。当时有人建议他换一个气候宜人的地方，于是我们便前往新加坡，然而他的病情却越来越糟。无奈我们只能掉头返航。一抵达港口，他便很快有了好转，并于 1 月 23 日脱离了生命危险，甚至可以下船走动。他原计划借道苏伊士返回欧洲。26 日"马坚塔"号离港，所有人都确信能听到他从墨尔本发回康复的消息，结果却事与愿违。

吉廖利骤然间陷入了必须孤身一人继续科考的境地，言语间我们也能感受到他对前路的担忧和对同伴离世的悲伤："2 月 12 日，大家都为德菲利皮参议员的意外离世而感到震惊与悲痛，这是科学界乃至整个国家的巨大损失。之前他的病情一直都在好转，直到 2 月初出现了肝病的初期症状，他还宣称那只是脓肿。然而，就在 2 月 9 日，这个为科学事业奉献终生的高贵灵魂，永远地熄灭了。"此后，直到 1879 年他的遗体才被运回意大利并安葬于其女艾丽莎（Elisa）所居住的城市比萨的公墓里。

》》陆与海的科学家

吉廖利出身于布雷谢洛（Brescello）一个光荣的爱国者家庭。早年，他的祖父多梅尼科（Domenico）曾被埃斯特家族[①]（Estense）判处终身监禁，并于 1831 年从叛乱分子手里重获自由，最终死于流亡途中。而他那身兼律师、医生及自然学家三重身份的父亲朱塞佩，作为一个坚定的马志尼主义者，同样被迫踏上逃亡之路。朱塞佩先是前往马赛，尔后又去往伦敦，并在那里结识了未来的妻子，年轻的埃伦·希利尔（Ellen Hillyer）。婚后，二人于 1845 年 6 月 13 日迎来了儿子恩里科·吉廖利。1848 年，朱塞佩决定返回意大利，试图寻回往昔的生活。一开始他选择了佛罗伦萨，而后又在 1850 年迁往都灵，一年后他最终决定定居热那亚。

恩里科·希利尔·吉廖利先后就读于国立学院和帕维亚技术学院。1861 年，16 岁的他赢得了一笔奖学金，得以前往伦敦皇家矿业学院进行为期三年的学习。出色的英语，也就是他的第二母语，让他毫无交流障碍地参加了伦敦科学界举办

[①] 欧洲贵族世家，其名源自意大利城镇埃斯特（Este），曾统治费拉拉、摩德纳和雷焦等城镇。

的大小活动。其间他有幸认识了查尔斯·达尔文，结交了查尔斯·莱尔、理查德·欧文（Richard Owen）等好友，尤其与"达尔文的斗犬"——托马斯·赫胥黎（Thomas Huxley）相交甚笃。伦敦的这段生活经历为他的科学生命提供了至关重要的养分；正是得益于与这批英国最伟大的进化论科学家们所结下的亲密友谊，吉廖利充分掌握了达尔文学说，坐拥坚实的进化论基础，在意大利科学家当中独树一帜。

1864 年返回意大利后，他从比萨大学自然科学系毕业——其父曾在此大学教授人类学。同一时期，他结识了都灵动物学博物馆馆长菲利波·德菲利皮，德菲利皮对他关爱有加，亦师亦父。德菲利皮的举荐使得吉廖利在同年作为青年自然学家被选中参加"马坚塔"号的环球航行。但在 1865 年的春天，希望突然变得渺茫。父亲的骤然离世，让吉廖利不得不承担起家庭的重任，照料母亲和四个弟弟——年长的两个正就读于摩德纳军事学院，而年幼的两个尚稚气未脱。好在当年夏天，情况又出人意料地好转了。两个年长的弟弟以军官身份毕业，同时母亲带着年幼的弟弟们搬去了佛罗伦萨，并在那里找到了一份英语教师的工作。就这样，吉廖利终于踏上了这段此后将永远铭刻在他职业生涯里的旅程。

这段旅行与达尔文的探险有着诸多相似之处：二人同样年纪轻轻就踏上了冒险行程—— 一个 20 岁，一个 22 岁——同样激情洋溢却略显稚嫩；"马坚塔"号和"小猎犬"号（Beagle，也称"贝格尔"号）所开展的科学探索，都是以地理商业考察为目的；而领导两次探险之旅的船长，阿尔曼容（Arminjon）和菲茨罗伊（Fitzroy），也都个性鲜明——虽然不得不指出，年轻的达尔文与其船长的关系，要远比吉廖利和阿尔曼容的关系糟糕。对于两位年轻的自然学家而言，这两次勘察，在催生科学理念以及丰富个人经历方面，起到了至关重要的作用。

远征归来的吉廖利，在德菲利皮去世后被任命为都灵大学副教授，负责整理和归类旅途中收集到的大量动物和昆虫样本。1869 年，因这趟探索之旅而声名大噪的他成为佛罗伦萨皇家高等研究院动物学和脊椎动物比较解剖学教授，同时担任自然历史博物馆馆长。从那一刻起，吉廖利就致力于为意大利打造一个脊椎动物藏品集，而如今这个系列也被冠以了他的名字。这一系列震撼人心的藏品，由来自意大利本土、分属 1235 种脊椎动物的近 3.5 万件标本组成，如今仍存于佛罗伦萨自然历史博物馆的动物馆（Museo zoologico La Specola di Firenze）中。那几年里，吉廖利踏遍了意大利每一方土地，探访了半岛的每一片海域，孜孜不倦地为藏品集寻觅新样本。其间，他先后组织了三次海洋科考活动。第一次是在 1881 年，当时是乘坐"华盛顿"号进行的科考。在那次难忘的旅程中他们揭秘了地中海的深海动物群；同时他们深入海底 3632 米进行生物采集，成功发现了许多前所未见的鱼类。

吉廖利不仅对动物学拥有浓厚兴趣，还倾注了毕生精力对人类学展开研究。他与意大利最知名的人类学家结下了友谊并建立了科研合作关系，尤其是意大利人类学专业的创立人、佛罗伦萨大学的保罗·曼特加扎（Paolo Mantegazza）。吉廖利对民族人类学的热情，伴随他对民族志材料的收集积累而日渐高涨。"马坚塔"号所进行的环球之旅，以及此后在世界范围内所建立的学术社会关系网，使他的收藏得到了系统性扩充。1888 年，这个系列以前所未见的惊人规模，成为民族志研究领域里独树一帜的藏品集合。1909 年 12 月，吉廖利在罗马主持政府渔业委员会工作时意外病倒。返回佛罗伦萨后，他于 1909 年 12 月 16 日与世长辞。1910 年，德乔·温奇圭拉（Decio Vinciguerra）在发表于《热那亚博物馆年鉴》（*Annali del Museo di Genova*）的讣告中如此写道：

> 这不仅是他的家庭，更是整个自然科学界无法弥补的损失。全体同仁都欣赏他的工作态度，跟随他的脚步共赴他的愿景。每一个认识他的人都为此感到悲痛，他的善良将被永久铭记。

》》》首次出征

经过整整一年的航线规划研究、政治考量及船员筛选工作，意大利国王维托里奥·埃马努埃莱二世将这项艰巨的任务直接交付于海军中校弗朗切斯科·维托里奥·阿尔曼容（Francesco Vittorio Arminjon），后者就此展开了由意大利船只所完成的意义非凡的首次环球航行。船长还以特命全权公使的身份接受了来自中、日两国皇帝的委任状，意图与其建立外交关系。这一切都是为了给意大利未来在这一战略地区（意大利纺织业赖以生存的蚕卵供应地）所开展的贸易活动提供保护。

被选中执行此次远航任务的船只是"马坚塔"号护卫舰，它曾服役于托斯卡纳海军，后被编入意大利海军。这是一艘一级三桅方帆螺旋桨船，1862 年锻造于利沃诺（Livorno）的美第奇军工厂，此后它一路破浪前行直至 1875 年退役。船身重达 2541 吨，长 63.7 米，宽 12.9 米。船上配备了一台由双锅炉驱动的蒸汽发动机（也正是因此而得名"蒸汽护卫舰"），通过推动船上唯一一只螺旋桨，可以产生约 500 马力的功率。顺风时，航速可高达 10 节。船员共 308 人。

正如吉廖利在 1875 年出版的《"马坚塔"号皇家蒸汽护卫舰的环球之旅（1865—1868 年）》（*Viaggio intorno al Globo della R.Pirocorvetta Magenta negli anni 1865—1868*）一书中所写的那样，他们直到最后一刻才决定带着自然学家一起登船，以便收集科学数据和相关材料。选贤任能的重任落到了德菲利皮身上，于是他便指定吉廖利为其助手；与这二人并肩的，是技术娴熟的标本剖制师克莱门特·布拉西（Clemente Blasi）。三位自然学家不得不在出发前仅一个月内，面对资金匮乏、器械有限的窘境，为这场为期三年的科考活动配备物资。尽管困难重重，无法进行更为深入广泛的研究和采集，但吉廖利依然怀着极大的热情和洒脱的心态进行了探索：

> 我们一行三人，对船旅生活多少都有些陌生，但我们都决心尽一切可能完成我们的任务。希望借这样一次难得的机会，用新的发现和考察丰富意大利在科学领域的研究成果，并用稀有珍品扩充我国的博物馆藏。

1865 年 11 月 8 日，以阿尔曼容为首的参谋部和自然学家们一起抵达那不勒斯，并在那里搭乘"女王"号前往拉普拉塔，那里常驻着一支海军舰队，"马坚塔"号就在那里待命。吉廖利这样描述那段令人心潮澎湃的日子：

> 匆忙做好准备后，我们抵达那不勒斯，那儿停靠着"女王"号蒸汽巡防舰……11 月 8 日，我们从霍乱肆虐的那不勒斯启程，船后还拖着"勇敢"号蒸汽炮艇（Piro-cannoniera Ardita）。在飘扬着黄色旗帜的卡利亚里稍事停留后，我们于 11 月 17 日抵达了直布罗陀。

经过漫长的航行和在加那利群岛及里约热内卢的短暂停靠后，探险队于 1866 年 1 月 17 日抵达蒙得维的亚。在此阿尔曼容就任"马坚塔"号指挥官，并于 1866 年 2 月 2 日正式起锚出发，进行意大利船只此前从未完成过的壮举。早在搭乘"女王"号所进行的第一段航程中，在停靠里约热内卢期间，以及在蒙得维的亚附近与"马坚塔"号待命之时，德菲利皮和吉廖利就已经进行了初批海洋生物的采集，并积极展开猎捕以扩充自然学样本。在行经直布罗陀海峡时，吉廖利（1868 年）曾这样写道：

> 我们的工作就此开始。船开出五六英里时我们便撒下一张薄纱织就的小渔网，成功捕获了一批"海洋居民"；对这些新奇物种进行研究，时刻需要借助显微镜，这激起了我作为自然学家的狂热兴趣，我还是第一次进行这样的作业。

在海上，他们还捕获了许多海鸟，例如信天翁和海燕，它们有时随船而行，有时则在桅杆上小憩。靠岸登陆期间，他们同样进行了一系列的鸟类狩猎。在等待"马坚塔"号出发的那段时间里，德菲利皮和吉廖利曾组织过一次从蒙得维的亚到一个内陆大牧场的探险之旅：他们在辽阔的草原上游荡了 5 天，捕获了许多当地的鸟类特有种①，其中就包括美洲鸵。

> 经历了 84 天与大海蓝天相伴的日子后，我们终于瞥见了爪哇岛、苏门答腊岛和一系列散落在海峡间的其他岛屿，它们都被茂盛的热带植物所覆盖。我们犹如来到人间天堂一般，瞬间忘却了长途航行所带来的疲惫与烦恼，一心只想着用望远镜将这片陌生的土地一网打尽，尽收眼底。当"马坚塔"号在这片碧波荡漾的海峡中穿行时，有巨大的鲨鱼和数不尽的海蛇从我们身边游过；皎洁的月光点亮了每一个角落，使我们

---

①特有种，是指历史、生态或生理等因素造成的局限于某一特定的地理区域或大陆，而未在其他地方出现的物种。

得以持续航行一整晚。

抵达东印度群岛后，"马坚塔"号在广阔的印度马来群岛海域多次停靠不同分站，船上的自然学家们也就此对这片美妙绝伦的热带岛屿进行了探索。吉廖利被当地异常丰富的珊瑚礁所震撼：

> 这片海水如水晶般晶莹剔透，我将永生难忘这美轮美奂的海底景致！可能是由脑珊瑚所组成的巨型球状石珊瑚群、形似大型高脚杯且边缘弯曲的足柄珊瑚，还有奇形怪状、枝繁叶茂的石珊瑚和杯形珊瑚，它们遍布海底，形成了一幅美不胜收的画卷；它们的表面被各种放线状微小生物所覆盖，五光十色，呈现出连调色板都无法复刻的艳丽色彩……在雄伟壮观的石珊瑚群中，我发现了一只巨大的砗磲，其直径可能超过1米。它半开着边缘呈波浪形的双壳，吐露出一层深蓝色的套膜。遍地都是低矮的红色软珊瑚，它们不时伸展着网状交织的枝杈，像是打开了一把把巨大的扇子。

在苏门答腊西南海岸附近的小岛普洛芒多（Pulo Mundo）登陆后，吉廖利如此描述眼前这片茂盛的热带植被：

> 涨潮时，海水会没过岛上那片郁郁葱葱的大树的根部……树下酷热难耐，我不断滴下豆大的汗珠，呼吸也变得越来越困难，如同身处闷热的温室。我跪倒在一片分布均匀又柔软的腐烂植物上。这里的湿度惊人。在树荫处，生长着各种草本植物、省藤以及树蕨。我想我认出了一株罗曼蕨、几棵美丽的铁树、大量的石松和一些猪笼草。它们如此繁茂，阻挡了我前进的道路。我们付出了无限努力和满身伤痕的代价，才得以穿越这片与小岛宽度相当、深五六百米的密林。我原本很乐意在这座小伊

甸园里待上几日，不是区区几个小时而是整日整夜，但随着天色渐晚，
滂沱大雨倾泻而下，我们只能带着采集到的材料返回船上。

德菲利皮和吉廖利在巴达维亚岛（Batavia，今爪哇岛）的雅加达登陆，前往
苏门答腊；随后他们再次南下，抵达新加坡，并对城市周围的原始森林进行了探索。
重返海上后，他们掉转方向前往中南半岛并来到西贡（Saigon，今胡志明市）——
当时的法属交趾支那（今越南）首都。探险队在那里停留了8天。1866年6月30日，
日本南部海岸终于冒出了地平线："我们穿过范迪门海峡，一路向北。7月4日，
声势浩大的日本海流'黑潮'传出了巨响；也就在同一天，受人敬仰的富士山带
着它那银装素裹的巍峨山峰，跃入了我们的眼帘。"

翌日，阿尔曼容将"马坚塔"号停泊在横滨，就此他们终于抵达了第一个重
要目的地。在接下来的日子里他频繁开展各种外交活动，签订了一系列友好条约
和贸易交流条约。我们的船长对此十分满意，他顺利完成了其外交商业任务的重
要部分。如此一来，意大利将比肩俄罗斯、法国、英国和美国，成为特权国家之一。
由此，它为本国贸易商和外交官开辟了通往东方的道路，同时坐享能带来丰厚利
润的海关特权。在日本度过了50天之后，吉廖利（1868年）如此写道：

> 日本是一个非常美丽的国家，人们善良好客——我是特指平头百姓，
> 至于数量众多的贵族阶级人士（武士），他们则完全不同。整体而言，
> 他们憎恶外国人，认为我们的存在威胁到了封建集权制度，而他们正是
> 以此来统治平民阶层……在我们看来，日本仍然是一个神秘的国家，并
> 且正在变得愈发难以捉摸；可以说，在那里生活的两个月仿佛置身于中
> 世纪。日本人奋发向上的性格、对先进知识的热爱，以及日本工业产业
> 的强大，令他们成为当之无愧的"亚洲英国人"。

9月1日，"马坚塔"号离开日本，直奔波澜壮阔的长江口。在长江口，他们也做了必要时长的停留，为的是给指挥官留出足够的时间进京，与这个伟大的东方帝国签订首个商业合作条约。吉廖利不愿随代表团北上：

> 我留在船上研究此处的动物，它们看起来都很有趣。事实上，当时正处于不少鸟类的迁徙期，"马坚塔"号的桅杆上总是栖满了各种鸟儿。因此我不必下船就能采集到许多来自中国北方的鸟类的标本。

"马坚塔"号接着又先后来到中国的台湾岛和香港。探险队因为德菲利皮的病情，在香港停留了近一个月；正如我们在前面所提过的那样，他不得不中断行程并于不久后不幸逝世。"马坚塔"号将德菲利皮的遗体卸下，在爪哇岛做了短暂停留，同时对船舵进行了维修；此后便一路向着澳大利亚进发，并于1867年5月4日抵达。初来乍到的吉廖利彻底被这个大陆震撼："多么了不起的国家！多么进步！多么富庶！想想20年前墨尔本这块土地上还到处是大片居住着原始人的桉树林。"吉廖利在这个袋鼠之国停留了近一个月，并完成了数次探索。

5月11日，吉廖利离开墨尔本，前往丹顿农山山谷，他要勘察那里由桉树和树蕨所组成的大片森林。在当地向导的陪同下，他捕获了一系列夜行有袋动物（如负鼠）、蝙蝠和鸟类。他曾如此记录某次登山途中的风景：

> 山坡陡峭，攀登起来十分困难；一如既往，到处都是单调的桉树林，没有任何灌木丛和矮树丛的踪影；随着海拔的攀升，树木也愈发显得高耸入云，但数量似乎没有变；徒步将近2个小时之后，我们被一片高七八十米的大树包围了……我的同伴将我引到不远处一片更高的树林下，那是杏仁桉，他向我保证说它们至少高122米。

尽管那片树林中少有动物栖息，但是途中吉廖利还是发现了一只特别的生物：

当我放下猎枪正要去查看一株奇特的植物时，突然听到了一声古怪的尖叫；我转过身，发现了一只异常美丽的雄性琴鸟。它正栖息在一棵树蕨顶端，张开尾羽炫耀着自己的魅力。那只鸟儿能完美模仿其他同类的鸣叫以及森林中所能出现的各类声音；它喜欢躲在隐蔽幽深的沟壑里，藏在茂密潮湿的蕨类植物之中。维多利亚州的琴鸟不同于新南威尔士州的，它们被称为华丽琴鸟堪培拉亚种。

恋恋不舍地告别澳大利亚之后，探险队重返海上，准备横渡太平洋。他们在新西兰近海沿岸行驶了一段时间，等有利风向到来后，便加大马力迅速驶向了秘鲁。8 月 13 日，吉廖利抵达利马；停留期间，他展开了数次探索以搜寻民族志材料。10 天后探险队离开秘鲁，出发前往瓦尔帕莱索，并于一个月后抵达。在智利做了较长一段时间的停留之后，"马坚塔"号开启了整趟旅行中最危险的一段航程：穿越火地岛——这条航道危机四伏，同时还伴随着狂风暴雨。

10 月 30 日，护卫舰从瓦尔帕莱索起航，在智利海岸附近星罗棋布的岛屿之间穿行。11 月 11 日他们登陆佩纳斯湾，吉廖利利用这次停靠机会，沿岸进行了当地动物的采集。随后在沿着梅西耶运河（canale di Messier）行驶的途中，"马坚塔"号又在群岛的部分港湾停留了几周，而这让吉廖利得以收获大量巴塔哥尼亚动物标本，尤其是像白草雁和独特的花斑船鸭这样的鸟类标本，它们是这一纬度地区的典型物种。1867 年 11 月 30 日，"马坚塔"号驶入麦哲伦海峡，行抵蓬塔阿雷纳斯并于此停留了 3 天。12 月 4 日，船队启程前往蒙得维的亚。1867 年 12 月 17 日 14 时，"马坚塔"号返抵泊位，顺利结束了此次环球之旅。

吉廖利于 1868 年 3 月 28 日返回意大利，并捎来了数量可观的科学战利品，它们将成为众多自然学家和民族人类学家宝贵的研究材料。除气象、航海和地理观测外，吉廖利还对深海动物群进行了研究，同时采集了民族学、古生物学和矿物学的相关样本。此行收获的生物学样本非比寻常，共有分属 2000 多个物种的 5986 件动物标本，其中大部分是海洋脊椎及无脊椎动物，而后它们进驻了都灵动物学博物馆。哺乳动物中最引人注目的莫过于日本猕猴、智利毛皮海狮、澳大利亚最大的袋鼠红袋鼠，以及澳大利亚针鼹。

在乘坐"马坚塔"号沿智利海岸航行的途中，吉廖利还发现了一只拥有两个背鳍的鲸鱼；由此他认定其为一种新物种，并将其命名为吉廖利鲸。然而吉廖利鲸的存在却从未在科学界得到过证实。众多鸟类标本使人们发现了一批新物种，其中有几只非常罕见，例如产自印度尼西亚和巴布亚新几内亚的棕脸侏鹦鹉，这是当时全欧洲博物馆中的唯一标本。收获颇丰的还有深海鱼类标本，其中出现了叶吻银鲛和狭纹虎鲨；同时海洋生物以及数量繁多的贝类动物、软体动物、环节动物和腔肠动物也令人眼花缭乱。

吉廖利对于民族人类学材料的收集，兴致格外高涨。他在发表于 1868 年《热那亚博物馆年鉴》上的旅行报告中，略带自豪地在结尾写道：

在民族学材料中有十具非常美丽的艾马拉人（Aymara）木乃伊，是我在科维哈所收集到的；一具盖丘亚人（Quicha）木乃伊，以及大量西班牙征服秘鲁之前的头骨、瓶罐和工具等物件。我还带回了一整具澳大利亚原住居民的骨架。此外，为了尽可能展现"马坚塔"号所到之处的风土人情、工业文化以及当地人的性格特点，我还采集了武器、工具等各色物品，并在被允许的情况下进行了拍摄。

　　"马坚塔"号为意大利带来了一阵全新风潮。在公共和私人收藏界，"中国风"藏品成了抢手货；同时日本式的生活习惯也开始渗入精致的意大利小资家庭。通往未知东方世界的桥梁由此被架起，中国和日本从此不再遥不可及。

>>>> "薇奥兰特"号与"科尔萨罗"号

这艘船叫什么名字？它要驶向何方？这是一艘排水量达 12 吨、名为"薇奥兰特"的独桅纵帆船。目的地是利凡得①（Levante，亦译"黎凡特"），笔者正是这艘船的船长。我的文学造诣欠佳，只是应友人之邀，暂时放下舵拾起笔，前来讲述这艘小艇的冒险之旅。因此，请不必对我这连东方游记都算不上的写作水平感到惊讶，这不过是一份附有当地历史事件记录的航海日志罢了。

这段文字摘自 1878 年的《热那亚博物馆年鉴》，作者是当时的海军军官恩里科·阿尔贝托·德阿尔贝蒂斯（Enrico Alberto d'Albertis），他是意大利第一个自费装配船只以供当时的自然学探险家进行科考的船长，他在文中如此介绍自己于地中海所进行的海洋学和自然学考察活动。

----

①原意指意大利以东的地中海区域，历史上代表一个模糊的地理位置，范围涵盖中东托鲁斯山脉以南、地中海东岸、阿拉伯沙漠以北和上美索不达米亚以西的一大片地区。

1846 年 3 月 23 日，恩里科·阿尔贝托·德阿尔贝蒂斯出生在热那亚的沃尔特里（Voltri）。他是 19 世纪冒险家的完美典范：他是旅行家、作家，也是热爱探究的自然学家；他在世界各地进行了多次旅行并沉迷于观察途中遇到的各种生命形态，因此在 19 世纪末的意大利文化科学史上留下了自己标志性的印记。

在投身于真正的航海事业之前，德阿尔贝蒂斯曾是一名印度洋航线的蒸汽船指挥官。杰斯特罗（Gestro，1926 年）曾介绍，德阿尔贝蒂斯在最后一次旅行中从加尔各答带回了一只小老虎，并让它像小狗一样在船上自由活动。回到意大利后，他把这只小老虎送给了好友多利亚，后者将它安置在别墅的花园里圈养了 17 年。这两个热那亚人之间的友谊最终升华成了互惠互利的合作关系，多利亚也为与热那亚自然历史博物馆来往密切的自然学家组织了多次科考之旅，极大地丰富了馆藏资源。

德阿尔贝蒂斯指挥着这艘专门为远洋航行而打造的排水量高达 12 吨、性能灵敏、外观优雅的独桅纵帆船"薇奥兰特"号，陆续接待了众多与热那亚博物馆合作紧密的自然学家。在船的甲板下方，设有一个小隔间，专门用来存放标本。它有一个略显浮夸的名字：动物学部。那里摆放着装满酒精的试管和玻璃瓶，用于保存动物标本；那里还有研究所需的各类工具和仪器。除了鱼叉、渔网和其他捕鱼用具外，船上还配有一台用于海底动植物取样的挖泥机。

"薇奥兰特"号的自然学探索始于 1875 年 3 月，当时它沿着利古里亚海岸进行了几次巡航，一路行至托斯卡纳群岛。航行了约 1000 英里后，探险队抵达高格纳岛（Gorgona）和卡普拉亚岛（Capraia），而后又在厄尔巴岛（Elba）和吉利奥岛（Giglio）登陆。而在第勒尼安海（Tirreno）所进行的第二次探险任务，则是一段更具挑战性的穿越之旅；除了德阿尔贝蒂斯船长之外，随船同行的还有来自热那亚博物馆的拉斐尔·杰斯特罗（Raffaello Gestro），他负责对海岛的昆虫进行采集。

前往高格纳岛的途中，自然学家们幸运地观察到了抹香鲸、海豚、海龟和猛鹱。途经蒙特克里斯托岛（Montecristo）后，"薇奥兰特"号开始向撒丁岛进发。他们对散落在博尼法乔海峡（Bocche di Bonifacio）间的一片小岛屿进行了勘察，并成功捕获了栖息于悬崖峭壁之上的艾氏隼。随后他们重返海路前往突尼斯，并在途中发现了一只僧海豹。正如我们在帕韦西（1876 年）的文字中所读到的那样，之后的航程变得愈发艰难："航行遇到了前所未有的狂风暴雨，这艘帆船的桅杆，在强劲的西洛可风①和滔天的巨浪中摇摇欲坠。"

渡过难关之后，"薇奥兰特"号顺利抵达了位于突尼斯海岸附近的一座无人岛——格利特岛（Galita）。自然学家们在这里展开了深度考察，采集了不少北非动物样本。1876 年夏天，德阿尔贝蒂斯驾着他的帆船向希腊群岛进发，穿越博斯普鲁斯海峡（Bosforo，也称伊斯坦布尔海峡）抵达马尔马拉海（Mar di Marmara）；行程总长 3500

格利特岛（突尼斯）探险小队。
左起：阿尔杜罗·伊塞尔，贾科莫·多利亚，恩里科·德阿尔贝蒂和斯和拉斐尔·杰斯特罗

①热风，令人感到不舒服的风，是地中海地区的一种风。

英里，共停经 36 个港口和海湾。

真正让德阿尔贝蒂斯在航海界一举成名的远航行动发生在 1891 年，也就是克里斯托弗·哥伦布发现美洲大陆 400 周年的前一年。我们的船长特地为此次航行建造了一艘体型比"薇奥兰特"号更为庞大的游艇——"科尔萨罗"号（Corsaro）。德阿尔贝蒂斯驾驶这艘船循着哥伦布的路线前往中美洲。在 27 天的航行中，他使用与哥伦布当年相同的设备，抵达了圣萨尔瓦多。不过在此之前，"科尔萨罗"号就曾进行过一次为期 2 个月的航行，当时它前往马德拉岛和加那利群岛进行了勘察。而参与那次航行的，还有热那亚博物馆的合作者莱昂纳多·费亚，他在那次行程中收获了大量动物样本。尤其值得一提的是他们发现了一只在当时不为人知的蜥蜴，它在后来被彼得斯（Peters）和多利亚命名为大西洋蜥蜴，也就是今天的西加那利蜥蜴。

1932 年，恩里科·德阿尔贝蒂斯在热那亚附近的蒙特加列托（Montegalletto）去世，他那惊心动魄的一生就此结束；他把自己的城堡和所有藏品都捐给了当地政府，并提出要求，希望他们能在自己离世后将它改造成博物馆。这个遗愿最终得以实现：今天的德阿尔贝蒂斯城堡是利古里亚大区首府颇受推崇的历史建筑，并被打造成了世界文化博物馆。除了恩里科·德阿尔贝蒂斯耗费毕生精力收集的航海工具和航海图、无数当年的底片和各式日晷，以及在多次环球旅行中搜获而来的民族学与考古学材料、数目惊人的藏书和上百幅图稿之外，这座博物馆里还存有德阿尔贝蒂斯的堂兄路易吉·玛丽亚的收藏。他是第一位在新几内亚的弗莱河（fiume Fly）开展探险活动的探险家，我们将在随后的章节里介绍他和他那段非凡的旅程。

第二章　泰斗

贝都因帐篷甚好，骆驼的背峰甚好，就连持续不断的战乱和吉凶未卜的明天也甚好。在非洲，在非洲我愿死去！如这片大自然般自由地死去！

——奥拉齐奥·安提诺里

1869 年 11 月 17 日，小约翰·施特劳斯（Johann Strauss Jr.）的《埃及进行曲》（*Egyptischer–Marsch*）响起，为一场仪式拉开了序幕。而现场本该奏响朱塞佩·威尔第（Giuseppe Verdi）的乐曲，因为时任埃及总督的伊斯梅尔·帕夏（Ismail Pascià）曾邀请这位意大利音乐家创作一首乐曲，以纪念现代人类所完成的最伟大的事业——苏伊士运河通航。然而威尔第婉拒了这份邀约，并表示自己不为特殊场合创作纪念性乐曲（尽管后来他为开罗歌剧院的开幕谱写了《阿依达》）。

苏伊士运河在斐迪南·德·雷赛布（Ferdinand de Lesseps）的指挥下，按照路易吉·内格雷利（Luigi Negrelli）的规划修建而成。整个工程耗时 10 年，共开凿了 7400 万立方米土地，在地中海和红海之间的沙漠地区开辟了一条长达 160 千米的水道。从此从欧洲前往亚洲再也无须绕道非洲了。1869 年 11 月 17 日，在法国皇后欧仁妮（Eugenia）和奥地利皇帝弗朗茨·约瑟夫一世（imperatore Francesco Giuseppe）等各国政要名流的见证下，这场隆重的通航仪式正式开始。原定受邀观礼的意大利国王维托里奥·埃马努埃莱二世，则因在马雷玛（Maremma）的圣罗索雷（San Rossore）猎场中狩猎时意外染病而缺席了活动。

在第一批随船参加运河通航仪式的名流中，赫然在列的还有奥拉齐奥·安提诺里侯爵。他是一位自然学探险家，也是意大利地理学会的创始人之一；他受意大利政府委派，以代表之名出席活动。安提诺里并没有为庆典驻足很久，仪式结束几天后，他便和另一位意大利代表团成员——曼弗雷多·坎佩里奥一起踏上了尼罗河之旅。坎佩里奥回忆他们顺着尼罗河前进的日子，曾如此描述安提诺里：

> 这是一位受人尊敬的长者，他蓄着洁白的长须，平日里总待在自己的船舱内，为制作珍稀鸟类的标本准备着工序。他对地球每一个角落，都抱有身为科学家的关注和好奇。当英国人、美国人、比利时人、法国人、德国人几乎是组团乘坐汽艇前往各个停靠站并零星分散于各处，参观这文明古国的千年古迹时，这位长者则斜挎着步枪，独自去探寻尼罗河上游河谷丰富多彩的动物群。这位长者就是奥拉齐奥·安提诺里，意大利侯爵，动物学家，早已因此前的非洲之旅而闻名于世。

多年以后，安提诺里再次回到非洲，继续对这片大陆进行探索，奥雷斯特·巴拉蒂耶里用热情洋溢的文字描述道：

> 每每想起他的面容，我都感动不已：温柔和蔼的脸庞，洁白而威严的胡须，头戴一顶白色软木帽，下面围着宽大的面纱，身着一件口袋装满了瓶瓶罐罐的烟灰色外套，腿上穿着一条帆布裤子并套着高帮鞋套，腰间还系着一条阿拉伯头巾。他彬彬有礼的举止提醒着人们他的贵族出身，即使他已信奉民主。

这段文字巧妙地介绍了奥拉齐奥·安提诺里，精准地向我们展现了这位杰出的自然学探险家，我们可以将他视为19世纪意大利探险家中当之无愧的泰斗。安提诺里可谓意大利那个重要历史时代的典型代表，他身上有着浪漫主义与民族复兴的激情，以及探寻科学价值的强烈使命感。

奥拉齐奥·安提诺里于1811年10月23日出生在意大利佩鲁贾,是加埃塔诺·安提诺里(Gaetano Antinori)和托玛莎·博纳伊妮·博尔德里尼(Tomassa Bonaini Boldrini)的儿子。他家曾经是富甲一方的古老贵族,如今则条件平平。安提诺里是家里八兄弟中最不安分的一个,显然他也不是个模范学生。他酷爱狩猎和户外活动,偏好技术实干更甚于纸上谈兵,尤其向往冒险之旅。他认为自己的原生家庭过于守旧,反而与几位亲戚关系更为密切,比如冲动热情的堂兄斯特凡诺,虽然他因与教廷作对而被视为家族之耻;又比如在罗马担任拿破仑政府要职的叔叔朱塞佩。安提诺里还没毕业,就从佩鲁贾圣彼得罗修道院本笃会修士学院退学了。

如此一来他便可以彻底投身于自然科学,进行鸟类学研究、动物标本制作、各类手作劳动(他自我定义"木工为消遣,技工为娱乐")以及绘画设计等工作了。他的这一系列兴趣,得到了西西里僧侣、自学成才的自然学家巴尔纳巴·拉维亚(Barnaba Lavia)——他向安提诺里传授了标本制作技术——以及佩鲁贾大学教授路易吉·卡纳利(Luigi Canali)的鼓励和支持。在最初很长一段时间里,年轻的奥拉齐奥·安提诺里都致力于搜寻和制作地方鸟类标本,而后他也顺利积攒了可观的数量,并将全套藏品捐给了自己家乡的大学。

1837年,26岁的安提诺里前往罗马寻找工作,以便独立生活。在教宗国[①]的首都,他结识了卡尼诺亲王——夏尔·波拿巴,并用自己专业的科学素养和精湛的手工技艺赢得了他的欣赏。波拿巴以合作者的名义邀请安提诺里加入自己的动物学研究项目,进而催生了1832—1841年出版于罗马的《意大利动物图鉴》(*Iconografia della*

---

①南欧一个已经不存在的国家,为教宗统治的世俗领地,建立于8世纪,位于亚平宁半岛中部,以罗马为中心。1861年,教宗国的绝大部分领土被并入领导意大利统一进程的撒丁尼亚王国,即后来的意大利王国;至1870年,罗马城也被并入意大利王国,教宗国领土退缩至仅剩梵蒂冈城,等同于名存实亡。1929年,教宗庇护十一世(Pio XI)时期,意大利与圣座签订了《拉特朗条约》(*Patti Lateranensi*),教宗国正式灭亡。

fauna Italica）和 1842 年出版于博洛尼亚的鸟类研究图册《鸟类纲目》（*Conspectus Genera Avium*）。

为了向年轻的安提诺里表达敬意和感谢，1840 年，波拿巴将新发现的一种意大利鼩鼱科动物冠以安氏鼩鼱（Sorex antinorii）之名。在波拿巴亲王的扶持下，安提诺里在动物标本制作和实验室管理之外，还协助起草了不少论文和书籍。在波拿巴位于罗马庇亚门（Porta Pia）的宅邸保利纳别墅（Villa Paolina）里，安提诺里结识了插画家洛伦佐·兰迪尼（Lorenzo Landini）。他在多年后跟随安提诺里前往阿比西尼亚，并就此写下了回忆录《与奥拉齐奥·安提诺里侯爵在非洲共度的两年》（*Due anni in Africa con Marchese Orazio Antinori*）。

这位探险家一生伴随着世事变幻，历经艰辛。1848 年这一革命之年所带来的一系列政治运动，打破了安提诺里平静的工作。出于对本国政治的高度敏感，这位坚定的马志尼主义者弃笔从戎，应征成为教宗国的一名军官。他在威尼托作战时右手不慎负了重伤，于是就此返回了罗马。他一生忠于自由主义，曾当选为制宪会议议员。此后为保卫罗马共和国，他再次冲锋陷阵，抵御法国的入侵，但这次的失利却使他不得不流亡他乡，直至 1861 年。

不过也正是从此刻开始，安提诺里作为旅行家和探险家的角色才真正具象化。他的第一站是希腊和土耳其，准确来说是士麦那（Smirne，今称"伊兹密尔"），并且他决定在此定居。那时身无分文的他幸运地结识了瑞士驻士麦那大使奎多·冈岑巴赫（Guido Gonzenbach），他们合作创办了一家公司，向当时对皮毛制品供不应求的欧洲出口动物标本。冈岑巴赫负责公司管理和标本运输，安提诺里则进行标本采集。从这座爱琴海沿岸城市出发，安提诺里完成了一系列旅行。他探索了希腊的内陆地区、地中海各大岛屿（塞浦路斯、罗德岛、克里特岛和马耳他）、安纳托利亚的高原，以及叙利亚，沿途寻觅动物标本以出售给欧洲各大博物馆。

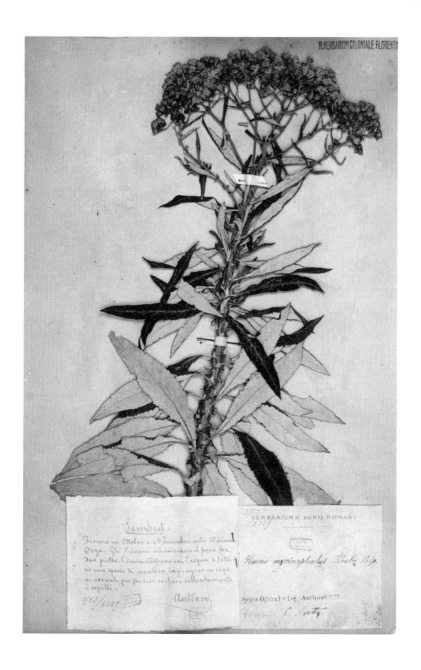

奥拉齐奥·安提诺里于绍阿采集到的植物样本

也正是在这个时期，他顺利完成了一组由数百种藻类和其他采集于士麦那的植物所组成的小型植物收藏，并在后来将其捐赠给了意大利中央植物标本馆（Erbario centrale italiano di Firenze）。1842 年，该馆由巴勒莫植物学家菲利波·帕拉托雷（Filippo Parlatore）在佛罗伦萨创建，如今享誉盛名。安提诺里进行的鸟类观察与相关研究也取得了丰硕的成果，他分别于 1856 年和 1858 年在德国杂志《诺曼尼亚》（Naumannia）和《鸟类学杂志》（Journal für Ornithologie）上发表了自己的论文。

然而安提诺里的经济状况依旧窘困，他甚至不得不放弃购买昂贵的学术书籍，即使它们对自然学研究来说不可或缺。一如既往，祸不单行。1857 年，安提诺里在探索萨摩斯岛（Samo）的途中，右手被毒蛇咬伤，伤口位置恰好与他在 1848 年革命中负伤的位置相同。在饱受了长达数月的剧烈疼痛和局部瘫痪的折磨之后，安提诺里终于得以痊愈。其间他学会了使用左手进行书写、绘画甚至标本的制作和准备工作，于是他便借此将旅途中所观察到的各色生物和风俗美景都记录了下来。正如安布罗基所言，不屈不挠的安提诺里似乎在逆境中找到了前进的动力。

》》》非洲之行

  1858 年，从父亲那里继承到一小笔财产后，安提诺里便前往埃及寻觅新的标本。从此，他就打开了这个因生物多样性而令他倾倒的世界大门。非洲之角、辽阔的埃塞俄比亚高原、干旱无边的沙漠、巨大的湖泊，以及被流经东非大裂谷的河水冲刷成的山谷，共同组成了这个世界最知名的生物多样性热点[①]。尤其是埃塞俄比亚，当地大量存在的特有种，使其可以构成一个名副其实的生物地理分区[②]，仅两栖动物就有至少 6 个独有属，其中包含了 78% 的当地特有种。

  大量地区海拔高达 2000 米以上，这使当地形成了同纬度地区罕见的由高山森林和高原草甸组成的生态环境。由此我们可以见到不少独特生物，如埃塞俄比

  [①]指的是具有显著生物多样性的地区，它们必须符合两点要求：包含至少 0.5％或 1500 种独有品种的高等植物，且丧失至少 70％的原生植被。
  [②]指的是生物地理学在地球上所划分的几大区域，它们因其地理和环境因素而坐拥独有的动植物种群。

亚狼，埃塞俄比亚高原兔和瓦利亚野山羊；相较于旧热带界①而言，它们与古北界②动物群更为相似。在鸟类当中，埃塞俄比亚也同样贡献了几只极为罕见的特有种，如灰丛鸦和王子冠蕉鹃，它们由两位意大利探险家在 20 世纪上半叶发现。

此外这里还存在着许多南非的典型物种，例如犬羚、大羚羊以及荒漠疣猪，它们极大丰富了该地区的生物多样性。时至今日，我们对东非地区丰富的生物资源仍然知之甚少。正是得益于 19 世纪下半叶的意大利自然学探险家和他们所采集到的一系列珍贵的生物标本，我们才有机会了解索马里、埃塞俄比亚和厄立特里亚的动植物群。而在他们之中，我们的泰斗扮演了极为关键的角色。

抵达埃及一年后，奥拉齐奥·安提诺里便开始了自己的苏丹之旅。途中他第一次见到狮子，当时它正拦在路的中央。安提诺里便掏出纸笔，沉着冷静地观察它，为这只猫科动物绘制了一幅肖像。他在喀土穆这个探险家与冒险家的会集之地，结识了许多从事非洲珍贵原材料交易的旅行者，他们大多以贩卖橡胶、象牙、咖啡和鸵鸟羽毛为生。也正是在那里，他结识了蓬塞（Poncet）兄弟和费拉拉人安杰洛·卡斯戴尔博洛涅西，并与他们计划了首次尼罗河之旅。

卡斯戴尔博洛涅西是一位冒险家，曾在森纳尔和加扎勒河进行巡游，而这段经历也促使他写出了《加扎勒河之旅（1856—1857）》（*Viaggio al Fiume delle Gazzelle，1856—1857*）。途中他无疑也收获了许多自然学样本，其中包括来自努比亚内陆的鳄鱼、白河象牙、河马牙、猴子的皮毛，来自红海的石珊瑚以及众多武器、物品和工具。它们随后都进驻了费拉拉自然历史博物馆。

---

①旧称埃塞俄比亚界，涵盖印度洋以西的群岛、撒哈拉沙漠以南的非洲大陆、北回归线以南的阿拉伯半岛等地区。

②六大生物地理分区中最大的一个，因分布在旧大陆北方而被称为古北界，范围涵盖欧洲大陆、喜马拉雅山脉以北、非洲北部以及阿拉伯半岛的中北部。

在苏丹停留期间，安提诺里还进行了其他考察。1860 年，他与法国地理学家纪尧姆·莱让（Guillaume Lejean）一起探索了科尔多凡地区，直至达尔富尔。因向导和搬运工们拒绝深入敌对部落的地盘，队伍被迫止步于此。不过这次旅行所捎回的鸟类样本格外丰硕（安提诺里，1864 年）。奥拉齐奥也对鸟类种群做了详细的观察记录，并描述了途中所见的一大群鹤科鹤属的蓑羽鹤。它们遮天蔽日数不胜数，据安提诺里估计，成千上万。此外，他还借机收集了大量当地居民所使用的武器和工具，以作为对当地文化的见证，并由此组成了一批珍贵的民族志材料，这些材料至今被存放于佩鲁贾考古博物馆（Museo archeologico di Perugia）之中。

回到喀土穆后，安提诺里结识了卢卡人卡洛·皮亚贾，彼时后者已经对白尼罗河完成了两次探索。皮亚贾是位与众不同的旅行家，他有别于同时代其他意大利探险家。他是一个磨坊工的儿子，来自意大利的一个小地方；他既没有门路也没有器材，甚至未曾受过教育。他自视甚轻，但也正是因为这一点，他成为一位极为特殊的探险家。

关于卡洛·皮亚贾形象的描述，最为生动的，是埃迪蒙托·德·亚米契斯做出的。皮亚贾曾请德·亚米契斯为自己撰写旅行回忆录，并如此解释道："我没什么文化。我做了大量笔记，而且我敢保证内容很有趣，但天知道我的文笔烂成什么样，它显然需要润色和修饰。"德·亚米契斯曾如此描述他：

> 未曾与其谋面的人，若是以一个面容彪悍、令人生畏的非洲探险家形象去想象他，那就大错特错了。他中等身高，瘦骨嶙峋，蓄着灰色的胡子……他的面容饱经风霜，述说着世事沧桑。酷热难耐，恐惧焦虑，悲痛欲绝，狮口逃命，都可以在那张脸上读出。那是一个疲惫不堪的男人，沉稳到近乎衰颓……换个人需要耗上一整晚来讲述他旅程的一个章

节，但他却能将一整年的冒险概括进区区 50 个词。他不添油加醋，也不说一句废话，以最超脱的态度讲述着最离奇的经历。但他的口吻又是如此真实，以至没有人会产生一丝一毫的怀疑。

在大部分家人死于流行性斑疹伤寒后，他于 1851 年登陆了非洲，先是在突尼斯做了穆拉德贝伊（Murad Bey）的园丁，随后又去往埃及的亚历山大。在那里他无所不为，书籍装订、制帽、装潢和给马车上漆，都曾是他的糊口手段。1856 年 11 月，皮亚贾迁往喀土穆。正是从这里，他开启了自己的初次白尼罗河之旅。他穿过巴加拉人（Baggara）、努尔人（Nuer）和登卡人的领地，先后抵达了圣克罗切（Santa Croce）和冈多科罗（Gondokoro），最终来到了位于朱巴南部的瑞伊贾夫（Reigiaf）。

他在圣克罗切一直停留至 1857 年的 7 月，其间进行了一系列探险活动。他采集了许多民族学材料，并猎获了大量生活在那片土地上的动物。为了补贴旅行开销，皮亚贾整理了一批途中所获的矿石、化石，以及包括他亲手制作的鸟类标本在内的大量自然学标本，出售给不同的欧洲买家。1859 年，卡洛·皮亚贾将此次旅程中所收集到的一批主要由武器和工具组成的珍贵民族志材料，捐赠给了佛罗伦萨自然历史博物馆。正如刊登于 1882 年《意大利地理学会公报》上的消息所言，皮亚贾通过研究和观察尼罗河流域动物群的分布及其与非洲动物群之间的联系，为生物地理学研究做出了杰出的贡献。此后为开展象牙贸易，皮亚贾开始投身于猎象活动。与法国人德·马尔扎克（De Malzac）共事期间，他近距离接触到了令人发指的奴隶交易。

随之而来的，便是他与奥拉齐奥·安提诺里的友谊。

二人性格互补，很快成为密友。皮亚贾为这个佩鲁贾人的强硬个性所折服，而安提诺里则对这个托斯卡纳人的朴实勇敢大加赞赏，尽管他出身卑微，但为人真诚，性格坚毅。二人虽受不同的社会文化背景影响，却有着不少相似之处：同样热爱狩猎和冒险；既热衷于无私奉献又吃苦耐劳；既勤劳能干又懂得灵活变通；最重要的是，他们都被非洲的自然环境所吸引，对当地的民族抱有极大的兴趣。正是这份热爱，令他们坚定地站在了奴隶制度的对立面。

1860 年 11 月，安提诺里和皮亚贾沿着白尼罗河溯流而上，直抵白尼罗河与加扎勒河的交汇处。与他们同行的是萨沃依人亚历山德罗·韦西埃（Alessandro Vayssière），他负责提供船只；三位探险家计划前往尼安 - 尼安人的领地。"尼安 - 尼安"一词特指赞德人（Zande，也称 Azande，即阿赞德人），这个拟声词的意义在于形容赞德人所拥有的"食人习俗"。当时的人们对这个"原始神秘"的种族充满了幻想，将他们形容为半人半狗且长着一条扇形尾巴的生物，辅以怪异的习俗，而其中之一正是同类相食。

在抵达了安提诺里所踏足过的最接近赤道的地区——恩古里（Nguri）后，探险队被迫终止了行程；正如安提诺里本人所言，"连绵不断的降雨、持续不退的高烧痢疾、匮乏短缺的食物，都威胁着我们的生命，我们几乎就要全军覆没了"。在这期间韦西埃因高烧而不幸离世，两位幸存者不得不拖着疲惫的身躯返回苏丹首都；其间奥拉齐奥·安提诺里和卡洛·皮亚贾采集到了一系列铁制的饰品、矛头、臂甲、盾牌以及其他工具，随后将它们运往意大利，以丰富佩鲁贾考古博物馆的馆藏。

正如 1868 年安提诺里在旅行纪实中所写的那样，途中他对生长于河流附近，由金合欢、肉桂和大戟等植物组成的森林植被进行了观察研究；同时他指出当地可能存在着一种紫葳科的新树种。至于鸟类动物，安提诺里则如此写道："猛禽类、雀形目和鸡形目鸟类数量繁多。我仅凭一己之力在这恶劣的条件下，成功捕获了前两种鸟类。"此外，他还对意大利政府在标本名录出版后才对这系列藏品进行收购的行为表达了不满，"它们随机流落于各大博物馆，而非意大利的博物馆"。此后，皮亚贾跟随一支商队再次穿越这片地区；他在 1863 年重返赞德人的领地，并在那里驻留了两年之久，以对当地语言进行深入研究。他写了大量的注释笔记并制作出了一部词汇表，后来由安提诺里发表在 1868 年的《意大利地理学会公报》上。这就是《尼安 - 尼安语词汇表，由奥拉齐奥·安提诺里在皮亚贾、勒延和佩瑟里克的单词收集上汇编而成》（*Vocabolario della lingua Niam-Niam，compilato da O. Antinori sulle voci raccolte dal Piaggia，dal Lejan e dal Petherick*）。

这份在当时的探索界中独一无二的文化经历，使皮亚贾成为一名早期的人类学家。他彻底融入赞德部落，成为他们中的一员，由此得以亲身体会他们的语言和文化。

而他原汁原味的旅行轶事都被收录在了《回忆》（*Memorie*）中，由阿方索·佩莱格里内蒂（Alfonso Pellegrinetti）对他的笔记进行汇编后，在其逝世后的 1941 年出版。此外，皮亚贾还留下了一批关于赞德人的珍贵民族志材料，在十分欣赏他的植物学家乔治·奥古斯特·施维因富特（Georg August Schweinfurth）的要求下，这批藏品被转入柏林人类学与民族学博物馆（Museo di antropologia e etnologia di Berlino）。此外，还有一部分动物学藏品被运出了意大利，例如他在 1862 年采集于森纳尔的一系列鸟类标本，在自然学家莱奥波尔多·奥里（Leopoldo Ori）的建议下，它们被赠予君士坦丁堡的苏丹。

⟫⟫ 归家

　　1861 年，意大利的政治局势发生了巨变，欧洲由此诞生了一个崭新的国家：在以维托里奥·埃马努埃莱二世为首的萨沃伊家族的统治下，意大利实现了民族统一。对安提诺里而言，终于是时候结束漫长的流亡而重返家乡了。然而他的经济状况却不容乐观。于是他便写信给自己的兄弟，痛苦地承认道："我简直穷得身无分文，正在为怎么回意大利而发愁。"为了凑足这笔路费，安提诺里不得不变卖自己的家当，只是对于一系列民族学和自然学藏品（约 600 件鸟类标本），他希望能将其销往祖国。在 1862 年返回意大利后，他成功说服意大利政府以 2 万里拉的价格（这在当时是一个相当可观的数字）收购他的鸟类藏品。然而它们却没有被整合成系列，而是分散到了各个博物馆之中，因此其科学价值也被大打折扣。

　　此后安提诺里定居都灵，并在那里度过了整个 1862 年。其间他全身心投入到旅行报告的撰写工作中，同时起草了珍贵的《中非北部地区鸟类图鉴，1859 年 5 月—1861 年 7 月》（*Catalogo descrittivo di una collezione d'uccelli fatta nell'Africa*

Centrale nord dal maggio 1859 al luglio 1861）。与此同时，安提诺里也尝试参与一些工业项目，为未来的非洲之旅赚取资金。但他在这一时期最为显著的工作成果是一系列密集的鸟类学研究，他还借此与当时最知名的自然学家们进行了接触。在那几年里，他与热那亚自然历史博物馆——自然探索领域最为活跃的科学机构，以坐拥意大利探险家所搜集的丰富藏品以及大量深入研究而闻名——创始人贾科莫·多利亚缔结了深厚友谊。此外他还有幸结识了阿尔杜罗·伊塞尔和奥多阿多·贝卡利，他们在随后将成为安提诺里探险之旅的同伴。

另一段尤为关键的友谊，则是与欧洲知名的鸟类学家托马索·萨尔瓦多里（Tommaso Salvadori）的友谊。他是将安提诺里和许多其他意大利探险家的探索发现价值最大化的关键人物。通过研究这批探险家所采集的鸟类标本，他出版了大量作品，内容多以描述意大利探险家所发现的新物种为主。

萨尔瓦多里于 1835 年 9 月 30 日出生在阿斯科利皮切诺省（Ascoli Piceno）的波尔托圣焦尔焦（Porto San Giorgio），是路易吉·萨尔瓦多里（Luigi Salvadori）和来自英国林肯郡的埃瑟琳·韦尔比（Ethelin Welby）的儿子。他曾先后在罗马和比萨学习医学，随后因被意大利复兴运动和加里波第的事迹吸引，自愿以医官身份参加由美第奇（Medici）将军领导的第二次西西里远征。

结束领土收复运动后，他于都灵定居，并开始了自幼年起就兴趣浓厚的鸟类学研究。他科学生涯的转折得益于与菲利波·德菲利皮的相识，德菲利皮是当时的都灵动物学博物馆馆长，他被德菲利皮任命为博物馆助理；1878 年，他开始担任副馆长之职，直至 1923 年去世。尽管拮据的经济条件、曲折的情感经历①、欠

---

①他因妻子出轨他的大学同事而与其分居，同时卷入这个私人事件的还有接任德菲利皮成为都灵动物学博物馆馆长的米凯莱·莱索纳。

佳的健康状况使萨尔瓦多里的一生坎坷不断，但他仍然以严谨的态度完成了大量科研工作，其活动之密集在同时代的科学家当中也属罕见。

他出版了大量颇具影响力的作品，其中就包括《婆罗洲鸟类系统名录》（*Catalogo sistematico degli uccelli di Borneo*）和三卷著名的《巴布亚和马鲁古鸟类学研究》（*Ornitologia della Papuasia e delle Molucche*）。在 1890—1894 年，受自然历史博物馆委托，他多次前往伦敦编写鸟类标本名录。后来有一系列的鸟类被冠以他的名字，以示致敬。

正是在萨尔瓦多里的陪同下，1863 年安提诺里前往撒丁岛完成了一次真正意义上的鸟类学探索之旅。他们进行了多次猎捕并成功收获了一批极具代表性的撒丁岛鸟类样本。1866 年，为了鸟类学研究，安提诺里启程前往突尼斯，并对当地的古罗马遗迹进行考古研究；同时他为这个位于马格里布地区的国家绘制了一张全新的内陆地图。结束旅程并归来后，他萌生了成立一个协会的想法，旨在推动针对"未知之地"而进行的科研探索活动的发展。这一想法于 1867 年成为现实。

当时安提诺里前往佛罗伦萨——意大利王国统一后最初的首都，并在那里结识了全国最负盛名的知识分子和科学家。正是在那一年，他协助创办了意大利地理学会，并担任首任会长克里斯托弗·内格里（Cristoforo Negri）的秘书。那几年，安提诺里的工作成果尤为丰硕，其中也不乏大量行政事务。正如我们在本章开头处所看到的那样，他有幸被意大利政府选中，作为国家代表参加了苏伊士运河的开通仪式。他从那一刻开始，重返旅程，沿着尼罗河一路抵达了努比亚。次年他还协助朱塞佩·萨佩托收购了位于红海之滨的阿萨布湾，为随后的一系列殖民活动建立了前哨阵地。

》》》重返非洲

年轻时候的阿尔杜罗·伊塞尔

1870年，始终梦想重返非洲开拓新事业的安提诺里没有错过意大利地理学会组织的首次探险之旅，他欣然接受委任，作为负责人随队前往。同时被邀请参加的，还有年轻的植物学家和自然学家奥多阿多·贝卡利，正如我们随后即将看到的那样，他未来那场婆罗洲之旅将赢得科学界的权威认可和评论界的广泛赞誉。这场探索还得到了另一位科学巨匠的支持，他就是热那亚人阿尔杜罗·伊塞尔。他被誉为19世纪学者的楷模；他在19世纪至20世纪初这段意义非凡的历史时期里，为意大利自然科学发展做出了杰出贡献。他一贯遵循严谨的科学方法，在多个领域进行研究，从地质古生物学到动物学，再到人类学和考古学。与之相识之后，安提诺里曾如此描述他：

> 阿尔杜罗·伊塞尔不仅是一位出色的地质学家和贝类研究学家，他还懂得以艺术家的眼光来欣赏大自然。他的文字生动有趣，绘声绘色。有时他似乎会脱离自己所擅长的研究，转而漫步于其他领域，而这都得归功于他那狂热无边的想象力，以及对真理的不懈追求。

伊塞尔毕业于比萨大学自然科学系，师从当时的多位著名教授，其中就包括动物学家保罗·萨维（Paolo Savi）。回到热那亚后，他在利古里亚的这所大学里教授矿物学和地质学课程。他的初次海外之旅始于 1865 年，当时他前往埃及参观苏伊士运河的开凿工程。1877 年，与安提诺里一起结束对非洲之角的探索后，他又参加了"薇奥兰特"号的地中海之旅；他沿着突尼斯海岸和希腊爱奥尼亚群岛，完成了一系列研究和采集工作。在他所出版的大量学术作品中，流传尤为广泛的是《旅行者科学指南》（*Istruzioni scientifiche per i viaggiatori*），一本出版于 1881 年的手册。在书中伊塞尔罗列了动植物标本的采集、制作和保存方法的准则，并邀请恩里科·希利尔·吉廖利和阿尔杜罗·扎内蒂（Arturo Zanetti）补充了民族人类学研究的指导说明。1883 年，伊塞尔与拉斐尔·杰斯特罗一起撰写了《自然学家旅行手册》（*Manuale del naturalista viaggiatore*），并由尤立科·赫依颇利（Ulrico Hoepli）负责出版。正如该书作者们在序言中所强调的那样，尽管只能"算作通俗文学"，但毫无疑问它还是具有相当大的科普价值。

此处值得一提的是，这类手册的出现，为建立各学科通用的研究准则做出了重大贡献。而在民族人类学研究领域，早在 1873 年意大利人类学与民族学学会（Società italiana di antropologia e etnologia）就推出了一份《比较心理学研究指导说明》（*Istruzioni per lo studio della psicologia comparata*），由保罗·曼特加扎、恩里科·希利尔·吉廖利和夏尔·莱图尔诺（Charles Letourneau）负责编写。这批手册制定了一系列研究顺序和步骤，为野外作业的自然学家们指明了每个阶段的工作方式，帮助他们取得最佳科学成果。它们推荐使用专门方法对自然学标本进行采样，同时建议对样本的测量数据以及其他文本资料进行记录，对不同材质的标本以分门别类的特殊方法进行前期准备和后期保存，并介绍了最后的物种确定和标本的系统分类方法等。

这场由公共教育部和意大利地理学会共同推动的厄立特里亚之行由朱塞佩·萨佩托带队，对此前介绍过的乔瓦尼·斯泰拉神父所建立的农业和商业殖民地进行考察。安提诺里负责此行的筹备工作，并预估了一笔 18000 里拉的费用，这是一个能带来"丰硕科学成果"的数字。安提诺里、贝卡利和伊塞尔（后两位还未及而立之年）组成了这支考察队的科学团队，负责采集地质古生物化石以及动植物标本。贝卡利和伊塞尔于 1870 年 2 月 14 日从热那亚出发，与奥拉齐奥·安提诺里在苏伊士会合（安提诺里等人，1870 年；伊塞尔，1872 年）。漫长的颠簸自然也谈不上多享受，安提诺里也对此感到不适：

> 我们溯红海而上，从布亚到马萨瓦共航行了 260 英里，一路经历平平无奇……我们无所事事地度过了四天四夜，被关在一艘重 30 吨的可怜的小船上。我们白天在猛烈的日光下暴晒，晚上在清冷的月色中发抖。挤在各式各样的箱子和行李中间，我们被蚊子和其他烦人的虫子骚扰着，此外还有成千上万的蟑螂和老鼠正对我们的食物虎视眈眈……

抵达马萨瓦后，他们收到了来自时任法国驻当地副领事、瑞士自然学家芒津格（Munzinger）的问候。三人沿着厄立特里亚海岸对红海进行了游览，勘察了其中的珊瑚礁。伊塞尔全程细心地采集岩石和昆虫标本，尤其是带壳软体动物——它们随后都被收录在出版于 1870 年的《红海软体动物群》（*Della fauna malacologica del Mar Rosso*）中（伊塞尔，1870 年）。他们在沿岸地区盖拉尔角（Ras Gherar）收获了大量海洋生物，并于后来将它们运往了热那亚自然历史博物馆。塔尔乔尼·托采蒂（Targioni Tozzetti）描述了其中一种石珊瑚新品种，该物种的标本至今存于博物馆中，说明上还附着这样一行字："Lithactinia isseliana Targioni, typus, Massaua 1870, leg. A. Issel"（物种名：Lithactinia isseliana Targioni；1870 年发现于马萨瓦；由阿尔杜罗·伊塞尔采集）。可能当时塔尔乔尼·托采蒂只是将该标本认定为新物种，但尚未将它的描述对外公布，因此时至今日该物种仍未被确认。

贝卡利则专注于植物采集，借此积累资料以筹建首个以厄立特里亚和埃塞俄比亚地区植物为主的标本馆。至于安提诺里，显然是继续着他的鸟类收集。不过同时，他也为当地的珊瑚礁生态系统所倾倒：

> 当潮水退至低处时，我们便会下海探寻海洋生物。那平静的水面下藏着多少生命啊！未曾置身于此的人永远无法了解这片珊瑚礁的美丽。那些陈列在博物馆中的标本不过是这群奇异生物的残像罢了，它们曾经鲜活斑斓的色彩早已不复存在。

旅途中安提诺里还捕获了一批哺乳动物：鬣狗（条纹鬣狗和斑鬣狗）、草兔埃塞俄比亚亚种、刺猬（猬属动物）、非洲地松鼠，以及后来被鲁佩尔（Rüppel）命名为 Dysapes pumilius 的蝙蝠，也就是今天的小犬吻蝠。

尽管对当地匮乏的鸟类品种颇有微词，安提诺里还是顺利收获了一批海鸟、鹭、黄喉蜂虎、花蜜鸟和鸭子；在爬行动物样本中，则出现了由布兰福德（Blanford）于同年进行描述的所谓的撒哈拉蜥，今称长尾拉氏蜥。当时，所有采集到的材料都被装箱并统一存放在马萨瓦港，其中一部分被邮寄回国，而另一部分则被交付给了准备留在马萨瓦继续沿岸探索的伊塞尔。

正如波吉（Poggi）所记录的那样，伊塞尔在非洲一直停留至6月份，并最终带着22箱标本回到意大利，其中包含了分属84种鱼类的925件样本，分属至少600种海洋软体动物的约11600件标本，分属50种陆生软体动物以及许多其他海洋生物的550件标本。这批丰富的软体动物标本将为无数专家提供重要的研究素材，并就此催生了一系列学术著作。除了前面已经提到过的伊塞尔（1870年）所撰写的论文，还包括莫莱特（Morelet）发表于1872年的关于陆生和淡水软体动物的论文；而帕拉迪勒（Paladilhe）则于1872年描述了一系列海洋新物种，这些信息多来自伊塞尔和贝卡利所采集的样本；此外还有塔帕罗内·卡奈弗利（Tapparone Canefri）发表于1875年的红海骨螺论文。这批学术作品全部被收录在《热那亚自然历史博物馆年鉴》（*Annali del Museo civico di storia naturale di Genova*）里。回国之前，阿尔杜罗·伊塞尔还特地去了一趟内陆，与正在阿比西尼亚高原上进行考察的同伴们做了告别。

5月2日，在结束了一整天的行李打包工作后，安提诺里和贝卡利跟随由26头单峰驼所组成的车队，启程前往博戈斯人的领地。这段长途旅行的第一站是蒙库洛（Moncullo），随后他们继续沿着塞姆哈尔（Samhar）的驼道向西北方向前进，穿越卡萨拉（Kassala）；接着他们又沿马依-瓦利德（Mai-Ualide）河顺流而下来到安塞巴（Anseba），最终抵达克伦（Cheren）。此处考察以高原生物为对象，他们完成了一系列极具趣味的研究调查。

途中，安提诺里还描述了探险家们被迫忍受的极端恶劣条件："白天骄阳似火，中午则强风不断，极度干燥的空气使我们干渴难耐。白天阴凉处的温度竟高达39摄氏度。"此外他还对途中观察到的物种做了记录，罗列出了自己能够辨识的鸟类，其中包括数量众多的织布鸟、欧斑鸠、凤凰鸟、杜鹃、鹧鸪和花蜜鸟。当然，他也没有忽略昆虫和其他无脊椎动物：在莱博卡河（fiume Lebca）的河谷，因缺乏捕虫网而难以捕捉遍布河岸的绿虎甲（一种色彩缤纷的美丽甲虫），为此他十分懊恼。但即使如此，"我们抓起大把沙子向它们扔去，如机枪扫射般成功捕获了不少虫子"。

贝卡利沉迷在对当地植物的观察和采集之中，他也遇见了许多未知的物种，例如一株茎秆呈肉感的奇特植物。直到返回欧洲进行了详细研究后，贝卡利才将其辨别出来，是西番莲。自然学家的工作并不局限于标本的采集；事实上，他们还会就地进行真正意义上的田野作业，以充实观察结果。例如他们就曾对分布于非洲之角的大型猴科动物阿拉伯狒狒的粪便样本进行检测；而其中大量存在的鞘翅目昆虫残渣，使得他们推敲出了这种灵长类动物日常饮食的重要组成部分。而另一次，他们则猎杀了一只鹬鸪，并通过对其胃部残余物进行分析，成功了解到这只动物生前曾进食过的植物。因此，探索的途中充满了趣味和惊喜；但同时，这段行程又因追捕猎物时进行的频繁停靠和绕道而被无限延长。安提诺里承认："各种原因让我们最后一天的计划被拖延。我们时而追逐怪异的飞禽，时而又欣喜地在某朵鲜花前驻足，抑或是简单地欣赏某份独特景致而举步不前。"

抵达克伦后，我们的自然学家们开始搭建工作室："贝卡利和我立即开始收拾，以便让这间简陋的屋子尽可能显得井然有序……床铺、工作台……靠墙竖起了一排架子，用于摆放装有防腐剂和药物的罐子，还有用来悬挂武器的钉子以及用于晾晒皮毛的网架。简而言之，我们建成了两间功能齐全的工作室。"从这个阿比西尼亚村庄出发，安提诺里和贝卡利沿着附近的山谷和山坡进行了数次勘察：他们一路沿岱班山（monte Deban）而上对周边展开调查，并抵达了肖特尔（Sciotel）地区和泽丹巴山（monte Zedamba）山脚。

一天，在安塞巴河的河床附近，安提诺里遇见了一只华美的鸟儿，它飞过岸

白颊冠蕉鹃的标本

来，停在了一棵罗望子树上。安提诺里表示，"我的喜悦之情难以言表，我意识到，我终于第一次在非洲捕获了一只绝美的白颊冠蕉鹃"。这正是白颊冠蕉鹃，一种隶属于蕉鹃科的稀有阿比西尼亚高原亚种。同样在河边，他收获了另外几只当地独特的有趣鸟儿："我还成功捕获了东非灰蕉鹃。这是一种尤为独特的鸟儿，伴随着头部和脖颈做出的奇异扭动，它还会发出如醉汉狂笑般怪异的鸣叫声。与这种聒噪的鸟儿形成鲜明对比的是'沉默寡言'的白腹紫椋鸟。"

　　在探险期间，贝卡利在植物标本的采集之余，也积极参与了鸟类和哺乳动物的猎捕。安提诺里回忆道："我那无与伦比的朋友和伙伴贝卡利，每每结束草木标本的采集而归来时，总会愉快地将其所捕获的所有鸟类都交给我；而每当他收获新物种时，那份喜悦和满足更是溢于言表。"此外贝卡利还捕获了大批昆虫样本，而其中的一系列蚂蚁标本后来被交予博洛尼亚大学动物学教授卡洛·埃梅里（Carlo Emery），以供其进行研究。在这之中，埃梅里描述了一个被称为蜂足蚁属的蚁科新属，并将一个隶属于该属的新物种命名为贝氏蜂足蚁（Melissotarsus beccarii）。在这批样本中还有不少新的鞘翅目适蚁昆虫（与蚁群共生），它们也由这位著名昆虫学家一并进行了描述。

　　而奥多阿多则在岱班山上成功捕捉到了第一只蹄兔，并于随后将它保存在一个盛满酒精的大玻璃瓶里。安提诺里兴致勃勃地对这种哺乳动物进行了观察，并对它们的行为做了详细描述。他攀上一座陡峭的山坡，在巨石林立的花岗岩之间发现了一个蹄兔的栖息地，他写道：

> 那个难以接近的地方正是这群小型厚皮动物的绝妙家园。从花岗岩的横向裂缝中可以听到它们尖锐的嘶吼，像极了我们所熟悉的老鼠被猫抓住时所发出的尖叫声。我检查了它们剩余的食物残渣——主要由草和浆果组成，在其中我还发现了埃塞俄比亚苹婆……蹄兔喜好群居……它们习惯于在清晨出来活动几个小时后，便窝进巢穴，躲避烈日直至夜晚。由此可以推断这是一种夜行动物。

安提诺里对现代系统发生学[①]概念的了解，促使他将这类哺乳动物定义为"厚皮动物"。同时，他对在当时引起广泛讨论的此物种的定义及分类问题进行了考据："在阿比西尼亚，除这个品种的蹄兔外，还存在着其他品种的蹄兔，如埃塞俄比亚亨氏蹄兔，它曾由布兰福德进行过描述。他其实还描述过第三种蹄兔，但并没有冒昧地为它命名。因为到目前为止，科学家们还未能理清它们之间的关系。"蹄兔是隶属于蹄兔目蹄兔科的哺乳动物，分布于非洲和中东。这群小型植食动物虽然看起来形似啮齿动物，但二者间并没有任何联系。就系统发生学理论而言，和蹄兔更亲近的其实是大象。而今天，这种亲缘关系已经通过 DNA 分析得到了证实；同时，蹄兔和大象在外形上的许多共同点，如趾甲的形状、蹄下敏感的足垫、牙齿及骨骼的形状等，也都从侧面支持了这一论点。

另一种哺乳动物，同样激起了安提诺里的好奇。一天晚上，他结束探索并且回到克伦后，发现桌上有一只松鼠大小、长相奇特的啮齿动物。这是一个仆人在这两

[①]系统发生学也称种系发生学，简称谱系学，是研究物种进化规律及物种间亲缘关系的学科。其基本思想是比较物种的特征，并认为特征相似的物种在遗传学上接近。

个意大利人的工作室附近，用棍子将其打死后抓到的。这是一只鬃鼠，一种栖于东非的夜行啮齿类动物。它的背部覆盖着长长的鬃毛，它有一条同样毛茸茸的尾巴，安提诺里将这种动物称为"Tzeghira"。当时人们对它的了解仅限于巴黎博物馆里一张品相欠佳的皮毛，以及柏林博物馆里由奥地利植物学家施韦因富特捐赠的两块头骨。在剥去这只鬃鼠的皮毛，准备制作头骨标本时，安提诺里的震惊之情达到了顶峰：

> 当剥去它的皮毛，看到它那如同爬行动物一般沟壑丛生的头骨时，我们都大吃了一惊。它曾经绝对是动物界的弱势群体，但正如著名的华莱士所言，随着时间的推移，它们极为缓慢地进化出了不同的形态，以延续物种。尽管本质不变，但外表却更为强健了。

我们从这里能看出，虽然安提诺里对华莱士和达尔文所提出的生物进化概念的理解还有些混乱，但他对物种可变性，换言之就是广义上的进化论这一在当时引起轩然大波的理论，持有相当开放的态度。这个动物标本后来被送往热那亚自然历史博物馆；直到今天，它仍被保存在这座位于利古里亚首府的博物馆中，与其他样本一起组成了种类繁多的哺乳动物学藏品。

夕阳西下，当队伍停下前进的脚步并且准备搭建帐篷时，非洲夜晚所散发出的神秘氛围与魔幻魅力，瞬间点燃了安提诺里的文艺情怀：

> 彼时寂静的夜色中，我们蜷缩在篝火边，准备烤制一整条羚羊腿。谈笑风生间，密林投下了摇曳的黑影，火堆闪烁着红色的光芒；在周围一片漆黑的衬托下，这里显得格外迷人。那些帐篷，那些风吹草动，那些仿佛由伦勃朗（Rembrandt）勾勒出的身影，令人浮想联翩：仿佛在筹备一场盛大华丽的晚宴，或是呈现一场奇幻怪异的死亡之舞。若是在这样的画面中，再添上些土狼邪恶的尖叫、狮子遥远的咆哮和野狗愤怒

的嘶吼，那么或许各位读者就能明白，我们身处的场景是多么独一无二！

探索活动进行得如火如荼之时，一位来自克伦的信使向安提诺里和贝卡利宣告了伊塞尔的到来。次日，二人便启程前去与他们的同伴会合。1872 年出版的纪事《探访红海与博戈斯人》（ *Viaggio nel Mar Rosso e tra i Bogos* ）这样描述三人的会面：

> 在离开阿比门特尔（Abi Mentel）的第二天，两队人马相隔数米就发现并认出了对方；我很快与两位同伴握了握手，心中满怀喜悦之情，恰似背井离乡之际巧遇知己。

伊塞尔与探险队员们在那里只待了三天，随后他便带着收获的大量证实生物多样性的珍宝，彻底返回了意大利。

在克伦停留了两个月后，安提诺里和贝卡利终于开始谋划新的冒险：二人准备借道肖特尔，前去寻找斯泰拉神父所建立的殖民地。他们与商队一道向着阿苏拉山（monte Asura）行进，并在那里过夜休整。翌日清晨探险队便到达了肖特尔地界，出现在他们眼前的，是一片平均海拔约 1000 米的山地景致。

安提诺里如此描述泽丹巴山山脚的景色：

> 这里遍布着从山坡跌落而下，又被雨水与溪流侵蚀的岩石。我震惊于植物和巨石之间的搏斗。沿着山坡滑落的岩石填充了山体，并与长久以来扎根于此的植物们争夺土地。那些幸存的植物，则用自己茂盛的枝叶勇敢地冲破岩缝；有的更是随着根系扩张逐渐将岩缝撑裂，由此赢取胜利并茁壮成长。同时许多枝干和花叶因这场残酷的生存之战而变得疙疙瘩瘩，扭曲变形。但这强制而为的非自然变异，又为它们平添了一份粗犷的野性之美。

同样，这次两位探险家继续沿着山谷和山坡进行考察，一路直抵海拔2000多米的泽丹巴山山顶，成功采集到了一批阿比西尼亚动植物标本。

7月底，二人终于抵达已故的斯特拉神父所创建的村落，这个曾经繁荣的农业殖民地如今已被彻底废弃。满怀遗憾的安提诺里和贝卡利遂又返回了克伦。而他们那间简陋的村舍，如今看来已经是个名副其实的博物馆了。安提诺里如此描述道：

> 我们的小屋前呈现了一片极为奇特的景象。围栏顶部悬挂着我们搜集到的各种战利品：羚羊、瞪羚、猴子、野狗的完整骨架；其中扭角林羚的头骨更是因其巨大的鹿角而显得格外醒目；此外还有土狼、猎豹、疣猪以及巨型母狮的头骨……我们房间的墙面上……挂满了裹着鸟类尸骸的纸包。角落里的木棍上，则铺着好几张涂着砒霜皂的羚羊皮以及其他四足动物的皮毛。我们还在不远处生了一团小火，用于防潮。在我的行军床上方，你可以看到一张用架子支起来的网，那上面放着无法用纸包晾晒的鸟类尸骸……贴着墙面摆放的两排木板上，放着一列装满酒精的瓶子，里面是一系列爬行动物、昆虫和几只微型鸟类。地上、墙边以及贝卡利的卧室里，散落着几台蜡叶标本压制机、绳子以及一卷卷裹着干燥植物的包装纸。为了使这画面更加热闹，屋里还摆上了我们寻觅得来的各式狩猎工具、阿比西尼亚人的武器以及博戈斯人的民族志材料。

随着雨季的到来，贝卡利决定返回意大利。

> 8月25日对我而言是令人伤感的一天！那一天，与我同甘共苦了6个月的奥多阿多·贝卡利离我而去了……那一天我们沉默不语，一起满怀忧伤地走过那条我们每天都要经过的路。想说的话语如鲠在喉，最后我再也忍不住了。在村子的不远处，我紧握住这位挚友的手向他告别，

随后便转身返回了。

安提诺里继续留在阿比西尼亚，不过他没有孤独太久。因为不久后，另一位好友——皮亚贾加入了他的探险之旅。这里值得注意的是，正如博纳蒂（2000年）所强调的那样，尽管皮亚贾协助安提诺里在阿比西尼亚开展了一系列探索活动，并采集了大量自然学和民族学材料，但在1876年发表于《宇宙》杂志上的旅行报告《奥拉齐奥·安提诺里、奥多阿多·贝卡利、阿尔杜罗·伊塞尔于红海和阿比西尼亚北部山区的探险之旅（1871—1872）》[*Spedizione di O. Antinori, O. Beccari, A. Issel nel Mar Rosso e sulle falde nord dell' Abissinia（1871—1872）*] 中，无论是安提诺里，还是奎多·科拉，都对这位托斯卡纳探险家的参与只字未提。

安提诺里本人曾热情游说皮亚贾共赴行程，并邀请贾科莫·多利亚与他联系，说服他协助自己对即将运往热那亚博物馆的一系列藏品进行相关准备工作。皮亚贾欣然接受了多利亚的邀约，并于1871年3月底在位于安塞巴谷地的尼日尔河附近与安提诺里会合。安提诺里怀着满腔热血，带着冒险精神和科学理想，与这位新伙伴一起为自己已然丰硕的藏品添砖加瓦。而后他又将展开新的旅程：他将前往巴勒嘎（Barca）地区、费尔河（fiume Ferfer）和登巴河（fiume Demba）进行考察，在采集标本的同时尽可能记录下当地动物群的相关信息。安提诺里于1872年返回意大利，而皮亚贾则独自一人，继续探索。

在博戈斯人的领土上所进行的这场探险之旅，对意大利地理学会以及从中获益的意大利各大博物馆而言，可谓一场真正的科学伟业。贝卡利带回了一批趣味非凡的植物样本，他的学生乌戈利诺·马尔特利（Ugolino Martelli）在1886年对此进行研究，并出版了首部以意大利语编写的埃塞俄比亚植物志。这部作品囊括了大量植物学家的论文，其中当然也有贝卡利本人的作品。这批植物标本包含了304件显花植物标本和298件隐花植物标本（藓类、菌类、藻类等），从中科学家们确立了 3 个新属，如藓纲的贝卡利属，以及隶属于它们的 112 个新物种及其变种。

在现存于意大利佛罗伦萨中央草木标本馆（Erbario centrale italiano di Firenze）的那批标本中，有几株格外显眼的新物种，如胶质没药树，从其树脂中可以提取出没药。还有两个隶属于鞭寄生属的新物种：一个是乔氏鞭寄生物种，贝卡利借此名纪念过世的乔瓦尼·斯泰拉神父；另一个则是双生鞭寄生物种，这是一种不含叶绿素的寄生植物，在地面上仅探出散发着恶臭味的巨型花朵。

动物标本同样硕果累累：分属 37 种哺乳动物的 96 张兽皮，47 副完整骨架和 28 个头骨，其中包括一只疣猪的头骨、两只扭角林羚的头骨和一头巨型母狮的头骨；分属 140 种鸟类动物的 416 件样本和 22 副完整骨骼；分属至少 30 种两栖和爬行动物的 264 件存于酒精的浸制标本。此外，还有 3220 件昆虫标本，其中的 460 只鞘翅目昆虫由昆虫学家拉斐尔·杰斯特罗在热那亚博物馆进行了分拣、编目和分类。而鸟类样本则被归入一份特别名录，由安提诺里和萨尔瓦多里编写，并在 1873 年发表于《热那亚自然历史博物馆年鉴》之上。

热那亚博物馆至今仍保存着大量来自厄立特里亚的动物标本，其中就包括一只厄立特里亚豹（Panthera pardus antinorii），由安提诺里在克伦附近捕获；此外还有一只黑曼巴蛇（Dendraspis antinori，今与 Dendroaspis polylepis 同义），以及许多昆虫，如美丽的安氏天蚕蛾（Epiphora antinorii）。

安提诺里所采集的大部分鸟类标本则被捐给了都灵地区自然科学博物馆，而今天它们仍在该馆。在这批样本中同样出现了不少新物种，其中就有两只叉尾锯翅燕的样本，由安提诺里在克伦附近捕获。此外他们还带回了满满一箱极具科学价值的民族学材料。

>>> 在非洲，我愿死去！

1872 年初的几个月里，安提诺里都在佛罗伦萨忙于处理意大利地理学会的行政文秘工作。次年学会将总部迁往意大利王国的新首都罗马，安提诺里自然也一同前往罗马。而此时的意大利地理学会，已经成长为一个极具政治影响力的机构（成员中，除了许多当时的著名科学家外，还有各类部长、参议员、众议员、外交使节、军官，其中不少人都来自共济会），并持续推动着其野心勃勃的探险活动的发展。

学会主席克里斯托弗·内格里在 1872 年 3 月 13 日召开的庄严的大会上进行了开幕致辞，而后他的演讲被刊登于学会公报上。他在演讲中扼要地介绍了学会活动的精神要领：

就在一年前我曾说过，意大利曾有为国捐躯的千人军，难道不会有为科学献身的千人军？！我曾经的急切的誓言——要让意大利地理学会的会员到达这一数目——在多数人看来就是痴人说梦，对少数人而言就是痴心妄想，没人认为它能成真。但是现在这份誓言变成了现实：小队变为大队，大队正成长为军团。为科学而战的千人军就此诞生！

这一时期，探索埃塞俄比亚绍阿族领地以及考察赤道地区大型湖泊的计划逐渐形成。过往的丰富经验赋予了安提诺里前去接受领队一职的坚定决心。尽管年事已高，但安提诺里迫切渴望回归探索事业，并希望借此摆脱学会烦琐的公务，于是便欣然接受了任命。

与此同时，安提诺里还接受了另一项任务：前往突尼斯，从加蓬湾一路行至盐湖洼地进行考察，评估由法国所主导的项目——联通地中海与撒哈拉洼地的可行性。1875 年，在意大利地理学会第二任会长切萨雷·科伦蒂的授意下，任务正式启动。同行的还有几位工程师、地质学家、地图学家和军事人员，其中便包括奥雷斯特·巴拉蒂耶里。虽然这一引流项目无疾而终，但此次探险——正如巴拉蒂耶里（1876 年）在发表于学会公报的探险报告中所写的那样——在地形学和水文学研究方面取得了重要成果。

此刻时机似乎已经成熟，是时候对赤道的湖泊进行大规模探险了。此行目的是前往绍阿人的领地，为意大利建立一个便于渗入西南地区的基地；同时寻觅前往维多利亚湖（lago Vittoria）和坦噶尼喀湖（lago Tanganica）的路线。虽然这一年，史坦利的探险解开了尼罗河源头之谜，但在当时的地图上，尼罗河上游仍留有大片"空白"。而补全这一系列 "未知之地"的宏图大业，就落到了这群意大利人的肩上。

安提诺里所率领的团队中有工程师乔瓦尼·基亚里尼（Giovanni Chiarini），和早年间结识于夏尔·波拿巴亲王罗马宅邸的标本剥制师洛伦佐·兰迪尼，以及随后加入的安东尼奥·切基。1876 年 3 月 8 日，探险队登上鲁巴蒂诺公司的"阿拉伯"号，从那不勒斯出发驶往阿比西尼亚。穿越苏伊士运河，横渡整个红海之后，这批意大利人抵达了位于阿拉伯半岛的沿海城市亚丁（位于今天的也门），而船长塞巴斯蒂安·马丁尼·贝尔纳迪（Sebastiano Martini Bernardi）已在此恭候多时。然而行程组织混乱，这使得探索队不得不在此地又多停留了一个月。直到 5 月 3 日他们才重返海路，起锚前往索马里北部地区（索马里兰）的泽拉港①。因当地政府的强烈敌意，探险队被迫经历了一系列艰难险阻，甚至一度被捕入狱。

6 月 19 日，探险队携着 70 头单峰驼，带着数十只满载物资和食品的箱子，终于动身向着绍阿人的领地进发了。整趟行程穿越索马里伊萨人（Issa）的领地，随后进入埃塞俄比亚丹卡利亚低地（Dancalia）的阿法尔人[Afar 或 Adal（阿达尔人）]聚居地。在那里，他们遭遇了来自当地人以及驼队中达纳基尔族（Danàkili）运输工的威胁和阻挠。

抵达哈瓦什河（fiume Hawash）后，探险队不得不匆匆渡河以逃离掠夺者的追赶。尽管当时天色已晚且水位高涨，然而为了躲避袭击，安提诺里还是决定过河。这支元气大伤的意大利探险队着实历经了一番戏剧性十足的境遇。安提诺里在写给好友多利亚的信中，如此描述那段可怕的日子：

> 朋友，试想一下，为了躲避那群几乎要将我们置于死地的达纳基尔族向导，我们不得不从他们身边偷偷逃出，借着几捆充作船筏的木柴，游过了哈瓦什河。我们衣着单薄，双足赤裸，拼命赶路。我们耗费了整整一晚，才穿越了水漫金山、遍布狗牙根的滩涂地。泥泞不堪的土地让脚下每一步都在打滑，稍不留神就会摔进深达三四十厘米的泥坑，而这

①今称塞拉（Seylac）。

些泥坑是象群在去年雨季结束时留下的脚印。第二天我们的处境依旧惨烈：哈瓦什河的洪水淹没了村庄的大部分地区，我们装有衣物的随身小行囊也都湿透了。为此我们不得不将行李架在骡子上，而自己则继续徒步前行；一整天滴水未进，夜里又遭遇了一场倾盆大雨；赤身裸体且饥寒交迫，这差点儿要了我们的命。

后果堪称灾难：相当一部分材料尤其是科学仪器，在湍急的水流中下落不明。尽管困难重重，但安提诺里还是极尽所能完成了考察任务。他对途经地区的生态系统的特色，以及遇见的动植物群的特征，进行了细致入微的观察；而事实上他正在穿行的这片土地，对当时的欧洲人来说还是一片完全陌生的领土。值得一提的还有安提诺里对索马里沿海地区的描述，他在发给意大利地理学会，后来被发表于学会公报之上的信函和报告中如此写道："这片几乎覆盖了索马里全部国土及部分阿达尔人领地的沙漠植被，量少且单调：几乎清一色都是金合欢属的乔木和灌木，还有枣属植物和少量榕属植物，如西克莫无花果（sicomoro）、红荆以及随处可见的刺茉树……那个季节里，炎炎烈日炙烤着大地，酷热难耐，有几天甚至阴凉处的温度都能达到 42 摄氏度。"在这片广袤无垠的土地上，他还发现了由遍布各处的白蚁们所搭建的奇特堡垒："白蚁们所建造的奇妙小屋和厂房，逐渐形成了真正的群落。它们形态各异，有的高四五米……许多建筑的底部都被挖出了大洞，洞穴一直向下延伸，直至巢穴中心……在调查了居住于此的动物所留下的足迹后，我毫不怀疑地说，其中有一部分洞穴是食蚁兽挖掘的。"

这里安提诺里搞错了，实际上这些洞穴是土豚挖的，它是管齿目下的唯一一科。同时他还记录了沿途所见到的其他哺乳动物，例如金豺和黑背胡狼（和黑背胡狼东非亚种都栖息于埃塞俄比亚），此外还有斑鬣狗、条纹鬣狗、荒漠疣猪以及犬羚。而鸟类之中则有不计其数的沙鸡和罕见的阿拉伯鸨。在埃塞俄比亚丹卡利亚低地沿途的探索中，他还发现了欧亚兀鹫和胡兀鹫。抵达埃塞俄比亚高原的山脚后，他深入阿达加拉森林（foresta di Addagàlla）并发现了织雀科鸟类的种间领地，这群鸟儿的巢穴都悬挂于枝头。在这之中他辨认出了白头牛织雀，这种动物与另外两种最为常见的织雀科鸟类——栗头丽椋鸟和蓝耳丽椋鸟共享居所。

抵达奥塔湖（lago Ota）后，安提诺里收到了当地人送来的一只大耳狐。这是一种长着大耳朵的小狐狸，是夜行动物，栖息于非洲大草原但鲜为人知。安提诺里为树木林立、绿草如茵的哈瓦什河盆地丰富的动物资源所倾倒，他记录了大量有关羚羊的信息并特别提到了索马里苍羚，生活于非洲之角最干旱地区的特有种。在这个河谷中，安提诺里见识到了大批令人叹为观止的非洲动物群："磅礴的河流奔腾于林间，这是狮子和猎豹栖息的家园，平静温和的大象无惧它们因饥饿而发出的怒吼；而羚羊、斑马和长颈鹿则在此饮水后便匆匆离去。另外还有许多动物依附于这条遍布鱼虾的大河而生，水獭、翠鸟、鹭鸟和鸭子都在此觅得了大量食物。"此外，他还第一次见到了尼罗河巨蜥，它"从自己藏身的草丛中挪出，滑入水中消失不见了"。

安提诺里表现出出色的能力和近乎冷血的沉静，成功带领着残余队伍抵达了绍阿王国。在艰难翻越了东面陡峭的山坡之后，他们终于来到了埃塞俄比亚高原。他们在此采集了种类丰富的自然学样本，同时还详细记录了随海拔升高和气候变化而改变的自然环境特点。这片土地是自然学家真正的天堂，将成为他人生的最后一站。但在回顾和分析这位探险家在埃塞俄比亚所完成的密集研究之前，我们先去追溯一下，促使他在此扎根并为意大利建立第一个非洲科学站的一系列事件。

1876 年 8 月 28 日，探险队到达绍阿国王内古斯·孟尼利克（Negus Menelik）的营地所在之处里切（Liccè）。这群外来者受到了嘉布遣会传教士古列尔莫·马萨亚的热情接待。马萨亚已在此居住多年，并成为孟尼利克的顾问。在他的引荐下，安提诺里有幸得到了这位非洲君主的接见，并与其缔结了友谊。

从里切出发，安提诺里很快便对周围地区进行了一系列探索；然而在其中一次出行中，意想不到的事情发生了。

1877 年 1 月 7 日，他像往常一样独自出发前去狩猎，并进入一片距离绍阿人聚集地几千米远的高原密林。突然间，步枪竟然意外走火，而当时如挂拐杖般随意挂着枪的安提诺里，几乎被炸飞了整只右手。兰迪尼就此写道："我发现可怜的安提诺里躺在地上，右手已经被炸得鲜血淋漓了。我马上就意识到，他是把手放在枪口上，随后枪支走火，才导致他右手从手掌到手腕间大部分都被炸飞，只留下了没有皮肉遮挡的手腕。"他的强韧筋肉助他逃过了死劫，在马萨亚的精心照料下——他煎煮了草药来避免其感染坏疽——安提诺里才有幸得以恢复。孟尼利克深知安提诺里需要长时间的休养才能康复，便将一块位于莱特 - 马勒菲亚（Let-Marefà）——在阿姆哈拉语中意为"休养之地"——的约 100 公顷（1 公顷约等于 0.01 平方千米）的土地赐予他。而后正是在此诞生了意大利科学站。

由意大利地理学会推动的这场探险，至此不得不对其目标规划做出一定的调整。安提诺里显然已经无法再继续了，于是带队前行的重任便落到了切基和基亚里尼身上。马萨亚曾多次劝说这两位同胞放弃行程，试图让他们明白恶劣的自然环境和当地部落的敌意所带来的巨大风险。然而，1878 年 7 月 3 日，这两位意大利人还是从莱特 - 马勒菲亚启程，前往赤道大湖地区。这次冒险以失败告终。二人抵达盖拉王国（regno di Ghera）后，根尼法女王（regina Ghennè-Fa）便下令囚禁二人，结果基亚里尼死于此难，而切基则历经波折，于 1881 年才重获自由。

至于安提诺里，则在莱特 - 马勒菲亚命人建起了一系列房屋，用作住宅、仓库及实验室，由此组成了地理科学站的核心部分。周边地区也在他的推动下大力发展农业和养殖业，他成功使这片殖民地走向了自给自足。从莱特-马勒菲亚出发，安提诺里进行了多次探险考察，对菲克海利埃根姆布（Fekheriè Ghèmb）、丹斯马哈尔文茨（Déns Mahùl Wònz）和阿什卡莱纳（Ashkaléna）等山地树林的生物多样性进行了研究。从科学站启程，他还对位于今天德卜勒泽特（Debre Zeyt）地区的哈达盖拉（hadda galla）高原，完成了真正意义上的探索发现。他绘制了第一批地形图，并发现了若干火山湖，还登上了祖夸拉山（Zuqualla），首次揭秘了兹怀湖（lago Zeway）的存在。此外，他还对安科贝尔（Ankober）高原的草原和高沼地进行了勘查。

曾令安提诺里着迷的美丽森林，时至今日，依然在阿比西尼亚高原上存活着。它们位于 2700 米以上的高海拔地区，成长于热带山地气候带。林中有许多当地的典型植物，如非洲刺柏、锈鳞木犀榄、镰叶罗汉松，以及大戟科植物和苦苏花，而苦苏花自古以来就被当地人用作驱除肠道寄生虫的药物。

尽管只能使用左手工作，但安提诺里却继续扩展着自己的探索领域，并且不局限于动物学："目前为止我还没来得及整理植物标本，因为手头还有一堆动物标本要处理，而且我对这部分工作更为内行。在只能使用一只手而且还是左手的情况下，我无法巧妙地把植物平铺入纸包中。"他所采集的植物样本逐渐形成了规模，于是他便将这批样本寄往意大利地理学会。运抵意大利后，它们被托付给了罗马植物研究所所长彼得罗·罗穆阿尔多·皮洛塔（Pietro Romualdo Pirotta），随后进驻成立于 1904 年的罗马殖民地植物标本馆。这个标本馆于 1914 年迁往佛罗伦萨，并从此成为热带植物标本馆。

这批植物标本由来自 28 种显花植物（高等植物）和 12 种蕨类植物的 40 枚叶片组成，每一枚叶片都附有注解卡，上面标注了详细的民族植物学和生态学信息。这些植物由卡洛·阿韦塔（Carlo Avetta）负责研究，他描述了其中几个科学上的新物种，例如安提诺里属（Antinoriae），例如药用豆科植物绍阿鸡头薯以及生长在里切海拔 3000 米左右高原的高山菊科植物安氏梳黄菊（Euryops antinorii）。

来自阿比西尼亚高原不同环境的植物样本，为安提诺里提供了大量植物地理学的研究材料：

> 据我所知，还没有植物学家对绍阿进行过探索，当然我自己也是一样。虽说非洲各地区的动植物差不多，但我还是观察到了努比亚以及苏丹的植物品种与本地品种之间所存在着的巨大差异。许多在这里屡见不鲜的山地乔木和植被，我却几乎从未在阿比西尼亚北部博戈斯人的土地上见到过；同理，不少在那边稀松平常的植物，在这边也难觅踪迹。

在这片树林中，安提诺里还收获了大量鸟类、哺乳动物以及昆虫。正如他在一封给多利亚的信中所写的那样：

> 我在绍阿和盖亚收获颇丰，其中包括许多此前未曾运回的标本，而这第三次探索也已经准备妥当，在我看来它将是最有趣的一次。目前，我们已经采集了 1200 件鸟类标本及 100 多件四足动物标本；其中仅在东非地区我们就捕获了 200 只鸟，雌雄兼有且囊括了各个年龄段。而蝴蝶标本的数量更是在最近一次搜寻后增长了至少 500 件。朋友，由此你能明白，虽然我还无法用手工作，毕竟它负了伤而且打着绷带，但我还是尽自己最大的努力，为意大利采集到了丰富的绍阿地区的动物标本。

确实，人们在这批随后运抵意大利的材料中发现了不少新物种。多利亚如此评论意大利地理学会所收到的动物标本：

> 干燥保存的标本品相极好；但浸泡于酒精的标本就不那么理想了，可能是因为材料短缺，他们所用的酒精浓度过低。无论如何，考虑到探险队长在任务初期所遭遇的不幸，我们不禁对这位英雄老兵肃然起敬。

多利亚对这位佩鲁贾探险家所采集的各类动物做了分类计数，并对它们进行了评述。在无脊椎动物中，他注意到有一部分蛛形纲动物，它们"将为专门研究带来不少新发现"。在昆虫当中，他则列举了相当数量的半翅目、脉翅目、膜翅目、鞘翅目昆虫，尤其是蝴蝶："我们有大约550件鳞翅目昆虫标本，它们都被小心翼翼地包在纸里并装在两个锡盒里；它们数目庞大，品种丰富，将为绍阿地区鳞翅目昆虫的地理分布研究提供最佳素材。"软体动物也不少："这里甚至还有一批数量可观的陆生及水生贝壳，一部分浸泡保存，另一部分干燥保存……以意大利探险队在博戈斯领土上所采集的标本为对象而进行的各类研究学习，将被进一步完善。"

除四五种啮齿动物、一系列骨架完整的蹄兔以及羚羊外，在哺乳动物中还有2只阿拉伯狒狒和4只非常漂亮的东非黑白疣猴，它们至今仍栖息于绍阿的高原森林中。此外，还有15种爬行动物和唯一一种鱼类。不过这批样本的真正亮点还是鸟类。据多利亚的初步估计，它们至少涵盖了120个品种，包括一部分鲜为人知的物种。此后这批仅栖息在高原森林的特有种被一一确认，并且人们在其中发现了罕见的白颊冠蕉鹃和埃塞丝雀。

在此值得强调的是，所有标本——经采集、制作、整理等一系列艰苦作业所得来的劳动成果——都曾被存放于科学站的仓库货架上，等待被运往意大利。用特制木箱精心打包（毕竟盛满乙醇并存放着浸泡标本的玻璃瓶脆弱易碎）后，这些珍贵的货物将被托付给商队，随他们一起穿越绍阿高原，直至遥远的红海海岸。在抵达海岸之前，这些木箱还要经历从骡子到骆驼的数次转运，漫长的行程中自然也不乏各类意外风险和失窃的可能。抵达泽拉港或阿萨布港后，这批货物便会被装船，泛舟于红海之上；穿过苏伊士运河后它们便会进入地中海——若一切顺利，那么在数月的航行之后这批货物便可以抵达那不勒斯港或热那亚港。

因此，一联想到旅途中可能遭遇的各种风险，就不禁感慨，标本能被完好无损地运抵意大利真可谓一大奇迹。这批标本中的一大部分至今仍存于意大利各大科学博物馆中，它们为近年的谱系地理学提供了宝贵的研究资料，并为其常用的分子分析构建了比较对象。

佩鲁贾大学的博物馆里存放着几件有趣的鸟类标本，其中就有隶属蕉鹃科的阿比西尼亚高原亚种——白颊冠蕉鹃，以及由安提诺里在 1879 年捕获于卡拉卡拉湖（lago Chalakùla）畔的小红鹳。而都灵地区自然科学博物馆则在 1884 年收到了 1563 件标本，其中包括了由安提诺里负责采集并制作的 307 件鸟类标本，当中的一部分目前仍存于该馆。这批样本随后被转交给萨尔瓦多里（1884 年）并由他负责研究，他在系统性核查之后认定了 48 个新物种［普尔喀（Pulcher）和卡尔维尼（Calvini），引自巴里利（Barili）等，2010 年］。此外，安提诺里还将一部分非洲标本送往了热那亚自然历史博物馆，这之中尤其值得一提的是昆虫类标本。杰斯特罗在其中发现了甲虫新品种——安氏禾犀金龟（Pycnoschema antinorii）和非洲白凤蝶安氏亚种（Papilio dardanus antinorii）。同样，佛罗伦萨自然历史博物馆也收到了一箱来自绍阿的哺乳动物以及鸟类标本。正如吉廖利在库存登记册中所看到的那样，这批样本包含了分属 9 种哺乳动物的 10 张皮毛及其骨架（其中有 2 只东非黑白疣猴），以及分属 47 种不同鸟类的 52 张皮毛（其中有 2 只胡兀鹫非洲亚种和 1 只茶色雕北非亚种）。

而彼时已经年过 70 岁的安提诺里精力早已不复当年。他最终在莱特 - 马勒菲亚找到了自己的"归宿"，终日与单纯质朴的非洲高原人民相伴。虽然他已经写信通知了意大利地理学会，但是学会内部依然怨声载道，对这场本该成为"意大利伟大探险事业"的探险活动在政治和商业领域的惨败，表达了强烈不满。与此同时，1881 年 3 月 5 日，从监禁中重获自由的切基回到了科学站；他再次与安提诺里一起组织了一趟绍阿之行，一路直抵盖拉人的领地。1882 年春天，安提诺里在其最后一次探险活动中突然遭遇暴雨，刚返回莱特 - 马勒菲亚便感到体力不支。很快他便明白自己已时日无多，于是便期盼着重返意大利。然而这个希望最终还是落空了，随着健康状况越来越糟，奥拉齐奥·安提诺里最终在 8 月的一个夜晚与世长辞了。

当地居民将安提诺里安葬在一棵备受崇敬的古老的西克莫无花果树下，因为他曾于炎炎夏日在此乘凉。人们以阿比西尼亚的习俗将他下葬，在他的坟墓上建了一座小木屋，并在屋顶上放置了一个科普特十字架；同时人们在坟前立起了一尊简单刻画着这位侯爵的面容的半身石像。墓碑上刻着这样一段话：

此处安息着意大利科学界的第一烈士，奥拉齐奥·安提诺里侯爵。他于 1882 年 8 月 26 日晚 12 时，被残酷的死神挟持而去。

随后，莱特 - 马勒菲亚科学站被托付给了安东内利（Antonelli）伯爵，直至 1885 年，当时的海军军医文森佐·拉加齐（Vincenzo Ragazzi）受命接替了他的工作；在他之后前来赴任的还有军医莱奥波尔多·特拉韦尔西（Leopoldo Traversi）。尽管意大利政府和孟尼利克之间的关系日渐恶化，但在这两位军医的先后带领下，莱特 - 马勒菲亚科学站还是继续坚持着科学活动。尤其是拉加齐，他在曾跟随安提诺里学习标本制作的阿比西尼亚青年纳卡里（Nakari）的协助下，在自己的 5 年任期内成功收获了一批数量惊人的鸟类标本，并于随后将它们悉数送往了都灵地区自然科学博物馆。

那棵高大的西克莫无花果树至今仍然屹立不倒，欣欣向荣，在山间展示着自己美丽的姿态，缅怀着那位"泰斗"——奥拉齐奥·安提诺里。

第三章　香料之国

我愿带着我那高远的理想与希望，如空气般自由地流浪四方。这份执念在我的心中，是这般根深蒂固，矢志不渝。

——维托里奥·博泰格

非洲，对于 19 世纪中叶的意大利人而言，是一片梦寐以求的大陆，也是充满商机的目标之地；非洲之角是令人垂涎的殖民地，是充斥着发现和战乱的土地。当时的意大利人是如何看待这片黑色的大陆的呢？他们又是怀着何种情感对其进行探索的？为了更好地理解这一切，让我们来看看1873—1879 年任意大利地理学会会长的切萨雷·科伦蒂的解释：

> 非洲对我们有着致命的吸引力。这是前世注定的宿命。早在几个世纪前，我们就已经盯上了这本尘封已久的古书、这片衰败落后的大陆；虽然那里是早期文明的发源地，但如今它却与我们隔海相望，将我们的地中海变成了半个蛮夷之地，逼迫意大利站在了文明世界的边缘。我们必须战胜它这叛逆的个性……非洲向所有善于在其他文明里研究人类的学者、伴随着力与美和无限恐惧期待在自然之巅探索的勇者，以及渴望在未知中进行磨砺的灵魂，应许了多少东西！

前往东非进行探险活动的旅行家，其社会阶级、文化背景和科学素养都不尽相同；同时他们为复杂多样的动机所驱使，对那片土地和生活在那片土地的人民，采取了截然不同的做法和态度。其中一些人持着关心、尊重和友好的态度，亲近非洲人民；而另外一些人则心怀敌意和亵渎之意，采取了堪称当时最具侵略性的殖民主义行为。正如前文所述，在探索非洲的先驱之中，一些人抱有强烈的宗教传播目的，并为此努力融入当地人民，扎根于非洲之角；也有一些人为寻找财富或者寻觅自我，独自踏上冒险之旅，并在途中与新的土地和民族相遇；另外还有一些人会选择参与各种探险协会——其中首屈一指的当数意大利地理学会——所组织的考察活动，而被他们置于首位的，则是殖民野心。

尽管每个人背后的理由千差万别，但大部分探索者的确对揭秘自然怀着浓厚兴趣，而这也标志着那段时期成为意大利人的东非科考狂热年代。前面我们已经介绍过奥拉齐奥·安提诺里的生平事迹，他是第一位对阿比西尼亚高原的不同环境进行深入系统考察的自然学家；而接下来我们还将看到一系列于他之后，同样具有重大科学意义的探索活动。我们将走近那批为了解这片黑色大陆东部地区的丰富物种而做出重要贡献的探险家们；同时我们将看到他们在 19 世纪最后 20 年里所进行的研究活动，其考察范围曾一度扩展至埃塞俄比亚南部，尤其是索马里地区。

≫≫ 意大利人的非洲

　　我们在此前提到过，第一批前往东非探索荒蛮之地的意大利探险家，全是依靠一己之力。他们中的大部分都拥有丰富立体的人格，对科学的追求只不过是他们作为探险家所拥有的众多特质之一。在这些天性好动、热爱冒险的人物里，有卡洛·皮亚贾、乔瓦尼·米亚尼、罗莫洛·杰西、佩莱格里诺·马泰乌齐，还有奥古斯都·佛朗佐伊（Augusto Franzoi）、古斯塔沃·比安奇（Gustavo Bianchi）、安东尼奥·切基和乔瓦尼·基亚里尼。他们是众多深入这片大陆进行探索的意大利探险家中的区区几位，而其中不少人的下场极为悲惨。

　　前往非洲进行冒险的当然也有真正的自然学家。他们组织了一系列勘察之旅，前去探索全新的生态系统并采集各类动植物标本，以完善各自研究领域内的生物学及生态学知识。在大量专注于科研的自然学家中，值得一提的是昆虫学家埃米里奥·科尔纳利亚，他是米兰自然历史博物馆的馆长，也是意大利昆虫学会的创始人之一。1873 年，他与保罗·潘切里和阿基列·科斯塔（Achille Costa）

一道，对尼罗河上游河谷进行了探索，并采集了新的物种以丰富米兰自然历史博物馆的馆藏资源。昆虫学家中还有一位杰出人士，他就是保罗·马格雷蒂（Paolo Magretti），他曾前往苏丹东部和厄立特里亚进行探险。

保罗·马格雷蒂于 1854 年 12 月 15 日出生在米兰，是朱塞佩·马格雷蒂（Giuseppe Magretti）和马西米娜·维奥利尼（Massimina Violini）的儿子。他家境优渥，父亲拥有几个农场和农庄，并允许年轻的保罗自由选择喜爱的专业进行学习，保罗便选择了自然科学。搬家促使他对自然学的激情更上了一层楼。他迁至米兰的周边帕代诺杜尼亚诺（Paderno Dugnano）一个叫卡西纳阿马塔（Cassina Amata）的村庄里；在这里，年轻的保罗自由自在地进行了无数探险，捕捉了各种昆虫和动物。传记作者贾科莫·曼特罗（Giacomo Mantero）这样描述他：

> 他的优良品德和优雅举止，赢得了所有人的欢心。他善良、大方、谦虚、单纯，且乐于助人。

1880 年从帕维亚大学毕业后，他立刻对昆虫研究表现出极大的兴趣，特别是膜翅目昆虫种群（黄蜂和蚂蚁）。为了对它们进行观察，他开始在伦巴第和意大利其他地区巡游，寻觅它们的踪迹。对科学的热爱促使他饲养昆虫并观察昆虫的繁殖过程，同时研究昆虫与环境间的关系，完善了对不同昆虫的生物学认知。

作为一位优秀的昆虫学家，他将数目庞大的标本装进了一系列精美的昆虫标本盒里并且排列整齐，每只昆虫都用小钉子固定并附有一张小标签来说明其来源。尽管他对昆虫学情有独钟，但事实上他并没有忽视其他动物的研究和采集工作，比如哺乳动物、鸟类、爬行动物和两栖动物等，正如我们即将看到的那样，这些都将成为他非洲之旅的战利品。

他和爱好狩猎的父亲一起在撒丁岛完成了自己的初次探险，并在那趟旅行中收获了一系列小规模的动物标本。在标本剥制师弗朗切斯科·内格罗尼（Francesco Negroni）和彼得罗·功法罗涅利（Pietro Gonfalonieri）的陪同下，他于次年再次来到岛上。而这一次他们所收获的样本数目更为繁多，并在随后将它们捐赠给了帕维亚大学自然历史博物馆。这个博物馆的动物区负责人正是动物学家彼得罗·帕韦西，他是保罗·马格雷蒂的合作伙伴。米兰自然历史博物馆也获赠了一批材料，马格雷蒂曾在那里担任过数年的修复师。

随着经验的增长，他逐渐掌握了各类自然学材料的采集方法与标本制作技术。马格雷蒂认为是时候去奔赴一场科学探索之旅了。话语间我们能看出他对非洲之行溢于言表的激动之情："在之前于1883年完成的一次探险中……就连我也被奇妙的非洲狮身人面像所吸引，想要前往这片神秘的大陆，揭秘它的部分领土，就此实现我儿时一个美丽的梦想——完成一次小小的自然科考。"当时他第一次踏足苏丹东部那片闭塞之地，而那次冒险经历将被收录于他的多部作品中，其中就包括了《苏丹东部：记非洲动物学科考之旅》（*Nel Sudan Orientale.Ricordi di un viaggio in Africa per studi zoologici*）。

经过一番忐忑和忧虑之后，马格雷蒂终于在活动组织者、都灵律师古列尔莫·高迪欧（Guglielmo Godio）的热切鼓励下，踏出了第一步。他于1883年1月11日在那不勒斯登上"苏门答腊"号，历经整整一周的海上颠簸后，终于抵达了埃及的亚历山大港。

从这座埃及港口城市出发，探险队借道苏伊士前往西奈半岛，随后向沙特阿拉伯的吉达进发，一路直抵红海之滨的苏丹萨瓦金港。真正意义上的徒步探险将由此开启，他们即将前往距离今天的厄立特里亚边境不远的卡萨拉。此后的旅程愈发艰险，探险队骑着骆驼在广袤无垠的沙漠里一路穿行，直至遇见第一个绿洲。

马格雷蒂决定在此处稍事停留，并拿出他那珍贵的捕虫网进行昆虫采集工作，成功收获了此行的第一批自然学样本。

历经 15 天的长途跋涉后，探险队终于抵达卡萨拉并在那里稍事休整。随后，探险队再次启程，前往加巴拉特（Gabalat）地区。马格雷蒂在那里孜孜不倦地继续着动物标本的采集工作；与此同时，他还以当地热情好客又善于交际的原住居民为对象，展开了一系列民族学观察工作。行程一路推进至位于埃塞俄比亚和苏丹边境交界处的小镇马特玛（Matemma），探险队在此停留了近一个月。之后这群意大利人决定返回卡萨拉，同时选择了一条与来时不同的路线：他们朝着西北方向进发，途经多卡（Doka）和图马特（Tumat）。这时保罗已经采集到了大量珍贵的动物样本，其数目之庞大致使旅途中的标本制作和整理工作也愈发耗时耗力。经过数月沿商道而行，堪比游牧民族的生活后，终于到了该返回意大利的时候了。于是，探险队在 5 月 2 日抵达马萨瓦后，继续返程，并于 1883 年 5 月 24 日登陆了那不勒斯。

马格雷蒂为加强对这一地区生物多样性的了解做出了巨大贡献。他捐赠给米兰自然历史博物馆的一系列样本中包含了多种植物、数百种昆虫以及由各种蜘蛛、多足纲动物和寄生虫所组成的大量无脊椎动物。脊椎动物中则有约 50 种鸟类、大量哺乳动物、爬行动物和两栖动物，值得一提的是其中一只当时只在西非发现的撒哈拉虎纹蛙。

马格雷蒂将自己的旅行报告投到奎多·科拉主编的杂志《宇宙》，同时《意大利昆虫学会学报》（*Bollettino della Società entomologica italiana*）和《热那亚自然历史博物馆年鉴》等科学期刊也都陆续发表他的学术论文，并配有他本人绘制的彩色插图，这些插图栩栩如生。在这些专业论文中，他列举了 190 种不同的膜翅目昆虫，其中的 35 种被学术界认定为新物种。

保罗·马格雷蒂所描述并绘制的膜翅目昆虫

　　马格雷蒂所收集的丰富材料也成了其他动物学家的研究对象，从中他们还发现了另外一部分新物种，例如野蜂马氏彩带蜂（Nomia magrettii）和独居的小型黄蜂马氏短翅泥蜂（Trypoxylon magrettii）（至今有效的物种名），它们均由马格雷蒂的同事乔瓦尼·格里博多（Giovanni Gribodo）以这位帕维亚昆虫学家的名字命名。其中第一只昆虫尤为独特，因为它遭遇了当时动物学家在进行物种分类时的"命名风波"。格里博多是在 1884 年对这一物种进行描述的，但实际上该物种在当时已经被称为"Nomia patellata"。由此证明，格里博多在对这件采集于非洲的标本进行研究时，已经有人先他一步对该物种进行了描述。所以，今天这一物种的通用学名也被修改成"Pseudapis patellata"。

　　在完成这初次的探险后，马格雷蒂又在北非尤其是突尼斯进行了一系列旅行，他从那里带回了许多趣味十足的材料并于随后将它们全数捐赠给了米兰博物馆。不过此时他开始酝酿一次全新探索，这次的目的地是厄立特里亚。在苏丹之行中所积累的宝贵经验，让马格雷蒂驾轻就熟地开始了行前筹备工作，搜寻着这场全新非洲之行所需要的物资和器材，并详细规划了线路和停靠站。尽管旅行所需的全部费用均由马格雷蒂本人承担，但他还是积极地与殖民地政府以及驻非军官进行了联系，寻求他们的宝贵支持。

　　1900 年 1 月 21 日，马格雷蒂再次抵达马萨瓦，随即便沿红海海岸和周边岛屿进行了几次勘察，采集了大量贝类、海洋生物、鸟类以及爬行动物的标本。随后探险队在马萨瓦、阿斯马拉（Asmara）和克伦之间穿行，来到了厄立特里亚高原。抵达萨阿提（Saati）和萨巴古马（Sabarguma）的高原地区后，马格雷蒂捕获了一系列鸟类和哺乳动物，其中尤其值得一提的是一只鬃鼠，这种小动物在当年的克伦之行中曾使安提诺里感到震惊。

　　越过东戈洛（Dongollo）之后，马格雷蒂便进入阿比西尼亚高原的茂密森林，并一路来到位于海拔约 960 米处的金达（Ghinda）。他抓紧时间在这里捕获了大量昆虫，然后将行程推进到位于海拔 1450 米处的内法西特（Nefassit）和位于海拔 2000 米处的阿尔巴罗巴（Arbaroba）。他在此不仅收获了哺乳动物样本，甚至还活捉了几只獴和小斑獴，并将它们成功带回了意大利。在抵达了此行的最高点，位于海拔 2460 米处的德布拉 - 比岑（Debra-Bizen）后，马格雷蒂便开始下行，并在穿越山谷和平原之后来到马雷布河（fiume Mareb）。随后他继续沿河一路向北，抵达特拉姆尼（Teramni）平原，在那里他心满意足地将喜爱的各色膜翅目昆虫一网打尽。回到阿斯马拉整理完标本后，他又马不停蹄地前往克伦，而后又去往阿科达特（Agordat），完成了最后一次探索。

他于最后一次行程中采集到了为生物地理学和分类学带来极具研究价值的样本，其中有各种动物的毛皮、头骨和其他经过专门加工的骨骼，它们分别属于 33 种哺乳动物、数十种爬行动物、鱼类、软体动物和其他海洋生物。当然还有那堆不计其数的昆虫，其中包括了数目惊人的膜翅目蚁蜂科昆虫，它们分属 43 个物种，其中 17 个仍属未知。此行的大部分材料一开始被存放在马萨瓦，随后才被寄往意大利。这要得益于马格雷蒂在意大利殖民地逗留期间所结识的军官们，正是在他们的协助下这批材料才被顺利运送回国。

这批标本大部分都被送往米兰博物馆，马格雷蒂亲自为它们编制了标签并在上面准确记录了来源地、尺寸及其解剖学特征。在他所采集的哺乳动物标本中还有十分罕见的埃及犬吻蝠，此前它还从未在东非这一地区被发现过。

》》》索马里

　　马格雷蒂诠释了一个激情洋溢的经典自然学家形象，他独立进行探索并自主规划路线。他的探险活动不带有任何官方性质，游离于政府机构和科学协会之外。然而，还有许多其他探险家，代表着意大利国家机关，肩负着与非洲之角的统治者们建立政治贸易渠道的重任。在这之中就有路易吉·罗贝奇·布里凯蒂，他是19世纪末最具代表性的探险家。在意大利地理学会的支持下，他用一系列冒险，开创了一个名副其实的地理商业探索时代。

　　1855年出生于意大利帕维亚的路易吉·罗贝奇·布里凯蒂拥有深厚的科学底蕴，他对一切都充满好奇心，同时具备应对困境与意外的非凡能力。他是一名工程师，在苏黎世大学、慕尼黑大学和卡尔斯鲁厄大学求学的经历为他打下了世界顶级文化科学教育的基础。他把自己的一生奉献给了探索事业，他是所有对非洲进行探索的意大利探险家中行程最为漫长的一个，到达了当时其他白种人从未涉足的地区。

罗贝奇与非洲的初次接触是出于职业原因：1885 年，他前往埃及为英国军事基地规划照明设备，在埃及停留期间，他对尼罗河所进行的几次巡游，点燃了他心中对这片大陆的探索激情。他曾经写下的一句名言，完美诠释了他的精神与个性："旅行、观察、思考和回忆就是生活，是知识。"他广泛的兴趣涵盖了众多科学领域：民族人类学、摄影、工程学、经济学和政治学。与此同时，他兼具强烈的人道主义情怀，他加入意大利反奴隶制协会，积极打击当时在非洲之角盛行的惨无人道的人口贩卖行为。

在对待动物的态度上，罗贝奇也与同时代的探险家们有所不同。当时的普遍做法是猎杀动物以制成标本，随后将标本送进博物馆收藏，以此建立对探索地区生物多样性的认知。类似做法在今天将会被处以严格的科学伦理审查，从而将捕猎行为限制在科研所需的最低范围内；然而在当时，这却不会引起哪怕一丝一毫的道德反思。但罗贝奇是为数不多的察觉其中伦理问题的人之一，他对那些被猎杀的动物展现了发自内心的悲悯。

他的这份纤细和敏感，在 1891 年索马里探险期间所进行的一次猎象行动中显露无遗。那天夜里，他和一队猎手一起蹲守在一个小湖边，大象这种厚皮动物常来此饮水。漫长的等待后，丛林中终于传来了预示着猎物出现的厚重脚步声。罗贝奇如此讲述这一戏剧性时刻：

> 度过了焦躁不安的两分钟后，在我们右侧距离不超过 50 米的地方，出现了一只大象。它通体黝黑，足有 3 米多高。它迈着缓慢的步履，来回摇晃着脑袋和长鼻并开心地挥动着双耳，以它们特有的方式展示着所有动物在其自然需求即将被满足时的那份身心愉悦。此时能听到它的同伴们正紧随其后，逐渐向我们逼近。等待敌军全员会合绝对不是明智之

举，于是我把卡宾枪放平，稍加瞄准，朝着它的眼睛开了第一枪。刹那间，一声惨叫冲出它的喉咙，它威胁似的扬起了长鼻，转过身仿佛要与我们对峙……我意识到，若不能将它击倒在地我们就完了……我带着绝望，冷静地瞄准了它两眼之间深陷的前额，射出了第二枪……那只被击中头部要害的大象，像是下蹲一般俯身倒在了地上。突然间它又抬起身来，恐惧地尖叫着，飞快地尾随同伴们逃去。它的身后留下的一道血迹，使我确信它已经受了重伤……就这样我满怀悲伤，不知输赢地回到了营地……我不再去想这只大象，直到半个小时后，两个年轻的索马里女孩……对我说，在森林和草原的交界处附近，她们看见了一只死去的大象……那是一只高大的母象，倚着左侧身体一动不动地躺着。一只可能只有 3 个月大的小象无意识地颤抖着，正蜷缩在母象粗壮的双腿间，并将头枕在母象的大腿上。而不远处，还有另外一只小象，它用更加惊恐也更加透彻的眼神，注视着我们，随时准备逃走……虽然我可以自我安慰，这大片的森林和无边的草原会让小象们补回失去的奶水，但我还是情不自禁地咒骂起自己的残忍和冷血：我们这些所谓的文明人，不满足于在我们自己的社会里制造悲剧，甚至要将这悲剧带进非洲的原始森林。

从这一小段文字中我们可以看出，罗贝奇不仅是一位能力出众的探险家，也是一位文采斐然的作家。

1885 年末，他在埃及初次萌生了穿越利比亚沙漠的想法，计划从开罗一路行至的黎波里。这趟旅程因各种原因尤其是埃及政府的敌对态度而充满坎坷，但罗贝奇始终没有放弃。他乔装成贝督因人，带着一小支驼队，于 1886 年 7 月从亚历山大出发，并在一个月干渴难耐的沙漠漫步之后，抵达了锡瓦绿洲（oasi di Siuwah）。

在那里他参观了宙斯 - 阿蒙神庙（tempio di Giove Ammone）遗址，绘制了神庙的中楣和装饰。在游览遗址的过程中，他还发现了一座大型古墓，从中发掘出了不少文物和人类学材料，如 30 件头骨。返回意大利后，它们中的一大部分被捐赠给了佛罗伦萨人类学与民族学博物馆（Museo nazionale di antropologia e etnologia di Firenze），而另外一小部分则被送往帕维亚博物馆（Museo civico di Pavia）。罗贝奇为这初次北非之旅写下了《宙斯 - 阿蒙的绿洲》（All' Oasi di Giove Ammone）一书，并于 1890 年出版。

结束这次短暂的插曲后，这位帕维亚探险家继续他的行程，完成了由意大利地理学会赞助的对埃塞俄比亚和索马里所进行的三次最为重要的科考行动。在索马里期间，他不仅完成了自己旅程中最为重大的探险发现，也采集到了最具意义的自然学样本。在此值得一提的是，正是罗贝奇为这个位于非洲之角的国家起了名字：

> 在印度洋波光粼粼的海浪的轻抚下，正向着东方延伸而出的，是这片非洲大陆至今被称作"索马里人之国"的土地。我在此将它命名为"索马里"。

罗贝奇的初次索马里之行始于 1888 年，当时他带着少量物资前往位于亚丁湾的索马里城市泽拉（塞拉），并沿着与波罗①那场不幸的商业勘探同样的路线，穿越丹卡利亚的内陆地区，直抵位于埃塞俄比亚中东部的哈勒尔。他在这里逗留了 4 个月，进行了多次探索考察，采集了许多有趣的地质学与植物学样本；同时撰写了一份优秀的民族人类学记录，内容涉及哈勒尔人、盖拉人、索马里人和阿比西尼亚人的语言及习俗。此外他还收获了几只人类头骨，它们至

①吉安·彼得罗·波罗（Gian Pietro Porro），19 世纪末的意大利探险家。

今仍存于罗马"路易吉·皮戈里尼"国家史前民族志博物馆（Museo preistorico etnografico "Luigi Pigorini"）之中。这次漫长的非洲之旅的点滴都被收录在《于哈勒尔》（*Nell' Harrar*）一书中；罗贝奇在其中还详细描述了旅途中的风光美景以及当地的风土人情。

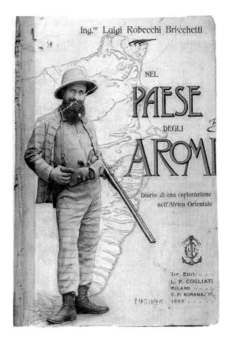

罗贝奇记录1880年索马里探险的日记——《香料之国》的封面

于1890年进行的第二次探索之旅则源于意大利对索马里北部所抱有的殖民野心，那里是奥比亚和马吉尔廷苏丹国的领地。在意大利地理学会的支持下，罗贝奇带着弗朗切斯科·克里斯皮部长和船东文森佐·菲洛纳尔迪的几封介绍信启程。1890年3月9日，他从布林迪西出发，前往奥比亚（今霍比亚）；到达这座毗邻印度洋的索马里城市后，他组建了一支驼队，然后向北进发，一路途经无人涉足的沿海地区，直至位于索马里半岛最顶端、直面亚丁湾的阿鲁拉。同样，罗贝奇为这次旅行撰写了一份详细的报告，不久后便以《香料之国——从奥比亚到阿鲁拉的东非探险日记》（*Nel paese degli aromi. Diario di un' esplorazione nell' Africa orientale da Obbia ad Alula*）为题出版，他在其中大量描写了当地的土壤、岩石、植物以及途中所见的动物。沿海高原炎热干旱，长日漫漫，而罗贝奇为扩充其样本规模持续进行着勘察活动，他甚至将驼队的马夫们派出去进行采集工作。他用那个时代典型的殖民者口气讲述了这些瞬间，展现了19世纪意大利探险家所共有的独断专行的特点。

　　烈日当空，令人昏昏欲睡。我的手下们屈服于天气所带来的影响，沉溺在越来越长的休憩里。我必须帮他们改掉这个坏习惯，若不能在摩加迪沙立下规矩，那么在之后的探险旅程中他们必将使我蒙受损失。因此，假如他们在炎热的白天无所事事的话，我便会将他们派到附近去巡游，为我采集昆虫标本……好几次他们都跑到就近的牲口棚里喝奶，小憩。回来时，他们又以常见于每个国家奴仆的厚颜无耻，告诉我他们连只苍蝇，或者其他什么随处可见的无脊椎动物都没有看到，而这些动物正是我们昆虫学家进行深度科学研究所需要的对象。

正如著名探险家、植物学家施维因富特所强调的那样，罗贝奇在索马里北部所进行的探险，最重要的意义在于填补了当时欧洲关于非洲认知的诸多空白。

1891 年 1 月，罗贝奇开启了他的第三次，也是最复杂的一次探险之旅；这次也由意大利政府和意大利地理学会出资支持。4 月 22 日，他从摩加迪沙出发，不到一个月便抵达奥比亚；从那里他前往谢贝利河。这是一条发源于埃塞俄比亚高原的神秘河流，直到 1928 年才由阿布鲁佐公爵路易吉·阿梅迪奥·迪·萨沃伊（Luigi Amedeo di Savoia）完成对其源头河口的完整探秘。而后，罗贝奇继续前行并于 8 月 30 日抵达位于亚丁湾的柏培拉（Berbera）。来自当地部落充满敌意的威胁，使得整趟行程危机四伏，坎坷异常。罗贝奇在《索马里和贝纳迪尔——揭秘索马里半岛》（*Somalia e Benadir. Viaggio di esplorazione nella penisola dei Somali*）一书中，讲述了此行中的冒险经历，并在其中特别强调了长途跋涉所带来的疲惫和干旱缺水所造成的饥渴。

我将终生难忘那场由疲乏和干渴所带来的漫长折磨，它使我整个人都头晕眼花。我躺倒在沙漠中，疲惫不堪，精疲力竭，如同一具死尸。我想喝水，但水没了。找不到水。我认命了。我昏迷了几分钟，昏昏欲睡又焦躁不安，渴求着清水，以滋润那仿佛被炙烤的喉咙。这份痛苦唤醒了高烧般浑身滚烫的我。我感到舌头发胀，粘在上颚。对清水和凉风的疯狂渴望急切地涌上大脑，令我感到一阵晕眩。我下令即刻启程。这是一场无比痛苦的跋涉，仿佛没有尽头。骆驼们耗尽了体力，手下们也都筋疲力尽，而被困意、疲惫和干渴折磨得虚弱无力的我，几乎无法撑坐在骡子上。周遭一切都仿佛摇摇欲坠，脚下的每一步都如同踩在虚空中。

这次旅行可谓一个真正意义上的壮举，罗贝奇由此成为第一位成功横穿索马里半岛的欧洲探险家。

当然此次行动也收获了丰硕的地理学、民族学和自然学材料及观察数据。罗贝奇除了对所到之地进行了关键的测绘勘察工作外，还采集到了数量可观的自然学样本，包括矿石、植物和昆虫等。同时，罗贝奇是意大利殖民扩张的坚定倡导者，而他从旅行中获得的丰富探索经验最终也都服务于这一目标。尽管他在科研事业上展现出了极大的努力，但事实上他对沿途采集到的自然学样本并没有什么直接兴趣。那些标本对他来说不过是些"交易货币"，用于补贴他的旅行开支。正如其他由探险家们从海外寄回的标本一样，这次的标本也由意大利地理学会负责管理。他们将罗贝奇采集的标本，一一交付给佛罗伦萨、热那亚、罗马和帕维亚的博物馆，并委托动植物学家对它们展开专门研究，以挖掘出它们所蕴含的真正的科学价值。

罗贝奇·布里凯蒂在索马里采集到的最有学术意义的材料无疑是植物类样本，它们在施维因富特的要求下被送往柏林植物学博物馆（Museo botanico di Berlino）。这批标本由植物学家恩格勒（Engler）负责研究，他描述了近50个新物种；他还为此前已知的物种绘制了地理分布图，并对所有植物进行了生物地理学核查。随后它们又被送到了罗马植物研究所所长、罗马殖民地植物标本馆馆长彼得罗·罗穆阿尔多·皮洛塔的手中，他在《意大利地理学会公报》上发表了第一份关于这批植物的报告。此后还有多名专家对这批标本进行了研究，其中就包括埃米里奥·基奥文达（Emilio Chiovenda）。

今天，这之中的将近 600 件标本还存于佛罗伦萨热带植物标本馆当中；在它们中，新属 Bricchettia[1]的证据标本被发现，正是它的存在定义了这个属——东非地区的大戟特有种，而这个属的物种最初被命名为索马里木防己［Bricchettia somalensis，今称下木防己（Cocculus pendulus）］。在其他珍贵的标本中，还有一个名为耶荷果的新属样本，它是罗贝奇·布里凯蒂在最后一次索马里之行中所采集的一种豆科植物，描述于 1907 年。还有许多其他物种也以罗贝奇·布里凯蒂的名字命名，其中就包括高大魁梧的木本大戟罗氏大戟（Euphorbia robecchii）。

至于罗贝奇·布里凯蒂采集到的动物标本，我们可以参考由彼得罗·帕韦西和德乔·温奇圭拉负责编写的一系列常规报告，它们随后都被发表在 1892 年的《意大利地理学会公报》上。

虽然这批标本在缺乏科学标准的情况下被堆积在一起，但还是有一部分趣味十足的样本被辨识出来，并于随后被交付给和意大利各大博物馆合作的学者，他们负责对其进行研究和描述。在此尤其值得一提的是由罗贝奇·布里凯蒂在 1891 年采集于索马里的一系列鱼类标本，它们将在随后由温奇圭拉（1893 年）进行描述。在这之中，这位鱼类学家确定了 2 个极为特别的物种，并将它们命名为北非胡鲇和罗氏胡鲇（Clarias robecchii），它们来自当时无人知晓的谢贝利河鱼类群。

罗贝奇·布里凯蒂所搜集的部分爬行动物标本被交给比利时两栖爬行类动物

---

①音译"布里凯蒂亚"，是以布里凯蒂之名命名的属，但今天已经被别的名称替代。

学家乔治·阿尔伯特·保兰格（George Albert Boulenger），由他负责研究。他在1892年发表于《热那亚自然历史博物馆年鉴》的文章中，列举了12个物种，并以这位帕维亚探险家的名字为其中几个新物种命名，它们是罗氏侏儒枯叶变色龙（Rhampholeon robecchii，今Rieppeleon kerstenii robecchii 的亚种）和索北鬣蜥（agama di Robecchi，今与Agama robecchii 同义）。

罗贝奇于非洲之角的探险中所采集的爬行动物：罗氏侏儒枯叶变色龙和索北鬣蜥

数目繁多的昆虫被委托给与热那亚博物馆来往密切的昆虫学家们，他们对此进行研究和学习。在意义最为重大的几项研究中，我们可以看到马格雷蒂的膜翅目昆虫研究、埃梅里的蚂蚁研究以及德卡里尼（De Carlini）关于半翅目昆虫的研究。当中最具代表性的是罗贝奇于第一次探险中捕获的直翅目昆虫（蟋蟀和蚱蜢），它们至今仍被存放于帕维亚大学动物生物学博物馆当中。

在对鞘翅目昆虫进行专业研究时，杰斯特罗（1892年）对罗贝奇所考察地区的生物地理特质表现出了极大的兴趣："索马里不仅拥有与邻国相同的物种，还独享着许多罕见奇异的生物；事实上里沃尔（Révoil）早已采集到了数量可观的新奇物种，但我们那位杰出的旅行家，即使未能拔得头筹，也成功地在所采集的90多件标本中发现了整整26个新物种。"杰斯特罗在这里提到的里沃尔，是一位早在1878年就对索马里展开勘察的学者，他当时采集的大量动植物标本，成为后世无数专家的研究材料。

当然，这里必须强调的是，这片东非地区并非专属于意大利人的冒险之地，许多欧洲自然学家早在 19 世纪中叶就已经完成了对它的探索。例如，因与理查德·伯顿（Richard Burton）共同追溯尼罗河源头而闻名于世的约翰·斯皮克（John Speke），他早在 1854 年就对诺加尔（Nogal）河谷进行了考察，并捕获了包括斯氏瞪羚（Gazella spekei）在内的大批哺乳动物；自 1856 年起便多次探访红海沿岸以及索马里地区的奥地利旅行家泰奥多·冯·贺戈林（Teodor von Heuglin），他同样贡献了大量的自然学样本；卡尔·克劳斯·冯·德肯（Karl Claus von Decken）男爵，他曾率队完成了从朱巴河到柏培拉的探险之旅。

索马里半岛是一个在生物地理学上具有特殊意义的地区，那里聚集了数量可观的特有种。在 29 种两栖动物中，有 4 个被认为是当地独有的物种；而爬行动物中的特有种更是高达 40%，主要由壁虎、石龙子和蜥蜴组成；41% 的哺乳动物类也是地区特有种，其中就有印度羚和瞪羚属下的不同亚种。

返回意大利后的罗贝奇渴望着新一轮非洲之旅。5 年后，他将孤身一人，自费出行，再一次穿越利比亚沙漠，重返锡瓦绿洲。1926 年 5 月 31 日，他传奇冒险的一生在帕维亚落下了帷幕。罗贝奇为这座城市留下了大量影像以及其他种类繁多的研究材料，从民族志到书籍再到狩猎带回的战利品。它们为殖民地博物馆提供了第一批核心藏品，如今它们全数进驻了罗贝奇·布里凯蒂博物馆（Museo Robecchi Bricchetti，帕维亚博物馆分馆）。

》》》殖民地的狩猎者与采集者

意大利人对于索马里的兴趣，在 19 世纪的最后 10 年里尤为高涨；而罗贝奇·布里凯蒂显然也不是唯一一位对东非进行大范围深度探索的意大利旅行家。在与桑给巴尔苏丹国就贝纳迪尔港的商业活动达成共识后，意大利政府便鼓励意大利地理学会促成新一轮的勘探活动。

19 世纪末日渐高涨的殖民主义浪潮，还催生了一批协会，例如科学探索促进会。该协会 1880 年成立于米兰，由时任米兰自然历史博物馆馆长的动物学家埃米里奥·科尔纳利亚等几位著名学者创建。该协会后来并入 1879 年由曼弗雷多·坎佩里奥在米兰创办的非洲商业勘探协会。至此，一个探险家网络正式成形。在这里，他们互相交流冒险经验，建立合作关系，共同为殖民索马里而努力。而在这最初一批科考旅行中，就有由安东尼奥·切基所完成的朱巴地区探险。紧随其后的还有一系列更为艰巨的勘探冒险任务，同样旨在巩固意大利在非洲之角的势力；与此同时，它们也为揭秘当地的自然历史文化，做出了不可忽视的贡献。

另一位追随罗贝奇·布里凯蒂的脚步前往索马里进行探险的旅行家是欧金尼奥·鲁斯波利。他在 1866 年 1 月 6 日出生于罗马尼亚的提加内斯蒂（Tiganesti），是埃马努埃莱亲王（principe Emanuele）和卡泰里娜·科纳基-沃戈里德斯（Caterina Conachi-Vogorides）公主的儿子。他年纪轻轻便开始了自己的军旅生涯，并以骑兵军官军衔从摩德纳学院毕业。怀抱着对旅行的强烈热爱，他踏遍了高加索、埃及和莫桑比克，而这一系列简单的观光之行也为随后真正的东非科考探索打下了基础。

1891 年 12 月，鲁斯波利与苏黎世大学教授卡洛·凯勒（Carlo Keller），以及来自的里雅斯特、当时年仅 17 岁的埃米里奥·达尔塞诺（Emilio Dal Seno）一起，从柏培拉出发，向内陆行进，一路直抵乌兰巴德（Uranbad）。这也是当年罗贝奇·布里凯蒂的索马里穿越之旅中的一站。鲁斯波利的队伍继续前往谢贝利河，并在那里遭遇到当地部落居民的攻击；与此同时，探险队中的部分索马里人也开始造反叛逃。这一切迫使鲁斯波利无奈地中断了此次行动。

在 1892 年 12 月抵达柏培拉后，鲁斯波利便启程返回了意大利。一年后他再次来到柏培拉，和年轻的达尔塞诺一起准备尝试第二次探险；此次与他们同行的，还有来自博洛尼亚的植物学家多梅尼科·里瓦（Domenico Riva）（此行所获的大量植物标本正是来自他的辛勤采集）、护卫官路易吉·卢卡（Luigi Lucca）、工程师和地质学家瓜尔蒂耶罗·博查德（Gualtiero Borchard）和 100 名武装护卫，以及数只单峰驼和充当储备粮的牲畜。虽然不少成员在途中被痢疾击倒，但鲁斯波利还是成功带队抵达了位于盖多地区，靠近索马里、埃塞俄比亚和肯尼亚边境交界处的古城卢格（Luuq）。他从这里出发，一路向西，发现了查莫湖；但没来得及去揭秘位于此处的另外一个湖泊，即帕加德湖①（lago Pagadè）。而不久后

①又名阿芭雅湖（lago Abaya）。

我们将会看到，它在 1896 年被维托里奥·博泰格冠以玛格丽塔王后之名，以表达他对这位意大利王后的崇高敬意。

从查莫湖出发，鲁斯波利深入博拉纳人（borana）和阿姆哈拉人的领地，计划前往鲁道夫湖①（lago Rodolfo）和斯特法妮亚湖（lago Stefania）。这段漫长的旅程却迎来了悲剧性的收尾：1893 年 12 月 4 日，鲁斯波利在独自进行狩猎时，因被一只大象冲撞而死亡。将他的遗体安葬在布尔吉（Burgi）后，探险队的剩余成员便沿着海岸线前往印度洋的布拉瓦岛。艰难险阻使归途显得无比漫长，仿佛永远没有尽头。1895 年 3 月 11 日，幸存队员们终于顺利抵达索马里的这座海滨城市，并受到了乌戈·费兰蒂上尉的接待。后来，这位上尉便在自己的作品中讲述了他们的探险经历。此后直到 1929 年，欧金尼奥·鲁斯波利的侄子马雷斯科蒂·鲁斯波利（Marescotti Ruspoli）才将他的遗体运回罗马。

这次勘探同样为意大利捎回了大量珍贵的标本，在丰富各大博物馆馆藏资源的同时也为系统分类学以及许多其他系统学科提供了研究材料。得益于植物学家里瓦的辛勤作业，欧金尼奥·鲁斯波利在最后一次探险之行中收获了一系列有趣的植物标本，它们被尽数送往意大利，至今仍被存放于佛罗伦萨热带植物标本馆当中。在这批来自埃塞俄比亚和索马里的 1698 件标本中，有 37 个新物种、爵床科新属以及南山壳骨属（Ruspolia）被冠上了鲁斯波利王子的名字。

此行所采集的动物标本同样展现出了非凡的意义。其中一部分无脊椎动物由帕韦西进行研究，他描述了一系列蛛形纲动物，这些动物标本既有苏黎世大学教授凯勒采集于第一次探索之行并寄往热那亚博物馆的那批材料，也有第二次探险的战利品。埃梅里（1897 年）则专注于研究鲁斯波利在最后一次旅行中带回的昆虫标本；在其中，他确定了属于举腹蚁属的几种蚂蚁新品种。它们与刺槐共生，

①又名图尔卡纳湖（lago Turkana）。

125

并将巢穴筑在树身的尖刺内。埃梅里还提出了几项生物地理学论点，同时猜想在
索马里沿海地区存在着源起于旧热带界的物种：

> 同样令人欣喜的是在索马里发现了红棕矛蚁，而这个变种的原型
> 正栖息在比东非海岸更靠南的地区。另外，新的鲁氏大头蚁（Pheidole
> Ruspolii）也与非洲南部的一个物种十分相似。

不容忽视的还有温奇圭拉对捕于谢贝利河及其部分支流［加纳纳河（Ganana）
与达瓦河（Daia）］，特别是阿芭雅湖（帕加德湖）的鱼类所做的研究观察。他
在其中发现了魮鱼新物种——宾氏魮（Barbus ruspolii，今称 Barbus bynni）。而
对于采集于最后一次探险的爬行动物和两栖动物标本，保兰格（1896 年）整理
出了一份物种清单。他在其中描述了几个新物种，例如鲁氏蜥虎（Hemidactylus
ruspolii）、鲁氏铲吻蛇（Prosymna ruspolii）以及鲁氏红鞭蛇（Zamenis somalicus，
今称 Platyceps somalicus）。此外，还有许多其他生物被冠以了鲁斯波利王子的名字，
在此我们仅举一例，那就是美丽的王子冠蕉鹃（Tauraco Ruspolii）。它由萨尔瓦
多里在 1896 年进行描述。它与欧洲刺柏、罗汉松一起生活于埃塞俄比亚高原山
林中。如今它正面临着严峻的灭绝风险，因此被国际自然保护联盟（IUCN）列入
濒危物种红色名录，并被定级为易危物种。

另外一场危机四伏的探险则由都灵人恩里科·鲍迪·迪维斯梅完成。尽管路
途艰险，但这位旅行家依然取得了丰硕的自然学成果。他于 1857 年出生在都灵
一个古老的贵族家庭，在七兄弟中排行第四。他曾就读于蒙卡列里（Moncalieri）
的巴尔纳巴会神甫学院（collegio dei padri Barnabiti di Moncalieri），师从登扎（Denza）
神父并由此打开了自然科学的大门。随后他在步兵团开始了自己的军旅生涯，并
在 18 岁时以少尉军衔从摩德纳学院毕业。

单调乏味的军旅生活无法满足年轻的恩里科。于是 1890 年，他利用假期时

间完成了自己的初次探索之旅。恩里科从柏培拉出发远赴布拉诺（Burano），旨在探秘索马里北部诺加尔河的上游河谷。这次旅行仅持续了不到 1 个月，但恩里科却行进了约 500 千米，而其中有 300 千米的路段是当时的欧洲人从未涉足过的。

次年，在工程师朱塞佩·坎迪奥（Giuseppe Candeo）的陪同下，恩里科再次启程前往索马里，展开了自己的第二次冒险，而这次冒险更为艰险。这次同样从柏培拉出发，他们途经奥加登，抵达位于谢贝利河畔的伊米（Imi），随后借道泽拉前往哈勒尔。途中探险队遭遇了狂风暴雨，行进计划也因此被打乱；雪上加霜的是，两位意大利人还一度感染了疟疾，体弱无力。通过恩里科与坎迪奥一同撰写的旅行报告《索马里的天堂之旅》（*Un'escursione nel paradiso dei Somali*），我们可以看出恩里科对途中的重重磨难记忆犹新：

> 当时我很健康，直到被那可怕的蚊子叮咬了之后，才感染了疟疾；病情之严重使我几乎无法站立。坎迪奥也高烧不退，同时还有一种传染性皮疹在队员间肆虐。我们浑身上下遍布豌豆大小的脓包。傍晚时分，瘙痒变得愈发强烈，再加上蚊子所带来的折磨，我们对即将到来的黑夜充满恐惧。但我们一定能克服这一切。

然而祸不单行，抵达哈勒尔后，恩里科和坎迪奥就被孟尼利克的士兵俘虏，他们的手稿、相片以及旅途中所采集的各类标本也被销毁。多亏安东尼奥·切基和比嫩费尔德（Bienenfeld）贸易公司在当地的代理人彼得罗·费尔特（Pietro Felter）及时出面进行调解，二人才得以获释。一波三折之下恩里科还是捎回了一批小规模的植物标本，交给了意大利地理学会。这批标本由阿基列·特拉奇亚诺（Achille Terracciano）进行研究，随后他在 1892 年的《意大利植物学会公报》（*Bollettino della Società botanica italiana*）上发表文章对它们进行介绍。在他所描述的约 50 种植物中，至少有 10 种属于科学上的新物种，而其中几种也被冠上了上面两位探险家的名字，如鲍氏嘉兰（Littorina Baudii 或 Gloloosa Baudii），和坎氏鱼黄草（Sopubia candei，或 Merremia candei）。

同一时期，许多其他意大利自然学家也参与到勘探非洲之角的旅行中来，而他们从当地捎回的各种动植物样本，也为丰富意大利各大博物馆和科研中心的藏品资源做出了贡献。

1886 年，锡耶纳人莱奥波尔多·特拉韦尔西在担任莱特 - 马勒菲亚科学站负责人之前，前往埃塞俄比亚的内陆地区探访了阿鲁西人（arussi）的领地和祖阿伊湖（Zuai），并一路行进至玛格丽塔湖（lago Margherita）。他在那里所采集的 100 多件植物样本，至今仍被保存于佛罗伦萨热带植物标本馆之中。同一时期表现格外活跃的探险家还有意大利非洲学会的创始人、来自那不勒斯的乔瓦尼·巴蒂斯塔·利卡塔，他在 1883 年被派往阿萨布开展植物学考察，同时他以厄立特里亚人为对象进行了民族学研究。1886 年，利卡塔参加了由吉安·彼得罗·波罗伯爵受非洲商业勘探协会之托而组织的哈勒尔之旅。然而这次探险活动却以悲剧告终：利卡塔和所有参与此次勘探的意大利人都在当地民兵的伏击中丧生，没能回到祖国。

其他值得铭记的勘探行动还有植物学家阿基列·特拉奇亚诺组织的探险之旅。自 1892 年起他就多次横穿哈巴布人和博戈斯人的领地，并前往与厄立特里亚相邻的红海群岛之一的达赫拉克群岛（arcipelago di Dahlak）进行探索；他在那里除了进行大量的植物采集工作外，还成为第一个对沿岸红树林进行综合生态系统研究的学者。之后还有埃米里奥·基奥文达，他于 1909 年从阿斯马拉启程，前往贡德尔，带回了 2648 件植物标本，揭秘了无数新属。

1913 年，在意属索马里总督的要求下，一支由地质学家朱塞佩·斯特凡尼尼

（Giuseppe Stefanini）和当时就职于佛罗伦萨自然历史博物馆农业昆虫馆的昆虫学家奎多·保利（Guido Paoli）率领的探险队成功组建。这支探险队沿谢贝利河前行，穿越大片人迹罕至的地段后抵达柏培拉。这次勘探也带回了丰富多样的自然学样本——化石、植物，尤其是昆虫标本。随后它们被送往热那亚自然历史博物馆和佛罗伦萨自然历史博物馆的动物馆进行分类。

这阵科学勘探的风潮一直持续到 20 世纪初的十几年里。1924 年，斯特凡尼尼与内洛·普契奥尼（Nello Puccioni）一起参加了另一场索马里探索之旅，并收获了 1000 多件植物标本，为基奥文达的《索马里植物群》（Flora somala）提供了宝贵的研究素材。不过，真正将索马里地区的探险活动推向巅峰的是阿布鲁佐公爵路易吉·阿梅迪奥·迪·萨沃伊。1928 年，他沿着传奇的谢贝利河溯流而上，探索了其整条河道，成功揭秘了其源头。

接下来我们还将认识一位探险家。这是一个用军事、地理和自然学为自己打上烙印（好坏兼有）的角色，历史赋予了他一连串的英雄式赞美，也给予了他各种尖锐的批评，还给予了他为自己开脱的说辞。

》》军旅自然学家——维托里奥·博泰格

维托里奥·博泰格，摄于1895年5月30日

一步出帕尔马火车站，你的目光便会被立在广场正中的一尊气势恢宏的雕塑所吸引。它位于一片小水池中，矗立在一块崎岖嶙峋的石头上。石头顶端傲立着一位威风凛凛的军人，他随意地倚靠在自己的剑上，眺望着远方。在他的两侧，有两名匍匐在地上的非洲战士，他们代表着神秘的朱巴河和奥莫河（fiume Omo）。这个人就是维托里奥·博泰格，一位意大利陆军军官，也是一位以探访非洲之角而闻名的自然学家和探险家。

博泰格于1860年7月29日出生在意大利帕尔马。这座艾米利亚大区的城市不久前刚被划入萨沃伊王国；同年夏天，朱塞佩·加里波第在西西里领导了那场抗击波旁军队的决定性战役。博泰格的母亲玛丽亚·阿奇奈利（Maria Acinelli）在前夫瓦吉（Vaghi）去世后，与来自帕尔马塔罗山谷（valle di Taro）的医生阿戈斯蒂诺·博泰格（Agostino Bottego）再结连理。正如维托里奥·博泰格传记的作者曼利奥·博纳蒂（Manlio Bonati）所强调的那样，维托里奥这个名字是他的双亲精心挑选的，以纪念发生在那个年代的史诗性壮举——加里波第的红衫军以统一意大利之名打响的荣耀之战①。

他家拥有大片地产。1875 年，博泰格一家搬到位于帕尔蒙塞圣拉扎罗（San Lazzaro Parmense）的别墅，在这里，他的父亲阿戈斯蒂诺放下医务工作，转而埋头打理农庄事务，而他则能与心爱的古典文学和狩猎活动日夜相伴。那段时期大量涌现的流行文学打造了探险家的神话，年轻的维托里奥·博泰格也沉迷于阅读旅行文学和意大利旅行家的英雄事迹。他模仿着那些传奇冒险，在帕尔马乡间进行着自己的狩猎之旅。他想象着在异国他乡隐蔽的小路上徒步时所遇到的困难，强忍饥渴长途跋涉，以此考验自己的耐力。显然他已有预感，自己未来也会像在杂志上读到的英雄探险家们那样，在探险领域赢得一席之地。

他时常在亚平宁山脉进行狩猎，并带回当地的鸟类和哺乳动物；他将它们交给动物标本剥制师阿方索·卡吉亚蒂（Alfonso Caggiati），让他进行精细处理。维托里奥·博泰格会将它们摆放在自己的房间里，久而久之他的房间几乎成了一个小型的私人自然历史博物馆。年轻的维托里奥·博泰格意志坚强，性格强势又果敢，朋友们十分钦佩他，也对他怀有一丝畏惧。他有时会叛逆独断，情绪起伏不定，甚至会做出暴力行为。但他的敢作敢为和慷慨善良，尤其是强健的体魄，让他在 1877 年 5 月帕尔马高涨的洪流中成功解救了一位溺水的同龄少年，并因此赢得了

---

①维托里奥，即 Vittorio，寓意胜利（Vittoria）。

官方的表扬。

在几大爱好中，骑马占据了他最多的时间。他经常独自进行长途骑行，与辽阔的大自然进行亲密接触，由此培养了向往自由的天性。18 岁时，他向省级征兵委员会自荐，并进行了体检。帕尔马档案馆的资料显示，他高 1.81 米，身材高挑，瞳色和发色同样乌黑油亮，鹅蛋形的脸上分布着端正的五官。简而言之，这是一个为军旅而生的战士形象。

1878 年，他开启了自己的军旅生涯并获得了中尉军衔，而后出于对骑术的热爱，他进入皮内罗洛骑兵学校（scuola di cavalleria di Pinerolo）。在这里，他在一系列马术比赛中取得了胜利，而和爱马帕尔米迦诺（Parmigiano）一起取得的胜利，更是令他名声大噪。为了更好地了解维托里奥·博泰格的个性，我们来引述一则当时的传闻。他曾经为了参加一场马术比赛，决定在一周内减重 7 千克。在此期间，他只进食蔬果，同时披着一件厚重的军大衣在夏季的烈日下连续奔跑了好几天，以进行减脂练习（显然最后他得偿所愿了）。

维托里奥·博泰格的人生在那之后不久便发生了翻天覆地的变化。枯燥无趣的军营生活，即将被发生于那片遥远黑色大陆的一系列事件打断。在 1887 年多加利之战惨败后，意人利政府组建了非洲特别兵团，并为此甄选了一支增援厄立特里亚殖民地的部队。当时，在皮内罗洛就读的维托里奥·博泰格正为非洲殖民地所发生的一切而深感焦躁，他由此萌生了应征入伍的想法，以便抓住机会进行自己期盼已久的冒险之旅。没有被内定的维托里奥·博泰格很快便提交了志愿申请，并成功获批。1887 年 11 月 2 日，他登上"歌塔尔多"（Gottardo）号汽艇从那不勒斯港启程，开始了他在非洲大陆的第一次探险活动。

他对这支部队的第一印象并不好。在一封写给父母的信中，他用尖锐的口吻描述了自己的战友，同时将自己无情的野心展露无遗：

> 亲爱的爸妈……我所属的是非洲第一炮兵连，我是这里最年长的中尉。我们连拥有6门火炮、84只马匹、5名军官，以及140名士兵。大多数士兵都是专业级别的流氓无赖，其中很多人曾因盗窃或伤人而被判刑。在我们所属的（志愿兵）特别军团中，也有一堆害群之马。由此可见，若是领导有方，炮兵连本可成为很好的范本；然而我们的不幸就是摊上了这么一个力大如牛却脑袋空空的上尉，他能力欠佳、常识全无，总为些鸡毛蒜皮的小事而丧失理智。最好第一枪击毙的就是他，如此一来我就能接任指挥官了。我相信在我的带领下，情况会比现在好得多。

1887年11月13日，"歌塔尔多"号抵达马萨瓦港，维托里奥·博泰格第一次踏上了非洲的土地。同样，他对这片大陆的第一印象也绝对谈不上欣喜，他为厄立特里亚荒凉的景致、干旱的气候以及匮乏的绿植所震惊。维托里奥·博泰格还对入侵厄立特里亚的缓慢进展表达了失望之情；他也不吝啬对负责人的指责，尤其是对意大利远征军指挥官圣马尔扎诺（San Marzano）将军的指责。

他们的第一个营地驻扎在马萨瓦附近。这期间的军务并不繁忙，于是他便利用大量的空闲时间进行狩猎。在这百无聊赖的日子里，维托里奥·博泰格展现出了和战友们完全不同的旺盛精力；他不为倦意所困，抵抗着炎热的天气的折磨，在夜间进行大量的长途骑行活动。他常深入内陆，去了解生活在那里的居民。他的这种积极活跃很快就被上级注意到了，上级在承认其优秀的同时也认为他缺乏纪律性，最后对他处以严厉惩罚，将他关押了15天。

尽管索然无味的军旅生涯让维托里奥·博泰格充满徒劳的无力感、反复的后悔和回国的念头，但他还是在厄立特里亚坚持到了 1891 年。在这些年里，占据他大部分时间的仍然是狩猎活动，它们从某一瞬间开始，迈向了"科学化的成熟"，他开展狩猎活动不再是为了简单地捕获战利品，而是为实现科研目的而采集样本。这种质的飞跃使维托里奥·博泰格对厄立特里亚的生活重燃兴致，为因浑浑噩噩的驻军生活而产生的躁郁情绪提供了最佳解药。

一切都始于 1889 年。在帕尔马短暂休假期间，维托里奥·博泰格有幸拜访了帕尔马大学自然历史馆主任佩莱格里诺·斯特罗贝尔（Pellegrino Strobel）。佩莱格里诺·斯特罗贝尔早就因持续至 1864 年的巴塔哥尼亚和火地岛探索而闻名遐迩。维托里奥·博泰格向斯特罗贝尔提议采集一组厄立特里亚的代表性动物标本，并由此建立一座博物馆，从而使自己名垂青史。正如博纳蒂所述，这野心勃勃的新计划将维托里奥·博泰格引入科学领域，也为他渴望已久的成功添加了动力。于是二人就未来运抵帕尔马的标本的管理问题达成了共识。斯特罗贝尔还建议对不起眼的动物种群如软体动物和昆虫等加以仔细观察，同时悉心指导他按照科学规范进行标本采集工作。德尔·普拉托（Del Prato）负责对这些标本进行编目和研究，标本剥制师卡吉亚蒂则负责检查标本的品相，并在这短暂的假期内向维托里奥·博泰格传授了标本制作技艺。

重返厄立特里亚后，勘探考察和标本采集便成了他的主要活动。而卡吉亚蒂作为技术指导的重要性也很快得到了体现，正如维托里奥·博泰格于 1889 年 1 月 20 日从马萨瓦附近的托鲁得（Taulud）寄出但至今尚未出版的信[①]所描述的那样：

---

① 这封信由曼利奥·博纳蒂在罗马发现。在 2010 年 3 月 17 日维托里奥·博泰格诞辰 150 周年之际，博纳蒂在帕尔马一场题为"维多利奥·博泰格：一个人，一位探险家"的讲座上将之公布于众。

维托里奥·博泰格写给标本剥制师阿方索·卡吉亚蒂的书信原件

尊敬的卡吉亚蒂先生：

——您能否告诉我浓度为 1% 的亚硝酸盐水溶液能用于保存身长在 30 厘米以下的鱼类并且使其保持鲜亮色彩吗？

——在红海这边有很多形态优美、花纹奇特的鱼儿，我曾尝试将它们制成标本，但未能成功；大型的鱼类我还能应付，但小型的鱼类却严重受损，失去了原有的艳丽色彩。先生，劳驾您转告斯特罗贝尔教授，我之前没有在阿斯马拉和马萨瓦附近发现任何贝壳，现在了解了它们的重要性，我会更仔细地搜寻。

——当您回信时请告诉我，之前寄去的那批标本是否受损；如有毁损，我可以再寄一份给您。谨向斯特罗贝尔教授和德尔·普拉托先生问好。

此致

问候

您忠诚的

博泰格 V.

维托里奥·博泰格的自然学勘探，由此进入"厄立特里亚阶段"。他的探索范围覆盖了大片土地，从北部的克伦和马萨瓦起，到南部的阿斯马拉，一路直至海岸线。密集的勘探活动使他陆续收获了数量可观的标本，它们先后被精心包装并被装入木箱，随后在马萨瓦被装船，最后被运往意大利。在一系列寄给父母的信中，维托里奥·博泰格罗列了寄出的标本，并时常焦急地询问那些从马萨瓦出发的木箱在经过长途颠簸后是否破损，以及标本的品相是否完好。同时他督促父母前往斯特罗贝尔处，确认一下动物标本并向卡吉亚蒂咨询标本制作的问题：

……你们过去的时候，替我向卡吉亚蒂先生问一下这几个问题，再把他的答复写给我。那只蛇鹫标本做得还行吗？我不想让斯特罗贝尔教授把这一系列标本放在过于宽敞的房间里；我即将运回国的干制标本（鸟类、哺乳动物和爬行动物的标本）不会超过 500 件；此外，还有上千件昆虫标本、几种贝壳和石珊瑚，以及其他存放于酒精中的浸泡标本（鱼类和爬行动物的标本）。

在另外一些信件中，他讲述了自己观察到的有趣的物种，比如弹涂鱼。弹涂鱼又名泥猴，是虎鱼科的一种小型鱼类，它们甚至能够在水流以外的地方存活，主要分布在热带和亚热带地区以及阿比西尼亚地犀鸟的栖息地。

有几只小鱼十分奇特，因为它们能够在干燥的海滩上散步；它们利用鳍和尾巴跳跃着前行。我今天刚准备了一件阿比西尼亚地犀鸟标本，但还没来得及将它运回。他的体型和火鸡一般大，通体乌黑，只有翼尖是白色的。它可以说是一种奇怪的动物，脑袋肥硕，有着巨大的喙，一根角管横在头骨上，脸部正面有开口。

1889 年对维托里奥·博泰格而言，是军事生涯大丰收的一年。他得到晋升，获得了垂涎已久的上尉军衔，不过他的首要目标仍然是为帕尔马博物馆准备动物标本，进行它们的采集与制作工作。当时维托里奥·博泰格急缺进行自然学研究的器材以及制作标本所需的化学材料，于是他便申请了一台显微镜。当从意大利寄出的材料抵达后，他满意地对父母说道："昨天，我收到了一个博物馆寄来的箱子，里面有砒霜膏、杂酚油、明矾石以及其他制作标本所需的材料。"

维托里奥·博泰格在这段时期所进行的大量狩猎和采集工作，使他收获了成果丰硕的标本，随后他将它们运回了帕尔马。在这些标本中，脊椎动物中有 34 种哺乳动物，其中有几只尤为独特，例如非洲之角的特有种——非洲野驴。而鸟类则囊括了 215 种，此外还有 20 种两栖类和爬行类动物、65 种鱼类，以及一系列海洋无脊椎动物——软体动物、甲壳动物以及腔肠动物。正是腔肠动物组成了红海珊瑚礁中的石珊瑚。昆虫标本也令人欣喜。

所有标本都附有详细的说明卡，准确描述了该物种活着时所拥有的颜色和行为特征。每个物种都附有精确详细的生物信息和地理分布数据，这些信息为德尔·普拉托贡献了宝贵的研究数据，使他在 1891 年顺利出版了《维托里奥·博泰格上尉采集于厄立特里亚殖民地的脊椎动物》（*I vertebrati raccolti nella Colonia Eritrea dal Capitano Vittorio Bottego*）一书。书中，德尔·普拉托将维托里奥·博泰格收集到的鸟类与安提诺里所汇编的鸟类名录进行比对，确认了至少 86 个尚未被记载的厄立特里亚地区的鸟类种类。1907 年 9 月 26 日，"维托里奥·博泰格"

厄立特里亚动物博物馆（Museo zoologico eritreo "Vittorio Bottego"）正式落成。博物馆内至今保存着由斯特罗贝尔和德尔·普拉托进行陈列的藏品，它们中的大部分都是维托里奥·博泰格在厄立特里亚驻扎期间采集得来的。

1890 年底，维托里奥·博泰格返回意大利，并计划对朱巴河进行一次真正意义上的探秘之旅。在厄立特里亚总督甘道尔费（Gandolfi）和巴拉蒂耶里将军的强烈支持下，维托里奥·博泰格向克里斯皮政府提议开展这个项目，但没有成功；此后由意大利地理学会会长贾科莫·多利亚所推动的丹卡利亚之行，也遭到了政府的拒绝。

怀着失落的心情，维托里奥·博泰格回到了马萨瓦，并自费组织了一次丹卡利亚沿岸之行。1891 年 5 月 1 日，他带着一队武装人员和几匹骡子，从阿基科（Arkico）出发，沿红海海岸来到阿法利（Arfali），随后前往埃迪（Eddi），并于 5 月 24 日抵达阿萨布，结束了这段总长 650 千米的旅程。对我们这位探险家而言，此次旅行可谓圆满，因为他成为第一个完成这段横跨之旅的欧洲人。途中他与丹卡利亚人进行了接触，进行了细致的民族志观察；他还记录了气象学数据，编写了详细的动物名录。这一切后来被收录在《在丹卡利亚的土地上》（*Nella terra dei Danakil*）之中，并发表于 1892 年出版的《意大利地理学会公报》。随着这趟旅程的结束，维托里奥·博泰格作为自然学探险家的关键成长期也告一段落。一个月后，他将在那不勒斯登陆，加入驻扎在佛罗伦萨的第 19 炮兵团。

》》探秘朱巴河

在意大利度过的这一年对于维托里奥·博泰格而言尤为关键，为他随后计划完成的勘探事业提供了精进制作技艺、加深科学认知的机会。热那亚博物馆的拉斐尔·杰斯特罗向他传授了昆虫标本的采集和制作方法；佛罗伦萨自然历史博物馆的恩里科·吉廖利为他提供建议并就脊椎动物的采集方法对他进行了更为细致的指导；著名古生物学教授、罗马史前民族志博物馆（Museo preistorico etnografico di Roma）创始人路易吉·皮戈里尼（Luigi Pigorini）为他补充了民族人类学研究领域的相关知识；天文学家艾利亚·米洛舍维奇（Elia Millosevich）为他正确使用地形勘测和气象测量的仪器提供了指导；埃利奥·莫迪利阿尼则向他传授了摄影技术。

在这段时间里，维托里奥·博泰格还结识了此后的同伴——马泰奥·格里克森尼（Matteo Grixoni），后者也参与了探险行动的资金筹集工作。二人筹集了一个可观的数字——2万里拉；随后在此次行动的支持者多利亚的游说下，意大利政府也为他们提供了 1.5 万里拉的资金支持。

此次计划遭受了多次政治干扰。多利亚出面与反对该项目的英国政府进行交涉，在他的不懈努力下外交问题终于得到成功解决。而维托里奥·博泰格和格里克森尼也得以就此动身，启程前往马萨瓦。从这座厄立特里亚城市出发，探险队经海路抵达了索马里的柏培拉——此次探险的大本营。这支队伍中有 120 名装备了枪支和军刀的原住居民士兵，几十头骡子、毛驴、马以及骆驼——它们身上扛着 33000 发子弹、布匹和其他用于交易的物品，以及药品、备用物资、帐篷、大量的衣服和鞋子。

1892 年 9 月 30 日，这是一个周五的下午，探险队从这座位于亚丁湾的城市启程；整支队伍在商道上绵延长达 500 米，一路向着内陆挺进，前往第一站——密尔密尔（Milmil）。维托里奥·博泰格在讲述此次旅行的作品《探秘朱巴河》（*Il Giuba esplorato*）中，如此描述从柏培拉出发时的那份豪情万丈：

> 骆驼们身披缀满流苏的条纹长席和黑白两色的布袋，这些长席犹如优雅的鞍布（垫在马鞍下面用于装饰的毯子），精巧地和驮架（动物载货时所用到的木架子）捆绑在一起。这令我的士兵们连连发出惊叹声。除了少数索马里人外，没人见过装束如此华美的骆驼。的确，这群美妙的动物和它们身上的挽具着实令人欣喜……士兵们一如既往地载歌载舞，闹哄哄地庆祝了好一会儿，而柏培拉当地人则成群结队地来到村子外围观我们。

沿着这条艰难的路线，他们从奥加登一路横跨直至位于伊米村附近的谢贝利河。维托里奥·博泰格如此描述途中那片景致：

> 奥加登是个人间天堂。这里放养着大量家畜，也生活着种类繁多的

野生动物。随着我们深入丛林，动物的数目和体型也逐渐攀升。这里有数不胜数、种类繁多的胡狼、鬣狗和羚羊，还有极为罕见甚至完全陌生的物种，如某些野驴和野兔。尤其值得一提的是，在两片沙漠之间还生活着豹子、狮子和鸵鸟。此外，在每年的特定时期，来自阿鲁西高原的大象也将遍布此地。小型哺乳动物更是不计其数。色彩缤纷的鸟儿，其中不少都有着如祖母绿和蓝宝石般绚丽的色彩，闪耀着金属般的光泽。你会被尾羽鹭珠鸡的优雅姿态和惊人数量震撼。它们胸部的羽毛呈蓝色，尾羽则分束而开。在这里甚至能采集到许多罕见的爬行动物和昆虫标本，以及植物王国的稀世珍宝。

而谢贝利河畔异常丰富的生物种类同样令他惊喜：

谢贝利河里有许多鱼儿，其中有些鲇形目鱼类的身长甚至达到 1 米。同样数目惊人的还有鳄鱼，但没见到河马；不过此前我也未曾听说过它在此出没。站在岸边时不时会听到一种奇特的鸣叫声，那是白头紫翼的吼海雕正在这片碧波之间觅食。

但此时，情况却急转直下：队伍中的一些人出逃，与此同时盖拉人也对他们进行了抢劫袭击，导致 14 名原住居民士兵被杀害。

没过多久，不远处就响起了一阵噼里啪啦不间断的枪声，接着又安静了下来。一个惊慌失措的士兵冲了出来，高喊着："全死了！"随后他便蹚过河回到了营地。在他之后，陆续又回来了 5 个同伴。我多希望还有其他人，然而希望却落空了。我让全员列队，然后就清点人数。整整少了 14 个人！

141

而这种时刻却尤其凸显出维托里奥·博泰格那异常坚定的决心和冷酷无情的性格，他对那场激战所导致的悲剧如此评论：

> 相反，我从这场屠杀中意识到幸运之神正对我微笑：那 14 名士兵被杀死在来时的路上。我们身后已无退路，再不情愿也要前进！

不过他同时认为，武力并不是勘探之旅中该使用的手段，他申明道："科考行动，正如我所从事的这种，除了极其必要的情况外——如决定探险成败和自我防卫的危急关头——都应当尽量避免武器的使用。"然而雪上加霜的是，此时粮食开始出现短缺。而维托里奥·博泰格和许多队员接连病倒，持续不断的发烧几乎折腾了他们一路：

> 高烧愈发剧烈，我连马都骑不动了，不得不停下来休息。但比起病痛，我更担心的是在如此危险的情况下浪费时间……我甚至好几次都陷入神志不清的状态，眼中不断出现幻觉：我看见自己回到了意大利父亲的家里；我还时常呼唤母亲，只有当我的苏丹仆人穆萨（Musa）那张黝黑呆滞的脸出现在眼前时，我才从错觉中惊醒。

队伍继续向西前进，直至维马河（fiume Uelmál）。当他们抵达河畔的时候，已经是 1892 年的圣诞节了。维托里奥·博泰格决定在这片壮观的洪流附近稍事休整，以缓解病痛和食物短缺所带来的疲劳。短暂停留后，探险队继续沿着维马河前进，来到其左侧支流——迪戈运河（Ganale Diggò）。距离启程之日整整 5 个月之后，维托里奥·博泰格终于抵达了心心念念的目的地——朱巴河。

> 这自然风光多么美妙！茂密的草地，高大的树木，眼前一片美丽的碧绿；每一片灌木丛上都停着色彩艳丽的鸟儿，小羚羊更是不计其数：

好一片绝美的丘陵景致。这就是朱巴河，如诗如画，令人惊叹！

这条河里栖息着数以百计的河马，而队员们终于可以饱餐一顿。他们猎杀了一只河马，并用相机定格了这一瞬间：维托里奥·博泰格骑坐在那只可怜的猎物身上，身边围满了当地原住居民。这只河马重达 2 吨的肥肉被一扫而空；但同时，根据旅行报告所述，这也导致了严重的消化不良……

尽管一路上遭遇了自然灾害、意外事故、强盗劫匪的掠夺，以及大量科研物资的遗失，但维托里奥·博泰格还是重整旗鼓，打起精神继续自己的探险之旅。从此刻开始他们将沿着朱巴河一路前行，沿途经停数个分站进行探索，直到抵达源头。鉴于维托里奥·博泰格的身体状况堪忧，格里克森尼曾试图说服他停止深

维托里奥·博泰格在朱巴之行（1892—1893 年）中与猎获的河马合影

入内陆，并建议他重返沿海地区。二人之间逐渐出现分歧，随后引发意大利国内的一系列争论，并最终导致了格里克森尼的出走。他带着 33 名原住居民士兵和若干物资，向着位于索马里南部海岸的布拉瓦进发。

维托里奥·博泰格在朱巴河畔停留了约 1 个月。恢复体力之后，探险队继续前行；但在溯流而上的途中，他们遭到了一伙来自阿尔西地区（Arsí）的西达摩人（Sidáma）的伏击。探险队被迫与之发生了激烈交战，严重影响了勘探行程。在最终抵达了各条支流的交汇处，也就是朱巴河真正的源头后，维托里奥·博泰格便决定沿着海岸线返回。虽然回程同样危机四伏，但维托里奥·博泰格不忘对沿途所见的风景和动植物群进行观察和记录。探险队一行沿多利亚运河（Ganale Doria）而下，来到了位于朱巴河中游的卢格城；最终他们于 1893 年 9 月 8 日返抵布拉瓦，就此结束了漫长的探索之旅。在马萨瓦稍事停留后，维托里奥·博泰格于 1893 年 11 月回到了意大利。

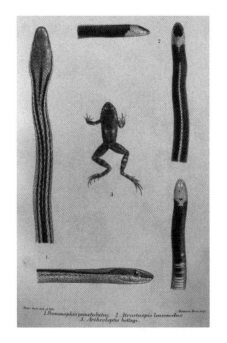

维托里奥·博泰格于第一次朱巴之行（1892—1893 年）捕获的两栖动物和蛇类动物

这趟旅程，正如我们反复强调的那样，既考验了这位帕尔马探险家的体能和毅力，也磨炼了他的意志。尽管途中条件极为恶劣，但维托里奥·博泰格还是对索马里水文地理学研究做出了突出贡献；此外，他进行了科学观察，并采集了一批意义重大的生物标本。在他被公开的许多笔记中，我们可以找到一份对裸鼹鼠的有趣描写。这是一种小型无毛的啮齿类动物，喜好群居在交错纵横的地下隧道中。他还为各种

"维托里奥·博泰格"博物馆的动物展厅

羚羊、瞪羚、横渡过的河流中的鱼类，以及路遇并捕获的千奇百怪的爬行动物和鸟类等，做了极具特色的注释。

　　这批数目庞大的索马里动物标本运回意大利后由多路专家进行研究，并就此催生了大量科研论文，后来这些论文被发表在《热那亚博物馆年鉴》上。其中内容最为全面的是出版于 1895 年的长达 550 多页的《维托里奥·博泰格上尉在意大利地理学会支持下所完成的朱巴河及其支流勘探（1892—1893 年）：动物学研究成果》（*Esplorazione del Giuba e dei suoi affluenti compiuta dal Cap. V. Bottego durante gli anni 1892–93 sotto gli auspici della Società geografica italiana. Risultati Zoologici*），当中收录了维托里奥·博泰格对各种动物所做的研究与观察的结果。

　　采集于朱巴河之行的标本一运抵热那亚博物馆，便由杰斯特罗进行了检查，他评价道："令人赞叹，不仅出于它们的科学价值，还因为其完美的保存状态和

锯齿侧颈龟

所附带的精准说明。"据估计，这批标本涵盖了 726 个物种，其中 204 个是科学界的新物种。在脊椎动物中，他们发现了 10 个新物种。但真正的主角却是无脊椎动物，当中尤为突出的是数量惊人的昆虫标本，它们贡献了 150 多个鞘翅目新品种。其中一部分鞘翅目新品种被杰斯特罗冠以这位探险家的名字，例如天牛科昆虫（Bottegia spectabilis）、博氏长角沟胫天牛（Calothyrza bottegi，今与 Mimocalothyrza bottegi 同义），以及隶属金龟子科的博氏嗡蜣螂（Onthophagus bottegi）。

另外还有一些十分罕见的品种，例如生活在土壤中隶属棒角甲科的小型鞘翅目昆虫博氏五角甲虫（Pentaplatarthrus bottegi）。在鱼类中，温奇圭拉发现了 3 个新物种，例如新波鱼（Neobola bottegoi）。在两栖爬行类动物中，保兰格则发现了新物种纳塔尔水坑蛙（Arthroleptis bottegi，今与 Phrynobatrachus natalensis 同义）和锯齿侧颈龟（Sternothaerus bottegi，今与 Pelusios sinuatus 同义）。

》》》寻找奥莫河

　　回到家乡圣拉扎罗后，维托里奥·博泰格和家人住了一段时间。重新回归家庭生活让他有些无所适从。拉瓦杰托（Lavagetto）在出版于 1934 年的为这位帕尔马探险家所著的传记中，如此描述维托里奥·博泰格在结束初次探索之后的休整期里，所感受到的不适："他神经紧张，焦躁不安。他吃得很少，但有时又会一勺一勺地吞盐巴，这似乎是数月之前那块索然无味的河马肉所带来的后遗症。他浑身被恐惧所笼罩，他迫不及待想要逃离此地。"不过，好在他的未来将是另外一番景象。

　　此时政府意图对索马里殖民地加强控制——根据欧洲各国协议，索马里已经被彻底划分给意大利。于是，意大利行政部门开始认真考虑启动第二次索马里勘察工作，以彻底揭秘当地复杂的水文地理情况，避免将这份荣耀拱手让给别的国家。而此时正好还有一条走向与河口皆不明朗的神秘河流——奥莫河。

此次计划的目标是在卢格建立一个商业基地，并对位于鲁道夫湖地区附近的西部边境展开地理勘测。在多利亚的支持下，维托里奥·博泰格提出了一个详细的旅行计划，并于 1895 年 5 月顺利获批。1895 年 7 月 3 日，维托里奥·博泰格乘坐"波河"（Po）号汽艇从那不勒斯启程；同行的还有他的侄子卡洛·奇泰尔尼（Carlo Citerni），他负责旅行日志的撰写以及影像资料的记录；此外，海军中尉朗贝尔托·瓦努泰利（Lamberto Vannutelli）负责地形勘测，毛乌里齐奥·萨基（Maurizio Sacchi）负责标本管理。抵达索马里后，队伍又迎来了乌戈·费兰蒂上尉，他将坐镇卢格，负责管理商业基地。

10 月 12 日清晨抵达布拉瓦后，这支由 5 名意大利人、250 名武装侍卫以及数百只充当驮畜和口粮的动物组成的队伍，开始了一路向北的行程。队伍并没有顺着朱巴河前行，而是选择从其右侧的山脉，沿着干涸缺水、盗匪猖獗的商道，向着沙漠深处挺进。几经周折之后，探险队抵达惨遭阿鲁西盗匪洗劫一空的卢格城，费兰蒂将留在此处搭建一座堡垒，用作意大利的商业基地。

40 天后，队伍重新出发，继续向北而行，溯朱巴河而上，来到多洛（Dolo），对达瓦河进行了勘探。探险队踏着炙热如火的沙漠深入博兰（Boran）的地盘，一路伴随着干旱的残酷折磨。他们成功穿越沙漠并在 1896 年 2 月抵达切尔卡莱（Ccrcalc），找到了水源。3 月 1 日，探险队前往萨洛莱（Salolé），这时几名原住居民士兵因难以忍受恶劣的生活条件而试图叛逃。维托里奥·博泰格毫不留情，强硬地对其认定的 8 名煽动者进行逮捕，并在简单审判后将他们处以枪决。巧合的是，同时期还发生了阿杜瓦战役，就此终结了意大利对阿比西尼亚的殖民野心。但维托里奥·博泰格一行对此一无所知，悄无声息地向着多灾多难的命运走去。

探险队在鲁斯波利王子意外身亡的布尔吉进行了长时间停留；在这期间奇泰尔尼和瓦努泰利进行了一次考察并顺路来到萨甘河（fiume Sagan），进行了水文地理研究，澄清了它并非奥莫河的事实。5月6日，队伍重新出发，攀登高原，越过海拔3600米的德洛山（monte Delo），抵达查莫湖。他们还在附近发现另一个湖泊——鲁斯波利未能揭晓其存在的帕加德湖，维托里奥·博泰格将以玛格丽塔王后之名为其命名。

从此刻开始的行程，将被收录在瓦努泰利和奇泰尔尼于1899年出版的《奥莫河：维托里奥·博泰格的第二次东非探索之旅》（*L'Omo: viaggio d'esplorazione nell'Africa Orientale. Seconda spedizione Bottego*）之中，从中我们可以提取大量信息。这两位意大利人如此描述那两个湖泊的景致：

> 零星点缀着绿植的低矮地峡，将玛格丽塔湖和查莫湖一分为二。在我们驻扎的营地和最近的湖岸之间，是一片绵延长达3千米的青青草原。或许在古代它们曾经连为一体，后来因水位下降而形成了两个独立的小湖泊。我们计划进行一次环湖巡游，不仅因为二者离得不远，也因为我们好奇被鲁斯波利忽略的另一边湖畔的风景。因此，在队伍休整之时，队长和瓦努泰利便利用这段时间前往湖边进行勘探。前者沿着北岸行进，后者则沿着东岸行进。

探险队继续前进，他们翻越山脉，穿过山口，下到山谷，寻找奥莫河的踪迹。在这片隐秘的土地上，武装原住居民的威胁无处不在。意大利人所带领的队伍已经被视为敌军，内古斯·孟尼利克也下令对他们进行追踪，以便将其歼灭。但维托里奥·博泰格依然无视埃塞俄比亚和意大利之间的格斗，而探险队员们则早已精疲力竭。几周以来，他们一直穿行于幽暗的密林，攀爬山间小路，虽然探寻那条神秘河流的希望尚未熄灭，但目标似乎依旧遥不可及。而6月29日清晨，事情终于迎来了转机。瓦努泰利和奇泰尔尼是这样描述的：

　　急躁的我们，似乎踏上了一条永无止境的路。崎岖的山间小路折磨着我们的双腿，我们渴望抵达那条河流。烈日当空，令人愈发疲惫，但那条河依然渺无影踪。周围一片寂静，唯有雅巴多河（Jabardò）的低吟浅唱在山谷间回荡。大家的目光都停留在峡谷间，凝视着两侧青灰色的峭壁。最后我们终于走出山谷，进入一片郁郁葱葱的树林。而前方更远处，有一道银色反光在林间隐约闪现……前进，前进，一路向左，终于到了！就是这儿，我们朝思暮想的奥莫河。所有人都被深深震撼，安静地注视着这条河流。我们曾无数次在脑海中勾勒它的姿态，而此刻它就真实地流淌在我们眼前，壮丽宏伟。

顺着河流的走向，维托里奥·博泰格来到了鲁道夫湖（图尔卡纳湖）并就此解开了这条神秘的非洲大河的走向谜团，确定了它汇入湖口的准确位置。在接下来的几天里，维托里奥·博泰格和瓦努泰利对斯特法妮亚湖展开了详细勘察。与此同时，他们还对大象进行了猎捕并收获了大量象牙，进一步丰富了象牙藏品资源。

同时萨基所收集的标本也达到了一个相当可观的数目，于是探险队决定让他返回意大利，以便安置这批材料。萨基便带着珍贵的标本跟随一支索马里商队返回玛格丽塔湖，去取之前存放于此地的另一批标本，接着他准备前往布拉瓦，以便登船回国。然而在抵达玛格丽塔湖后，他却不幸被阿姆哈拉盗匪袭击并被杀害。维托里奥·博泰格始终未能知晓此事，而瓦努泰利和奇泰尔尼也是在历尽艰辛返回国内之后才得知这位同伴的不幸结局，他们在日志中缅怀他道：

　　萨基拥有高尚的灵魂和敏锐的头脑，他有一颗冒险之心。对他而言，非洲有着难以抵抗的诱惑，但奸诈的非洲却没能对他报以同样的情感。现在他将长眠于这湖边。探索队的重大发现令人自豪，这荣誉属于你，

亲爱的朋友，忠实的伙伴。愿你高尚的情操以及对真理的热爱能指引意
大利青年，愿你成为他们的榜样。

　　此时维托里奥·博泰格在继续着他的探索。他们一路向北，尝试前往卡萨
拉。他们越过鲁道夫湖和尼罗河盆地的分水岭，来到了这片饱受白尼罗河冲刷的
土地。维托里奥·博泰格继续向北，同时尽力避免与敌对的当地部落发生正面冲
突。1897 年 3 月 17 日，探险队抵达达加罗巴（Daga Roba）山脉，并在此安营扎寨。
然而第二天黎明，阿比西尼亚军队便对这支意大利探险队发起了进攻；意大利人
进行了顽强抵抗，但还是以惨败告终。维托里奥·博泰格被击中前胸和太阳穴，
当场毙命，孟尼利克的部队甚至残忍地损坏了他的遗体。瓦努泰利和奇泰尔尼则
被俘虏至亚的斯亚贝巴，与内古斯见面。经历了长达 98 天的监禁后，二人终于
被交还给了意大利当局。

　　维托里奥·博泰格的勘探之旅在意大利引起了巨大反响。这位帕尔马探险家
对原住居民士兵所布下的严格军纪、与当地原住居民发生的冲突，以及为提取长
牙而对河马和大象所进行的残酷屠杀，都令人对他的所作所为和其行为背后的真
正价值产生了诸多质疑。德尔·博卡等历史学家对他的行为进行了强烈谴责，并
指出他的不幸身亡是"对这位主角的性格，以及克里斯皮政府那肤浅的殖民政策
所带来的一系列荒谬无常之举的最佳诠释。一方面他冷酷无情、充满野心，领导
着一帮只会武斗的社会残渣；另一方面他带着一群无所顾忌的旅行者，为达目的
不择手段，只求将自己的研究成果带回祖国"。

　　因此，在拉邦卡看来，尽管维托里奥·博泰格为科学地理的研究做出了不可
否认的贡献，其贡献之大完全可以使其名列同时代最伟大、最先进的探险家的名
单之上，但是他仍然无法摆脱"对非洲人的偏见；就这一点而言，他既不'先
进'（若先进性指的是更新科学动态和促进知识发展的话），也不英雄"。必须

指出的是，法西斯政权曾挪用维托里奥·博泰格的形象，为自己塑造了一个光辉的征服者形象；同样加布里埃尔·邓南遮（Gabriele D'Annunzio）也为这份传奇"锦上添花"，他写于 1906 年的悲剧《不止是爱》（Più che l'amore）中的主人公科拉多·白兰度（Corrado Brando），显然就是维托里奥·博泰格的化身。我们在此不必赘述，毕竟此书无意展开讨论与意大利殖民史相关的一系列复杂问题；不过我们还是有必要根据这批意大利探险家当时所处的具体历史背景和相关情景，来对他们的非洲探索之旅进行评判。我们与帕里西（Parisi）一样，试图站在脱离意识形态的中立角度上，对维托里奥·博泰格的科学探索活动进行客观评价。

维托里奥·博泰格和萨基在标本采集时所遭遇的极端条件，无疑影响了这第二次探险的科学成果。不过，这批运抵意大利后被存放于热那亚博物馆的标本，较之前的标本而言倒也没有逊色多少。杰斯特罗不得不承认，与第一次的标本相比，此次采集的标本并非十分完整，同时标签上的采集地点也标记得较为笼统。即便如此，通过这批标本他们也统计出了 1318 个物种，其中有 91 个是全新物种。

在这之中，托马斯描述了一只鼩形目（鼩鼱）的小型哺乳动物，并将其命名为博氏麝鼩（Crocidura bottegi）；保兰格（1897 年）则确定了 2 只新的两栖动物，其中一只被他冠以瓦努泰利的名字——瓦氏小黑蛙（Hylambates vannutelli）；此外，还有 3 种新的爬行动物，其中包括博氏石龙子（Chalcides bottegi）和博氏鬣蜥（Agama bottegi）；温奇圭拉（1897 年）则以萨基的名字命名了一种鲇鱼，以纪念这位悲惨的科学家，它就是西方项鲿（Oxyglanis sacchii，今与 Auchenoglanis occidentalis 同义）；在数以百计的昆虫中，由杰斯特罗负责的鞘翅目和由马格雷蒂负责的膜翅目包揽了绝大多数的新物种；甲壳亚门的样本同样精彩纷呈，淡水蟹的新品种——博氏溪蟹（Potamon bottegoi）被发现。

拉斐尔·杰斯特罗用简练的文字概括了维托里奥·博泰格短暂的一生中最高光的瞬间，我们在此引用其话语来纪念这位探险家：

　　如果说意大利人对研究索马里的地理做出了重大贡献，那么在此之上我们还可以说，他们同样为加深对当地动物群的了解提供了重要

博氏石龙子和博氏鬣蜥

资料。而这大部分的功绩都归于博泰格上尉，他的祖国应该对此表示感谢。

两个蛙类新种：图 1 为以及蜥蜴类新种：博氏石龙子；图中 2 为草色小黑蛙（Megalixalus gramineus）；图中 3 瓦氏小黑蛙。采集于维托里奥·博泰格所领导的朱巴之行

第四章　林中孤影

森林，比起海洋与沙漠，更使人畏怯……在森林中……越是前进，越能感觉到世界仿佛在身后关闭。前进越深，越无法从中逃离。在森林中，未知之物所引发的恐惧，远胜于沙漠和海洋。

——奥多阿多·贝卡利

如果认真观察一张奥多阿多·贝卡利的照片，无论摄于什么年纪，你都会立刻注意到他那紧锁的眉头以及因此而倍显严肃的神情。它们会令你意识到，这是一个体格强健和意志坚强的人。他性格内向，孤僻难处。这性格或许是源自其悲惨的童年经历。贝卡利1843年出生于佛罗伦萨，当他尚在襁褓中时他的母亲就自杀了，仅过去6年他的父亲也撒手人寰。随后他被卢卡（Lucca）的工程师舅舅米努求·米努奇（Minuccio Minucci）收养。1853年，在未满10岁之际，他被舅舅送进了著名的费尔南多学院，至此这唯一亲密的家人也向他挥手告别了。

学院生活伴随着紧张的课程和严明的纪律，显得格外严苛。但这一切最终都化为了贝卡利的动力。得益于自然科学学者、热情的植物学家、视野广泛的文化人伊尼阿兹奥·马泽蒂（Ignazio Mezzetti）的鼓励和悉心指导，贝卡利逐渐展现天分，用科学与艺术的双重视角进行自然观察。不久后他便成为马泽蒂的助手并开始进行探险活动，在基

奥多阿多·贝卡利

安蒂（Chianti）和卢卡西亚（Lucchesia）山脉收获了丰富的植物标本。

18 岁时，他在某次野外考察中发现了一种新的野生郁金香，随后这种郁金香被时任卢卡植物园（Orto botanico di Lucca）园长的切萨雷·比基（Cesare Bicchi）命名为贝氏郁金香[①]（Tulipa beccariana）。不过，他的兴趣并不仅限于植物，昆虫和当地动物同样引起了他的兴趣。当时他还在佛罗伦萨周边发现了两个鞘翅目新品种，并对它们进行了描述。杰斯特罗（1921 年）曾在发布于《热那亚自然历史博物馆年鉴》的讣告中如此回忆道：

> 他自年轻时起就醉心于学习。在大学的同学们结伴出游的时候，他带着锡盒四处采集植物标本。他的热情绝不仅限于植物学。我记得他曾带我去普拉托利诺（Pratolino），在几块石头下发现了佛罗伦萨步甲的巢穴。这种盲眼的小型鞘翅目昆虫在当时还十分罕见，它带给了我初次捕捉昆虫的乐趣。他还带我认识了生活在意大利的奇特的鞘翅目昆虫带冠三锥象，这是他在马雷玛的栓皮栎树干上发现的。

1861 年，他进入比萨大学学习自然科学，其专业的自然学家素质很快得到了广泛认可。当时还身为学生的他被任命为植物学讲席教授彼得罗·萨维（Pietro Savi）的助手，但事实上二人的关系并不融洽。这使得他随后转学去了博洛尼亚大学，进入安东尼奥·贝尔托罗尼学院（scuola di Antonio Bertoloni）并于 1863 年毕业。在博洛尼亚，他结识了年轻的地质学家乔瓦尼·卡佩利尼（Giovanni Capellini），而乔瓦尼·卡佩利尼在 1860 年年仅 28 岁之际便获得了教授头衔。与贝卡利相遇时，卡佩利尼刚结束北美的科考之旅。他在 1863 年从利物浦港出发，途经泰拉诺瓦（Terranova）和加拿大新苏格兰，抵达美国波士顿。他从波士顿出发，

---

①今称岩生郁金香（Tulipa saxatilis）。

一路来到美国中部的密苏里州和内布拉斯加州，对这些地方进行了地质学观察，收获了大量的自然学样本和民族志材料。

　　与卡佩利尼的友谊对贝卡利而言意义非凡，正是得益于他的引荐，贝卡利才有机会结识那个对自己的未来有决定性影响的人物。这个人就是贾科莫·多利亚侯爵，他是这位年轻的热那亚自然学家，后来的许多意大利探险家的赞助人，并且是未来的热那亚自然历史博物馆的创始人。

　　贾科莫·多利亚1840年11月1日出生于拉斯佩齐亚（La Spezia），是乔治·多利亚（Giorgio Doria）侯爵和特雷莎·杜拉佐（Teresa Durazzo）侯爵夫人的儿子，

在四兄弟中排行最后。正如贾科莫·多利亚在自传中所回忆的那样：

　　我们家的言论高度自由，因而成为一系列煽动行径和反动密谋的据点。尼诺·比西奥和戈弗雷多·马梅利（Goffredo Mameli）是我们家族的挚友。当时爆发了著名的米兰五日起义，我父亲和罗西里尼（Rossellini）都参战了。我的两个哥哥安布罗焦（Ambrogio）和马尔切洛（Marcello）加入撒丁王国

贾科莫·多利亚

军队；安德烈亚和我则留在家里。那几年里，政治充斥在一切事务当中，我们都没怎么学习。萨沃纳布道学院（Collegio della Missione in Savona）的遣使会（Lazzarista）神父阿尔芒·戴维（Armand David），这位后来去中国探险的著名探险家，当时给了我热情的鼓励，使我逐渐对昆虫产生兴趣。与此同时，鸟类也引起了我的好奇，保罗·萨维的《托

斯卡纳鸟类学》使我度过了一段快乐时光。

贾科莫·多利亚身上体现了当时那个新意大利所推崇的典型特质——上流社会、青年、对政治充满热情、对科学探索兴致高涨。拉斐尔·杰斯特罗在 1913 年 9 月 19 日发布于《热那亚自然历史博物馆年鉴》的讣告中，强调了贾科莫·多利亚那持续为自然科学和热那亚自然历史博物馆倾注热情的一生：

> 作为创始人，他为热那亚自然历史博物馆所做的一切，都是出于热爱而非虚荣。我曾与他共事过很长一段时间，我可以肯定地说，这份热爱有时甚至会演变为真挚的痴狂；而在病痛、悲伤和辛劳的压力下，这份热爱有时仿佛陷入沉睡。但事实上它随时能被唤醒，哪怕是在他动荡人生的最后时刻。

事实上，贾科莫·多利亚的一生将经历许多"辛劳"。他活跃在政治领域，并在意大利王国第十七次议会选举（1890 年）中成功当选参议员，在 1891 年 3 月 16 日至 7 月 7 日短暂地担任过热那亚市长。而早在这一系列功名之前，年轻的贾科莫·多利亚就已经是一位出色的自然学家了。1862 年，他以自然学家的身份，参加了由意大利政府推动的波斯勘探之旅。这支外交使团由两位著名科学家率领，他们是米凯莱·莱索纳和菲利波·德菲利皮。这段旅程充满了挑战，尤其是他们穿越高加索山脉前往德黑兰之时。

在波斯首都逗留期间，几位自然家进行了一系列勘察，采集动物标本。德菲利皮负责脊椎动物，并就此发表了一篇内容丰富的旅行报告，即《1862 年夏天采集于波斯之行的脊椎动物新品种及罕见品种》（*Nuove o poco note specie di animali vertebrati raccolte in un viaggio in Persia nell'estate dell'anno 1862*）。而莱索纳和贾科莫·多利亚则致力于无脊椎动物的收集。8 月底，另外两位学者决定返回意大利；同时贾科莫·多利亚决定继续自己的探险，于是便骑着马进入偏僻闭塞的南部地区。与贾科莫·多利亚共赴这轮冒险之旅的是他的波斯好友阿卜杜勒·克里姆（Abdul Kerim），他是一位优秀的标本剥制师，擅长骨骼标本制作和昆虫采集工作。正如我们随后所见，他将成为贾科莫·多利亚最忠诚的伙伴，陪同他在世界各地开展一系列冒险征程。

返回意大利后，贾科莫·多利亚开始大力推动科学事业的发展。据波吉（2003年）估算，贾科莫·多利亚侯爵"直至逝世前，按当时的货币计算，共自费资助了至少 50 万里拉。若按照货币浮动折算，这一数字在今天相当于 170 万欧元，即 32.9 亿旧里拉"。

1864 年，他被任命为米兰自然科学学会主席，并得到了科学界和知识界奎因蒂诺·塞拉（Quintino Sella）、菲利波·德菲利皮、安东尼奥·斯托帕尼（Antonio Stoppani）等人的强烈支持。同年，他还荣幸地通过鼓掌表决[①]（acclamazione），成为热那亚大学科学学院的助理教授。贾科莫·多利亚是分类学和动物地理学的坚定拥护者，他在对贝卡利和德阿尔贝蒂斯采集于新几内亚的哺乳动物标本进行研究时，不加掩饰地表达了自己对新兴的数理生物学[②]（biologia teorica）的不满，因其将描述性动物学（zoologia descrittiva）放在了次要位置上：

> 当我们谈及动物种群的研究学者时，我们是在特指那少数几个至今仍在钻研动物地理学基础问题的人。这是一门研究资料尚不齐全的新兴科学，但因其所追求的至高目标——掌握地球生物的分布——它值得被

---

① 庆祝、祝福和认可的一种口头表达方式。古罗马时期，这种鼓掌行为不仅被用于庆祝皇帝登基或战争凯旋，同样被用于参议院的投票表决，并被沿用至现代。
② 也称数学生物学或生物数学，是一个跨学科的领域，其主要目标是利用数学计算和公式为自然界，特别是生物学中的过程建模并进行分析。

置于任何一门生物学科之上。对我们这些卑微的观测者而言，我们只能看见（物种的）外部特征，无法触及那模糊不清的数据合成；我们能做的只有观察、描述和记录事实，并用日积月累的经验去辨别它们。而在今天的科学界，我们更胜以往地感受到这些细微特征的重要性。它们相对稳定地存在于物种之间，有助于区分不同的生物形态，并由此摆脱一切先入为主的想法，也无须勉强归结出不成熟的结论。虽然我不想滥用已经被众多年轻自然学家所引用的达尔文的大名，但他的思想确实抚慰了我们。这位伟大的哲学家总是谨言慎行、考虑周全，他不轻视任何一分努力，也不嘲讽任何一个为伟大的科学事业倾尽绵薄之力的无名小卒。

贾科莫·多利亚随后又进行了其他几次探险，例如 1879 年他曾与贝卡利一起前往厄立特里亚的阿萨布，然后又来到也门的摩卡和丕林岛（isola di Perim）；1881 年，他为给热那亚自然历史博物馆采集珍贵标本而前往突尼斯。他在 1890—1891 年担任意大利地理学会会长，并以此身份持续推动科考探险活动的发展，扩充意大利各大科学机构的研究材料。

为了纪念他不知疲倦地为科研所做的贡献，有无数物种被冠以他的名字。例如十分罕见的有袋目哺乳动物多丽树袋鼠（Dendrolagus dorianus），它栖息于新几内亚的高山森林并于 1883 年被动物学家拉姆齐（Ramsay）以贾科莫·多利亚之名命名："我以多利亚侯爵之名为这一物种命名，正是他和彼得斯博士的论文为我提供了巴布亚动物学的珍贵信息。"

现在让我们再次回到博洛尼亚，回到贾科莫·多利亚侯爵和自然学家奥多阿多·贝卡利相遇的瞬间。远赴异国他乡组织科学之旅的共同梦想让二人很快结下了深刻的友谊。还未满 30 岁，贾科莫·多利亚和贝卡利便将目光转向了东印度群岛，并将科考地点定在了位于婆罗洲岛西北部，当时仍处于英国保护之下的处女地——沙捞越（Sarawak，今属马来西亚）。

为了搜集这座东印度岛屿的动植物群资料，贝卡利在欧洲最著名的科研中心进行了一轮游学，辗转于日内瓦、莱顿（Leida）和巴黎之间。随后他来到伦敦，参观了许多收藏着马来西亚重要动物标本的博物馆，并前往大英博物馆和皇家植物园邱园（Royal Botanic Garden di Kew），对那里的热带植物标本进行学习和考察。正是在这期间，他有幸结识了查尔斯·达尔文，以及著名植物学家约翰·鲍尔（John Ball）、威廉·胡克（William Hooker）及其子约瑟夫·胡克（Joseph Hooker），此后也与他们保持着密切的联系。

在伦敦逗留的 3 个月里，贝卡利还光顾了这座城市上流阶层的社交沙龙。在其中某个沙龙活动中，他认识了沙捞越的罗阇①（Rajah）詹姆士·布鲁克（James Brooke）。这个名字使人联想起埃米里奥·萨尔加里最著名的小说《桑德坎马来之虎》（*Le tigri di Mompracem*），在书的第二章中作者描述了主角桑德坎（Sandokan）英勇攻占敌船的刺激场面：“那是布鲁克罗阇、‘海盗终结者’的旗帜——他深恶痛绝地喊道——虎崽们！冲啊！占领敌船！……一阵野蛮凶狠的嘶吼在两艘船之间爆发，他们对英国人詹姆士·布鲁克的大名并不陌生——这就是沙捞越罗阇，曾击毙无数海盗的冷酷对手。”这个名字绝非简单的巧合，不止一条线索表明，这位小说家取材于真实存在的地点和人物，重建了这个他本人从未到访过的世界；而这些内容正来自贝卡利的作品。

这位英国罗阇的统治生涯已经接近尾声了；他对沙捞越殖民地所进行的暴力镇压，以及与海盗间的激烈交战，在英国国内也引发了不小的批评。但这位罗阇

———————————

①南亚、东南亚以及印度等地对于国王或土邦君主、酋长的称呼，源自梵文“**राज**（rājah）”一词。

的影响力依然存在，所以他的支持对探险之行而言不可或缺。正是他提供了大量珍贵详细的当地资料，并为探险队在当地自由活动提出了一系列重要建议。1865年，詹姆士·布鲁克爵士任命他的侄子查尔斯·布鲁克（Charles Brooke）为其继任者，管理殖民地。查尔斯对当地有相当丰富的行动经验，他曾多次通过参加军事远征而对当地部落的叛乱进行镇压，他也曾在叔叔缺席期间代为执政。因此两位意大利人抵达沙捞越后，他负责接待他们。贝卡利将就此与布鲁克家族结下坚实的友谊，而这份联系将贯穿他的一生，并且，正如我们即将看到的那样，这段友谊也将为他的科学事业带来重大影响。

》》》桑德坎的国度

　　1865 年春天，22 岁的贝卡利决定直接从英国出发，前往婆罗洲。正如他在出版于 1902 年的《婆罗洲森林》（*Nelle Foreste di Borneo*）一书中所描述的那样："1865 年 4 月 4 日，我从南安普敦登上了'德里'号（Dehli）——半岛东方航运公司（compagnia peninsulare ed orientale）旗下的蒸汽轮船，并于 16 日抵达埃及亚历山大，在那里我与从热那亚出发的多利亚会合了。"当时苏伊士运河尚未开通，因此，在横跨地中海之后贝卡利在亚历山大靠岸，并在那里与好友贾科莫·多利亚、同行的忠实伙伴阿卜杜勒·克里姆以及长兄乔瓦尼·巴蒂斯塔·贝卡利（Giovanni Battista Beccari）会合。

　　一行人乘火车前往苏伊士，并在那里登上"坎迪亚"（Candia）号汽艇，之后穿越印度洋，并于锡兰靠岸。在这座位于印度次大陆南部的小岛上，贝卡利初次接触了热带物种；怀着揭秘新世界的迫切、渴望和激情，他开始对这座岛屿进行深度考察。但时间紧迫，他们在那里仅停留 2 周，之后便不得不重返海上，向着目的地行进。越过孟加拉湾后，马六甲的海岸线便逐渐浮现。随后他们终于在槟城靠岸，在这个"马来西亚之门"登陆。从这里出发，探险队继续前往新加坡，在那里他们坐上查尔斯·布鲁克特意安排的汽艇——"彩虹"号，前往婆罗洲。1865 年 6 月 19 日一早，汽艇便驶入沙捞越河河口，一路溯流而上直至古晋。覆盖着大片未知原始森林的沙捞越首府是一处真正的宝藏，正静待着这群意大利自然学家前来挖掘。贝卡利惊叹不已地总结道：

> 在马来群岛最大的岛屿婆罗洲上，有一个国家，它的罗阇和拉妮（Rani，意为王后）拥有纯正的英国血统，以绝对集权统治着这个相当于 2/3 个意大利领土面积的国家。这个国家有自己的舰队和军队，但至今都没有架起一条与世界相连的电报线路；这里没有铁路，也没有公路；这里的大部分土地被无穷无尽的茂密森林覆盖着，红毛猩猩在此游荡。这里的居民过着原始的生活，其中一部分至今还捕猎同类；一些人甚至保存着熏制的人头，并将其悬挂于家中。

除马六甲半岛外，印度马来亚区①还包括一大片群岛，其中囊括了婆罗洲岛、苏门答腊岛、爪哇岛、西里伯斯岛（今天的苏拉威西岛）、巴厘岛、巽他群岛、帝汶岛和马鲁古群岛等近 17500 座岛屿。该地区的生物种类繁多，早在贝卡利和贾科莫·多利亚之前，著名的英国自然学家阿尔弗雷德·拉塞尔·华莱士就已经到访过此地。华莱士于 1854 年来到东印度群岛，耗费 8 年时间漫步完不同的岛屿，对群岛的动物群进行了观察与描述，并采集了一系列标本。这段旅程被华莱士收录在了其编写的生物地理巨作《马来群岛自然考察记》（*Malay Achipelago*）中，而贝卡利对此书更是烂熟于心。

①也称东洋区，是涵盖南亚与东南亚的生物地理分区。

在那次探险中，华莱士收集了超过 12.5 万件标本，种类涵盖了昆虫、哺乳动物、鸟类和爬行动物。其中许多都是新发现的物种，例如此前只有林内奥（Linneo）描述过只言片语的国王极乐鸟，以及幡羽极乐鸟。而华莱士最突出的贡献，在于他通过分析动物群的总体分布特点，精确定义了地球两大生物地理区的分界线。英国鸟类学家菲利普·斯克莱特（Philip L. Sclater）曾根据鸟类种群的分布特点，将该群岛的岛屿划分为东西两个区域；华莱士由此得到启发，将观察范围扩大至有袋类动物、猴类、鹦鹉以及其他动物。通过观察和对比这些物种的分布区域，他确认了该地区两大分区的差异和分离；这条清晰的分界线从龙目海峡一路延伸至望加锡海峡，就此将婆罗洲、菲律宾与西里伯斯岛、马鲁古群岛和新几内亚分离开来。

这就是"华莱士线"，它划分了东洋界和澳新界[①]，至今仍被认为是这两大地球生物地理分区的界线。今天这一地区被称作"巽他古陆热点"，是地球上非常重要的生物多样性热点。当地壮观的动植物群中还包含了大量独特的物种，意义不言而喻：植物类中有 60% 是当地特有种，哺乳类是 45%，爬行类是 54%，而两栖类更是坐拥高达 80% 的地区特有种。然而这个囊括了苏门答腊犀（rinoceronte di Sumatra）和红毛猩猩等"稀世珍品"的无价宝藏，却因密集的森林开发和盗猎行为，如今正面临着严重的威胁。

在古晋建立据点后，两位自然学家便对该地区，尤其是覆盖着原始热带森林的河流和山地，展开了系统勘察。贝卡利用极具感染力的语句，如此描述自己在林间发现这片美丽又神秘的奇特世界时内心的感受：

---

①一个以岛屿为主的动物地理分区，包括了澳大利亚、新几内亚岛、东印度尼西亚群岛、苏拉威西岛、龙目岛、松巴岛、佛罗勒斯岛及帝汶岛等地。

在原始森林中度过的第一晚，简直如梦似幻般令人难忘……在茂密幽深的丛林里，夜色显得格外静谧。树静风止，温度适中，舒爽宜人。只有斑雉偶尔发出的凄厉尖叫，打破了这份肃穆和沉静……突然，一片幽暗之中零星亮起了微弱奇妙的火光，那是无数萤火虫爱的悸动。浓黑的夜色中这个在明亮日光下深藏不露的世界悄然显现。每一片枯叶、每一根树枝、每一朽木都被点亮，在升腾于林间腐殖质表层的薄雾之间，闪烁着微弱的星光。当天的雨水为这片菌丝网络点燃了燎原之火，它们逐步入侵着从大型植被上凋落的枯叶残枝，缓慢地将其分解腐蚀。不远处，有一段腐烂的粗壮树干正散发着明亮耀眼的磷光，这是伞菌属下的某种白色真菌的杰作。这道纯洁无瑕的美丽白光是如此闪亮，以至仅仅一个真菌便可以照亮整张报纸的文字。

在热带地区，降雨是影响植被生长的恒定因素。贝卡利曾如此描述某日暴雨之后的树林：

雨滴在林间并不是以均匀规律的方式降入地面。雨水首先会在悬于半空的枝叶之间缓冲力量，随后会以水滴或水流的形态，沿着树干一路淌向地面。若长时间处于茂密的雨林间，整个人也会如同在露天场所一般浑身湿透。雨后，一阵薄雾从地面升腾而起。温热的湿气为植被注入远超微风、胜似飓风的强大生命力。有谁能想到，这林间竟然悄无声息地进行着有机活动呢？又有谁能想到，在原始热带雨林的幽暗树影下，竟有成千上万个鲜活的细胞，正剧烈跳动着，为生存而战呢？

贝卡利在沙捞越招募了一批原住居民——达雅人（Daiacchi），并在他们的帮助下，在马塘（Mattang）森林的中心地带，以马来人的方式建造了一座吊脚楼。这间小屋被冠以一个满怀思乡之情的名字——瓦尔隆布罗萨（Vallombrosa，佛罗伦萨近郊的一片树林），并就此成为他们在森林探险的大本营，用于存放途中收获的与日俱增的自然学样本。在好友贾科莫·多利亚因病返回意大利后，贝卡利在这里度过了数月的林间独居生活。

在这与世隔绝的环境里，贝卡利彻底投身于森林研究工作，过上了与原住居民无异的原始生活。他时常深入岛内反复进行勘探，有时路途艰难，有时则考察条件恶劣；但他还是顺利进行了一系列重要的自然学观察，并收获了大量动植物标本和民族学资料。他带着一把帕朗刀（在密林中用于开山辟路的长刀，相当于南美的开山刀），背着一大叠用于收纳植物样本的沉重纸张，肩挎步枪，深入丛林。一路上阻碍重重，首先面临的就是吸血虫："森林山蛭或蚂蟥在某些地区随处可见，令人极度不适，是婆罗洲森林的一大灾害。其中已知的有两种，一种生活于灌木丛中，时常在人类行走时附着上身，主要集中于人类的手部和脖颈处；另外一种数量繁多，生活于地面，常吸附于人类的腿部且难以摆脱，它们甚至能透过袜子攻击人类的脚踝，并在人们发现之前饱饮鲜血。"其次是无意间踩踏红褐林蚁的蚁穴后所遭受的攻击："刹那间，蚁穴里的居民倾巢而出，遍及我全身，并顺着我的衣袖往里钻，愤怒地攻击我的皮肤。为了摆脱它们，我甚至不得不脱下所有衣物。"

但壮丽的自然风光又令他油然而生一阵巨大的感动，令他忘记了所有苦难；他的文字传递出了在这片原始森林丰富的生物资源面前人类所体会到的无力感：

　　而婆罗洲的森林，在一天的不同时段里，竟如四季更迭般呈现出如此多姿的风貌，未曾踏足于此的人永远无法明白这难以描述的奇迹之美。森林的形态千变万化，一如暗藏其中的稀世珍宝；森林之美也无穷无尽，一如孕育其中的生命形态。身处林间能感受到真正的自由。越是徘徊其中，越是爱之入骨；越是深入了解，越是留恋其间。连它的点滴残影都充满了神圣光辉，既使科学信徒感到满足，又照耀了哲学门生。

在探索过程中，贝卡利对当地复杂的生物群系进行了分析，并对热带森林生态系统的起源和发展因素进行了探讨与思索。这一系列思想使他跻身于当时伟大的植物生态学家之列。贝卡利也曾质疑过，如此贫瘠的土壤是如何养育出这般繁茂的植被的："古晋所在的低矮山丘以及附近土地，都是由并不肥沃的白色黏土组成的；从森林遭受破坏前的树木大小来看，这一点着实令人不敢相信。不过事实上要解释也不难，因为原始森林生存所需的养分不仅来自岩石分解后形成的土壤，还来自长年累月积攒而来的腐殖质。"

这位托斯卡纳植物学家认为，婆罗洲之所以拥有如此众多的特有种，是因为该地区在不同地质年代里，一直保持着与世隔绝和长期稳定的状态："我推测，一片植物群所拥有的特有种越是繁多，那么培育它的土地地质就越是稳定。因此我猜想，养育这样一片丰硕植物群的土地，最迟形成于新生代中期。换言之，在这个时期，一个新兴特有种诞生，并于此后保持不变。"

》》》可塑的时代

在穿越这片尚未被污染的生态栖息地时，贝卡利遇见了多种形态各异的生物，由此引发了对动植物的环境适应性的思索。贝卡利对影响动物形态和器官形成的进化过程所做的思考，使我们有机会了解他对达尔文理论所持的态度。他初次见到长鼻猴这种婆罗洲红树林的猴类特有种时，便不禁对它那奇特的巨大鼻子产生了疑惑，并质疑这样一个解剖形态在环境适应性上究竟具有何种意义："根据达尔文学说，这可能是性选择所导致的后果。若是如此，那我们应该和这只猴子一起庆祝，因为它的品位不错。鼻子在人类社会中是代表个体差异的重要标志，这同样适用于猴类；但据我所知，还尚未有人解释过鼻子发生形态变化的原因。"

在提及鼯鼠、飞蛙、飞蜥等动物为在森林树梢间移动而发展出滑翔系统时，贝卡利介绍了这群树栖动物为优化动作而发育出的皮膜和皮肤褶皱，它们借此躲避捕食者："这群身体结构并非为飞行而生的动物所进行的飞行运动，堪称哲学研究的一大课题。生存逃亡，以及在林间快速移动的需求，势必增强这群四足动物的运动手段，同时削弱其飞行能力；至于同纲目的其他动物，则用跳跃和奔跑取代飞行。"

贝卡利认为，进化过程发生在物种仍然可塑的远古时代：

> 我一直觉得曾存在一个创造时代，在这个时代里，每个生物都可以
> 根据自身需求，甚至根据欲望、虚荣或是任性地改变自己的形态。在这
> 个"可塑"的时代里，所谓的遗传力——今天正是它迫使众生继承父母
> 和祖先的特色——还十分微弱（因为当时的世界还很年轻），有机体比
> 现在更易屈服于外部因素的刺激，四肢也更容易因锻炼而发生改变。同
> 理，动物的皮毛、羽毛或鳞片一定也能轻易地呈现出多种形态和色彩，
> 以满足自我爱好或防御隐身需求。

贝卡利认为，生命的不同形态是在历史过程中逐渐形成的。这似乎是一个处于创世论和生物进化论之间的折中理念。而贝卡利的思想在今天，也得到了进化论领域的支持，与演化发育生物学（简称演化发生学）的最新研究成果不谋而合。演化发育生物学是一个以了解生物进化为目的而对基因组的结构及功能进行分析的学科，主要研究生命个体的起源和发育（个体发生学）与其物种群体的演化（系统发生学）之间的关系。

通过研究胚胎发育过程中的基因功能，我们得以了解新生命诞生的机制，进而了解生物的进化史。而这些研究确切地证实了，在同门生物进行大范围形体发育的早期阶段，基因限制还没有那么显著，物种也拥有更高的可塑性。不仅如此，贝卡利还发展了一套原创的物种起源模式，谨慎来讲它十分接近尼尔斯·艾崔奇（Niles Eldredge）和史蒂芬·杰伊·古尔德（Stephen J. Gould）的间断平衡模式：

> 我并不盲从渐进、缓慢和分段的生物进化；我也不相信物种起源于

先前存在的形态，再历经细微不断的变化。我更倾向于认同（生物身上）某些主要适应性结构的突然出现；并且我认为，这批原型物种之间的杂交，就是最初导致所有生物串联，并造成（物种间）明显亲缘关系的原因。

由贝卡利和贾科莫·多利亚共同完成的第一阶段探险，以及随后由贝卡利独自完成的探索，采集到了许多精彩的动植物标本。大量的观察研究使贝卡利注意到一系列未知植物，它们均来自险峻的山地森林。其中最令人惊叹的是高达 6 米的棕榈树新物种——贝卡利称它为特异鳞皮椰——以及绽放着鲜艳黄花的柳叶杜鹃。

乔木植物中颇具代表性的是 50 多种巨型龙脑香科植物。这种植物的身上长满附生植物，其中奥多阿多特别指出了一种极为罕见又美丽非凡的食肉植物：

> 维奇猪笼草的安瓿或叶瓮，科学上称囊状体，呈囊袋状，长达 25
> 厘米，内部空间宽敞，外表面血迹斑斑。这些叶瓮最为奇特的是那几乎
> 垂直的开口位置，以及鲜艳的亮橙色彩。它的色彩不仅可以将粗心的小
> 动物引入内部囊袋，也是远处可见的耀眼信号，吸引昆虫靠近。

不过贝卡利对植物的兴趣并不局限于最奇特的品种；他的研究同样面向那些利用显微镜才能识别其显著特征，并分辨其种类的孢子植物（藻类、真菌、苔藓、蕨类）。在探索加丁山（Gunong Gading）的过程中，他从山涧里采集到了 2 份后来被证明是全新物种的藻类样本。在另一次漫长而艰难的旅行中，他寻觅到了一部分地钱门植物和蕨类植物，并于此后把它们交给时任热那亚植物园主任的著名植物学家朱塞佩·德诺塔利（Giuseppe de Notari），让他进行研究。即使身处遥远的沙捞越，贝卡利也与他保持联系，正如这封写于 1867 年 11 月 24 日的信所描述的那样：

　　我最近从内地远游回来，虽然没有收集到多少东西，但已经十分满足。在寄给多利亚的箱子里有一些给您的蕨类植物；同时我发现在旅途中很难在没有小规模发酵的情况下把它们烘干。我猜想这一现象会改变孢子的结构。

》》》科学的殉道者

　　除了植物之外，动物也激起了贝卡利的好奇心。在他的《婆罗洲森林》一书中，他特地用了好几页的篇幅来描述在森林中对红毛猩猩所进行的狩猎活动。红毛猩猩是马来西亚人口中的"林中之人"、达雅人眼里的"马亚斯"（Mayas）、科学家所指的婆罗洲猩猩。就此，我们将看到一场对地球上的一种稀有物种所进行的残暴屠杀。这些行径以当今的伦理道德观来看是无法让人容忍的，对于我们这个时代的科学家而言，这甚至是必须被钉在耻辱柱上的偷猎案例。

　　然而我们并不能以一个研究生物多样性的现代自然学家或一个保护生物学家的眼光来审视这部分内容，更不用说以当今的环保主义者的眼光了。我们需要沉浸在 19 世纪下半叶的文化氛围中，切身体会那个时代的自然学家的精神。那时的自然学家在准备探索一个新世界时，他向西方科学界传递新发现的手段主要就是采集物证，即采集自然界的遗迹信息。这些内容令人难过，却证明了贝卡利的一片赤诚，因为他做这一切就是为了科学研究。

当一些狩猎者将猩猩标本送到他面前时，他表现出了极大的排斥：

　　那是一只母婆罗洲猩猩，依附在它身上的是一只幼崽，它和受了伤的母亲一起摔了下来。我准备剥下母猩猩的皮，它原本只是头部挨了一击，但在摔倒时双臂的骨头也断了。我的手下没有一个是标本剥制师，所以我不得不自己动手做了几乎所有的工作。说实话我不太情愿，但鉴于是我本人提出要用整整 1 个月的时间来研究猩猩，并做一套包括皮毛和骨骼的完整的猩猩标本，我不得不立刻开工。

在一次疯狂的狩猎中，贝卡利遇上了一只平和的猩猩，它对即将到来的命运一无所知：

　　我分不太清叶子和略带红色的毛发，但即使如此我也能确定，那是一只坐在巢穴上的婆罗洲猩猩。我清楚地看见那只动物很快意识到自己暴露了，但它并不害怕我们的存在，也没有试图逃跑。相反，它在树枝间向外张望，然后一点点下降，似乎想更仔细地观察我们。它紧紧抓住一根从它起初躺着的树枝上挂下来的爬山虎……我开火的时候，它就在这个位置。在树枝上吊了几秒钟后，它摔倒在地。

送抵热那亚自然历史博物馆的鸟类

Fig. 42 – Testa di orang-utan maschio adulto della razza « tröngöng »
(larghezza della faccia 32 centimetri)

成年雄性红毛猩猩样本

标本被委托给了萨尔瓦多里，他从近 800 件标本里估算出了 226 个不同物种，基本都来自古晋周边。我们这批自然学家所收集到的可能是截至当时从婆罗洲运抵欧洲最为丰富的鸟类样本；而此后它们都被汇编进了印度马来亚区岛屿的第一份鸟类清单。

　　而首次记录的婆罗洲的物种有小鳞胸鹪和花冠皱盔犀鸟。在热那亚自然历史博物馆的编年史里，在萨尔瓦多里描述的各色物种中，还出现了"贝尔莎"（Pitta bertae，一种鸟类新物种），这个物种的名称取自他妻子的名字——贝尔莎·金（Bertha King），并由插画家坎图（Cantù）绘制了彩图。完成正式描述后，萨尔瓦多里将这个在分类学定义上仍有争议的新物种的唯一证据标本，送往欧洲各地的鸟类学家手里，准备进行专门咨询。然而讽刺的是，在经历了婆罗洲到意大利的数千千米的漂泊之后，装有这个珍贵标本的包裹竟在邮寄至巴黎的途中失去了

鸟类新物种"贝尔莎"

踪影，从此下落不明。

如同其他藏品一样，温奇圭拉对鱼类样本进行了仔细的分析研究，之后编汇出了《多利亚侯爵与贝卡利博士采集的婆罗洲鱼类目录（1865—1867）》（*Catalogo dei pesci raccolti a Borneo dai Sigg. Marchese G. Doria e Dott. O. Beccari negli anni 1865—1867*），并将其发表于《热那亚自然历史博物馆年鉴》之上。序言中，温奇圭拉讲述了两位自然学家在收集这批鱼类样本时所发生的种种轶事：

> 两位自然学家在 1865 年 6 月一抵达沙捞越州首府古晋，就根据自己的研究方向划分了作业内容，贝卡利负责植物，而多利亚则专攻动物。后者很快开始采集鱼类标本，但不久欠佳的身体状况迫使他踏上了归途。贝卡利则在婆罗洲一直待到了 1868 年，他向多利亚许诺将帮他完成动物样本的采集工作，并在此后切实地履行了自己的诺言……几乎所有的鱼类标本都采集于古晋。有一部分鱼类来自距离沙捞越河主要出口山都望口（Santubong）17 英里（1 英里 ≈ 1.61 千米）的地方，鉴于那里的水相较普通淡水含盐量更高，所以这部分鱼多是海水鱼。而在古晋收获的则更多是在淡水和咸水均可存活的种类……贝卡利还告诉我们，为了扩大鱼类的采集量，他于 1867 年 7 月底前往山都望。在那里，他在村子附近的一条小溪里投毒捕鱼，并因此从马来西亚人那里得知了各种对鱼类具有惊人效果的植物，比如同样对我们有效的大戟乳胶。

整组材料囊括了 177 种鱼类，大部分鱼类此前未在婆罗洲被发现；其中温奇圭拉还确定了两个至今未被记录的全新物种。此外，佩鲁贾（Perugia）在 1892 年也分析了这批沙捞越鱼类标本，并确定了鳅科的一个新属，即多里潘鳅（Eucirrhichthys doriae，今与 Pangio doriae 同义），以及一个虾虎鱼新品种，即贝氏点虾虎（Gobius beccarii，今与塞拉点虾虎 Stigmatogobius sella 同义）。他分别以两位自然学家的名字为它们命名，以示致敬。此外，在爬行类动物中，彼得斯在 1872 年描述了一种隶属石龙子科的蜥蜴新种——贝氏棱蜥（Amphixestus beccarii，今与 Tropidophorus beccarii 同义），并就此用这位佛罗伦萨科学家的名字为其命名。同样，由伊塞尔在 1874 年负责研究的软体动物学标本也展现了其独特之处，其中有几只分布于陆地和淡水的软体动物新物种，如贝氏鳖甲蛞蝓（Parmarion beccarii）和多氏鳖甲蛞蝓（Parmarion doriae）。

在婆罗洲停留的第三年，也是最后一年，贝卡利进行了几次被他自己称为"科学流浪"的旅行。在好友查尔斯·布鲁克的协助下，他乘坐"三色堇"（Heartsease）号炮艇先抵达了纳闽岛——在这里不免令人回忆起埃米里奥·萨尔加里的冒险故事①，然后他去了文莱。从沿海一路漂流至内陆，贝卡利巡视未知的疆土，无惧可怕的猎首者传闻，接触了普南（Punán）和布克坦（Buketán）部落。

贝卡利被迎进村子，他用淳朴和自信来形容这个民族：

> 普南人和布克坦人是猎首者，或者说，他们把每一个与自己没有日常关系的人都视为天然的猎物和引子，因为实际上他们只关心被害者的财产，而不是为了将项首作为战利品炫耀而刻意为之。

贝卡利在沙捞越的旅程接近尾声，他的身体也开始"缴械投降"，不仅意外出现了第一次疟疾发烧，整个人也因长期的野外探险而倍感疲乏。他自己也承认，是时候回国了："我的健康状况，直到几个月前都还不错，但舟车劳顿，特别是最后一次沙捞越穿越之旅，已经令我的身体大不如前了……我感觉不到以前的能

---

①萨尔加里曾在《桑德坎马来之虎》中，用"Perla di Labuan"（纳闽珍珠）来称呼主人公桑德坎深爱的少女玛丽安娜·吉隆克小姐（Lady Marianna Guillonk）。

量和体魄了。"

1月底，他途经新加坡前往意大利，并于 1868 年 3 月 2 日抵达墨西拿。奥多阿多·贝卡利在婆罗洲岛经历了 3 年的探险和勘察后，终于再次踏上了意大利的土地。

》》》猎首者之岛

　　回到当时的意大利首都佛罗伦萨后，贝卡利开始了一段紧张的工作，对从婆罗洲带回来的植物样本进行研究；他将它们分类并一一发送给各路专家以进行新物种的确认和描述。同一时期，他也努力汇编之前的旅行笔记，并在此后将它们发表在《意大利地理学会公报》以及其他文化杂志上，如奎多·科拉主编的《宇宙》和《新选集》（*Nuova Antologia*）等。因为当时的统治阶级对东印度群岛的政治、殖民及商业方面内容颇有兴趣，所以这一批出版物得以蓬勃发展。

　　1869年，贝卡利开始了紧张的编辑活动。他出资创办了《新意大利植物学报》（*Nuovo Giornale Botanico Italiano*），延续了巴勒莫著名植物学家菲利波·帕拉托雷的工作。帕拉托雷是声名远扬的意大利中央植物标本馆的奠基人，并在此后也与贝卡利保持着密切联系。这是一个激情四溢的年代，在位于佛罗伦萨，距离自然历史博物馆（La Specola①）仅几步之遥的贝卡利的新家里，贝卡利经常与多利

---

①意为天文台，这个博物馆的前身是在18世纪建立的天文瞭望塔。

亚、拉斐尔·杰斯特罗和植物学家斯特凡诺·索米耶（Stefano Sommier）见面。正是在这些日子里，前往厄立特里亚的计划成熟了，正如我们在专门讲述奥拉齐奥·安提诺里的章节中所写的一样，他将于 1870 年 2 月至 8 月前往厄立特里亚。但非洲之角的旅行不过是一个短暂的插曲，贝卡利真正的目标另有所指：回到东印度群岛，去探索那里一个非常神秘的国家——新几内亚。

贝卡利把所有精力都投入到了这场未知旅程的准备工作中。这对他来说是一次真正的挑战，不仅因为它可能带来的风险，最重要的是这座不为人知的岛屿所拥有的惊人的生物多样性。这是一个未曾被打开的科学宝库，正静候着探险家的到来。只有极少数自然学家曾有幸深入这里的森林，攀登此处的山岩，直面生活在此处且充满敌意的原始部落。这是一个仅被揭示了冰山一角的巨大宝库，这里不仅有树袋鼠、鹤鸵、天堂鸟、园丁鸟、狐蝠，还有一整片尚待研究的奇妙植物群。

几个月来，贝卡利凭着坚忍的毅力，持续考据着巴布亚新几内亚相关的科学文献，同时阅读了大量当地植物学和气象学的相关论文。他收集当时可用的地图，与好友多利亚一起学习动物群的资料，并规划好旅行的每一个细节。而此时一个新的人物登场了，这也是一位自然学旅行家，我们还将在其他科考中看见他的身影，他将为远东地区的科学探索做出贡献。这几个月里，正当新旅程的准备工作进行得热火朝天时，多利亚向贝卡利介绍了他未来的新旅伴——路易吉·玛丽亚·德阿尔贝蒂斯。德阿尔贝蒂斯是来自沃尔特里的利古里亚人，一个体格强

路易吉·玛丽亚·德阿尔贝蒂斯

壮、性格有些暴躁的年轻人。与贝卡利一样，他有着强大的行动力，是个优秀的猎手，同时拥有非常娴熟的相机使用技术，而这项技能在他们即将进行的科考勘察中显得尤为重要。

1871 年 11 月 26 日，两位探险家乘坐鲁巴蒂诺公司的"阿拉伯"号汽船离开热那亚港。旅程持续了几个月，其中包括许多漫长的停留。1 月 18 日，他们抵达新加坡，在那里收集消息，并从荷兰当局获得前往巴布亚所需的建议和签证。然后他们便转到爪哇岛的巴达维亚（今天的雅加达），在那里与顽固不化的代表官僚主义的荷兰官员周旋，他们被要求对这次考察的纯科学性做出保证。

尽管困难重重，但在此阶段收集到的信息的确是个好兆头，贝卡利因此对实现自己的目标充满了信心："关于新几内亚的消息令人欣慰，我对当地人的看法是正确的。从多雷（Dorei，今天马诺夸里附近）出发非常容易到达内陆；至于食人族，那只存在于旅行家的书里。"

在出发之前，两位自然学家为探索印度尼西亚群岛的众多岛屿制订了一条漫长而清晰的路线。1872 年 2 月 10 日，他们离开爪哇岛，到达西里伯斯岛（今苏拉威西岛）上的一座城市——望加锡。小岛以其独特的触角形状向我们的自然学家张开怀抱，展示着其美妙的生物多样性和一系列新奇独特的特有种，如马鲁古鹿、黑猕猴以及各色鸟类和昆虫。然而 2 月 24 日，贝卡利和德阿尔贝蒂斯便登上了荷兰政府的轮船，前往小巽他群岛中几乎未曾耳闻的弗洛勒斯岛。此后他们启程前往帝汶岛。

但贝卡利始终剑指新几内亚。前往那里的路途似乎依旧困难重重，于是两人便继续着从一座岛到另一座岛的逍遥漫游，直至抵达班达群岛。在那里，他们观察活火山，欣赏各种各样的珊瑚礁生物。但二人并没有驻足太久，他们继续向马鲁古群岛方向移动，前往塞兰岛，并探索了那里尚未被欧洲人踏足的美丽热带雨林。正是在这里贝卡利和德阿尔贝蒂斯最终下定决心，从安汶岛启程前往新几内亚。他们在此招募当地人以组建队伍，其中还包括了曾陪同华莱士参加 1854 年探险的专家梅萨克（Mesak）。在经历了 4 个月的官僚琐事和岛间航行之后，一切似乎终于准备就绪，他们可以向着梦想之地出发了。

1872 年 3 月 21 日，探险队于安汶起航；但海况很差，每当巴布亚海岸出现在他们的视野中时，海风便会使航向发生偏离；尽管航行艰难，他们还是设法在卡拉斯（Karas）停靠登陆。贝卡利和德阿尔贝蒂斯被迫放弃了他们的探险计划，不过好歹也到达了新几内亚。沿着西北海岸一路向北，二人来到了位于奥宁半岛（Onin，在巴布亚语中意为战争）的卡帕奥（Kapaor）。在那里他们进行了一系列采集工作，成功收获了珍贵的自然学样本和民族学遗迹资料。

贝卡利和德阿尔贝蒂斯也曾试图猎取天堂鸟，这种鸟在当时的欧洲极受欢迎，王公贵族和精英资产阶级对它们美丽的羽毛有着大量需求，这些羽毛是贵妇小姐们梦寐以求的装饰物。然而他们在这一动荡地区的停留时间很短。4 月，两人移居索龙，并在那里建立了真正的科研基地。他们将积攒的物资全部卸下，然后住进吊脚楼，并在此计划进行动植物样本的采集工作。但是当时的生活环境极其恶劣，尤其是当德阿尔贝蒂斯开始发烧并因此而变得虚弱时，情况更是急转直下。贝卡利对这块土地上艰苦的生活条件评价道：

> 一切取决于健康状况。虽然我不该抱怨个不停，但在新几内亚，死亡的确比苟活容易。不少传教士都了解这一点，他们甚至没有体会过我们所经历的十分之一的苦难，从未真正感受过我们被迫所过的生活。

极端恶劣的生存条件迫使他们转移至多雷，然后在阿尔法克山山脚的安代

（Andai）定居，并在那里建立了一个新的科研基地。贝卡利在这里也布置了一个吊脚楼，他在给朋友多利亚的信中满意地描述道：

> 我正在阿尔法克山的山脚处给你写信。这是一个华美的清晨，一阵凉风从窗外拂来，使我想起意大利9月某个美丽的早上。我此时正住在一间立在栏杆上的吊脚楼里，它建在安代洪流边的一座小山坡上；从阳台上可以欣赏到大海和阿尔法克山的山峰；森林与我们一步之遥，天堂鸟在附近的树上嬉戏打闹。在我的小房间里，我感觉自己就是一个国王，就算用城里最豪华的公寓和我换，我也不换。待烟雾和灰尘散去，铺上垫子，在覆盖着果皮的墙壁上开窗破门，将薄的树干切片制成桌子和木架，果皮和藤条等每样物件儿都待在它们应待的位置上，而我终于可以舒适地工作学习了。

此后二人开启了一段硕果累累的探索猎捕之旅。贝卡利在小屋附近所收集到的植物样本数量惊人，几乎足以支撑一个标本馆；而德阿尔贝蒂斯却决定搬到阿尔法克山去捕鸟。两个自然学家之间第一次出现了分歧，他们的关系开始出现裂痕。由于性格的不相容，二人开始发生冲突并爆发了第一次争吵。德阿尔贝蒂斯浮躁，野心勃勃，居功自傲，喜好强调自己作为探险家的功绩；而贝卡利则谦逊严谨，与虚荣自满背道而驰。正如贝卡利在寄给好友多利亚的信件中所证明的那样，他们两人在某段时间里分道扬镳了。这些信件后来都被收录在《意大利地理学会公报》中。

10月初，贝卡利决定追随同伴的脚步前往山顶。当他抵达位于高海拔处的营地时，他发现德阿尔贝蒂斯已经离开了；他们通知他说德阿尔贝蒂斯已经到大本营去了，并在那里得了一场大病。几天后，贝卡利发现他的同伴处于一种令人担忧的瘫痪状态："我的同伴状态糟糕到几乎无法辨认：因黄疸而发黄，因发烧而消瘦，疲惫不堪，他只能吐出只言片语……几天来，我们都为他的生命体征而担忧。"已经到了不得不回撤的时候了。而返程更是一场真正的磨难：不仅德阿尔贝蒂斯被折磨得筋疲力尽，就连贝卡利也染上了病，而梅萨克则在船上因高烧而死亡。

与此同时，意大利的同事、好友和这两位探险家失联已有数月。大家都很担忧，多利亚和安提诺里尽最大努力向意大利政府通报，并请求海军为营救两名探险家做好准备。一抵达安汶港口，贝卡利和德阿尔贝蒂斯便被接上"韦托·皮萨尼"号蒸汽护卫舰。这是一艘从事环球航行的意大利船只，刚从横滨抵达，遵从意大利政府的指令来迎接他们。随后，德阿尔贝蒂斯从安汶随船返回意大利。

之后贝卡利将独自一人继续探索印度尼西亚群岛。尽管疾病缠身、食不果腹和夜不能寐令他疲惫不堪，但他的目标仍然是新几内亚，他想恢复植物采集和动物狩猎工作，将这个世上独一无二的生物地理分区最具代表性的样本带回家。

在安汶停留的 2 个月里，他恢复了体力，开始重整旗鼓，准备新的征途。1873 年 2 月，贝卡利启程前往新几内亚西南部的阿鲁群岛，但在那艘船上有一个危险的敌人正等着他，那个敌人就是天花。虽然一度被传染，但当船只在阿鲁最重要的城市多波（Dobo）靠岸时，贝卡利已经能起身行走，准备奔赴新的科学征程。正如他在 1873 年 2 月 24 日寄给多利亚，后来被发表在《意大利地理学会公报》上的一封信中写的那样：

> 不过，这次的天花虽然大量冒出，但症状非常轻微，确实非常轻微。由于我服用了大量的奎宁，它甚至没有呈现应有的症状。

在岛上，贝卡利布置了他的科研中心。这是一个建在小木屋里的工作室，晚上他会在此进行动物标本的制作和植物标本的干燥工作。在这期间，他沿着群岛的海岸进行了几次探索，并收集了数百种动植物标本。与此同时，他没有忽视人类遗骸的收集工作，最终他整理出一系列人类学藏品。

继阿鲁群岛后，贝卡利又转向了其他的岛屿，并完成了一趟真正的印尼群岛之旅。他先在附近的卡伊群岛停留，接着回到西里伯斯岛，从那里他前往巴厘岛，然后是爪哇岛。长时间的漂泊和收集生物样本的辛劳使他筋疲力尽，他不得不停下来恢复体力并自我说服道："我没有生病，只是太累了，我需要一两个月的文明生活和比在野外更实在的温饱条件。不仅如此，我还被迫长期在阳光下工作，露天走半小时就足以让我发烧。"

》》》令人惊叹的小花园

1875 年初，贝卡利决定重返新几内亚。1 月 22 日，他向西北海岸进发，而后他就像被那些神秘岛屿吞噬了一般，消失了。2 月他到达索龙，从这里出发，一路遭遇了各种艰难险阻，包括恶劣的气候、不便的交通、危险的疾病，以及敌对的原住居民、海盗和猎首者等。贝卡利经常使用安全堪忧的原住居民用的船只在不同地区间穿行；而在森林里，他更是经常徒步前行，甚至不时赤足行进。

6 月，他从多雷出发，前往阿尔法克山探索，在那里德阿尔贝蒂斯曾采集到一系列不同凡响的动物样本，但其中一部分已被伦敦皇家动物学会收购。贝卡利希望热那亚自然历史博物馆也能拥有这样一组举足轻重的藏品。在此山的密林间，他第一次遇到了这样奇特的建筑。那是一个建在空地中间的茅草小屋，提示着园丁鸟的存在。贝卡利于 1877 年为这群非凡的鸟儿写了一本专著，提到雄鸟建造出形态各异的巢穴与对手竞争，以吸引雌鸟，争取最大的繁衍机会。他是这样进行描述的：

英国人称它们为玩乐场或运动场、大厅、游戏屋，但更多还是"鲍尔"（Bowers），这个词翻译成意大利语就是凉棚、长廊或小屋。因此这种鸟便被称为"鲍尔鸟"（Bower bird），也就是园丁鸟。

他如此讲述初见的那一刻：

就在小路附近，我发现了这个以动物的智力所能完成的最巧夺天工的作品。在被花朵装点的草丛中，伫立着这样一座小屋。一切都是迷你尺寸……我暂时满足于对这个奇迹所进行的肤浅的研究，并禁止我的猎手们将其破坏。

这是佛鸠卡褐色园丁鸟的杰作，贝卡利用优美的彩色插画详细描绘并勾勒

佛鸠卡褐色园丁鸟所建构的巢穴详细图示

了它的风采，这些图画后来被补充到《热那亚博物馆年鉴》中：

> 佛鸠卡褐色园丁鸟的小花园是这样布置的。茅屋前有一片空地，所占的面积比茅屋要大得多。这是一片柔软的苔藓草地，所有的装饰都是鸟儿搬运来的。上面一尘不染，没有杂草、石头以及其他打破这份和谐的物件儿。在这块可爱的绿色地毯上，散落着色彩缤纷的鲜花和水果，整体看起来像一个优雅的花园。堆积在小屋入口处附近的装饰品数量最为繁多，颜色也最为鲜艳，这可能是雄性在向前来拜访的雌性表示尊敬和欢迎之意。

为了躲避突然爆发的脚气病（一种因缺乏维生素 B_1 而引起的疾病），贝卡利不得不从阿尔法克山和新几内亚匆匆逃离。他的许多手下被这种流行病击倒。1875 年 11 月，在离开意大利 4 年后，贝卡利乘坐荷兰海军的一艘勘测船，冒着危险，再次返回巴布亚。同行的还有他的好友布鲁因（Bruijn），他是一名前荷兰海军军官、猎手和自然学家，当时也在印尼海域进行勘探。

然而来到洪堡湾（baia di Humboldt）后，这两位旅行者只在潟湖周围进行了短暂的游览，因为当地人似乎并不友好。这成为他们的最后一次冒险。不久之后，贝卡利便决定返回祖国。1876 年 3 月 12 日，他从爪哇岛踏上回程，并于 3 个月后抵达意大利。

尽管困难重重，但这位佛罗伦萨自然学家的收获还是相当令人振奋。当一个个盛满标本的箱子被运抵热那亚自然历史博物馆时，各位馆长的兴奋之情达到了顶峰。温奇圭拉（1901 年）用充满惊叹的话语描述了当战利品被从集装箱中取出时的景象：

　　我始终鲜明地记得当新几内亚的动物标本们抵达时那令人难忘的瞬间……绚丽的天堂鸟、五彩斑斓的鹦鹉、形态优雅的鸽子、巨大的鹤鸵从箱子里倾泻而出，被摆放在地上……几乎铺成了一张色彩缤纷的地毯。数百种爬行动物，成千上万种昆虫，更不用说其他动物了……

　　吉廖利在《新选集》中这样写道："我不怕被人指责有一丝一毫的夸张，我大胆断言，（之前）没有任何一次时间如此短暂的科学考察曾取得过如此丰硕且有趣的成果。

　　在众多藏品中，不仅有令人瞩目的动植物标本，还有许多人类学（例如，贝卡利将从猎首者处得到的 200 个巴布亚头骨带到意大利）和民族学材料。除却大量自然学和民族学观察笔记外，他还进行了一系列地形勘测，这批珍贵的数据为奎多·科拉负责绘制的印度尼西亚群岛新地图提供了重要的一手素材。

　　仅介绍贝卡利和专家们所编写的科学文献难以完整展现他在印度尼西亚群岛度过的这 4 年所取得的科研成果，在此我们提及几个颇具分量的研究，它们对著名的华莱士线——划分东洋区和澳大利亚区两大生物地理区域的分割线——在生物地理学上的成功定义，做出了重要贡献。

　　毋庸置疑，最具科学价值的藏品是鸟类学标本，它们为各种专业研究提供了有效的切入点。萨尔瓦多里撰写了一系列评论文章，回顾了贝卡利寻访过的各座岛屿，确定了许多在生物地理学和分类学上意义非凡的物种。例如，他在发表于《热那亚自然历史博物馆年鉴》上的作品中，就统计出了分属 160 个物种的 1000 件标本，而这些标本均由贝卡利、德阿尔贝蒂斯和布鲁因从阿鲁群岛、卡伊群岛和新几内亚岛采集而来。其中包括不少科学界的新物种，如来自新几内亚的丛鹰鸮。

萨尔瓦多里还出版了几部关于马鲁古群岛、西里伯斯岛、卡伊群岛和阿鲁群岛的鸟类的作品，主要取材于贝卡利送至热那亚自然历史博物馆的藏品。其中他描述了几个新物种，如黄腰太阳鸟布敦岛亚种〔Aethopyga beccarii，黄腰太阳鸟（Aethopyga siparaja 的亚种）〕和红背三趾鹑贝卡利亚种〔Turnix beccarii，红背三趾鹑（Turnix maculosus 的亚种）〕。不过，对于萨尔瓦多里来说，在贝卡利捕获于阿尔法克山的众多天堂鸟中没有发现新品种，仍是一大遗憾："贝卡利收集了他所到过地区已知的所有品种的天堂鸟……令人不甘的是，在这资源丰富的自然宝库中，竟然没有出现新的天堂鸟品种。"

天堂鸟的新品种将由斯克莱特发现。他分析了德阿尔贝蒂斯从新几内亚寄来的样本，为科学界确定了两个新物种：以德阿尔贝蒂斯之名命名的黑嘴镰嘴风鸟（Drepanornis albertisii）和以德阿尔贝蒂斯的挚友德拉吉伯爵（De Raggi）之名命名的新几内亚极乐鸟（Paradisea raggiana）。《伦敦动物学会论文集》（*Proceedings of the Zoological Society of London*）对这两个物种有所描述。贝卡利所收集的大量天堂鸟和园丁鸟样本，随后都被多利亚送往了佛罗伦萨自然历史博物馆。在那里，一部分样本被用于研究学习，一部分在陈列柜内进行展示。在来自新几内亚的鸟类中，萨尔瓦多里还研究了一些鹤鸵的标本，它们类似于属于鸵鸟目的鸸鹋，在此基础上他提出了新种——北方鹤鸵（单垂鹤鸵的一个亚种）。

这批来自印度尼西亚群岛的样本，同样为其他动物种类的研究者带来了新发现，而其中哺乳动物的新品种，为那个时代的动物学家带来了最大的惊喜。1881年，彼得斯和多利亚整理这几位探险家在新几内亚和卡伊群岛所收集到的哺乳动物样本并列出一个清单，其中有 3 个不怎么引人注目却具有显著科学价值的新物种。它们是澳大利亚水鼠（Hydromys beccarii，今天与 H. chrysogaster 同义）和两种巴布亚特有的小型树栖有袋类动物，即德阿尔贝蒂斯环尾袋貂（Phalangista albertisii，与 Pseudochirops albertisii 同义）和羽尾袋貂。在彼得斯和多利亚首次描

述的哺乳动物中，还有澳大利亚鞘尾蝠（Emballonura beccarii）和澳大利亚犬吻蝠
（Mormopterus beccarii）。

在两栖类和爬行类中，多利亚在 1874 年列出了 53 个品种，其中有 10 个品
种是新物种，如黑臂倾蟾、贝卡利黑蜥①（Monitor beccarii）和新几内亚石龙子
（Euprepes beccarii，今与 Emoia kordoana 同义）。随后，多利亚为贝卡利、德阿
尔贝蒂斯和布鲁因在澳大利亚—马来西亚小区域内所采集到的动物学样本编辑了
目录，并附有马鲁古群岛和新几内亚群岛之间的动物地理对比表。此外，还有许
多无脊椎动物研究成果以这批寄往意大利的样本为对象，并在随后被陆续整理出
版，催生了不可胜数的动物学、分类学和动物地理学著作。

---

①绿树巨蜥的亚种。

》》苏门答腊的庞然大物

1876 年 6 月回到佛罗伦萨后,贝卡利在家乡受到了热烈欢迎。他很快就成为国际科学界的一颗明星,获得了意大利国内和国外各种科学机构及协会的认可,首先便是著名的伦敦皇家动物学会对他的认可。但腼腆的性格使他无法适应烦琐的社交场合,他更热爱探索自然。回国仅 1 年多后他便开始计划新的旅程,而这一次他有了新的伙伴:恩里科·德阿尔贝蒂斯。他是路易吉·玛丽亚的堂弟,是前海军舰长,以驾驶"薇奥兰特"号在地中海巡航而闻名。

1877 年 10 月,这两个意大利人启程前往红海,然后经印度洋到达孟买。贝卡利在印度进行了几次勘察,随后二人借道新加坡前往澳大利亚。几经周转后,他们抵达塔斯马尼亚,贝卡利在那里收集了大量植物样本。而后他们再次出发,前往新西兰。

重返澳大利亚后,贝卡利收到了一封来自意大利的信,从中得知由他接任

1877 年 9 月去世的菲利波·帕拉托雷成为佛罗伦萨植物园主任的消息。贝卡利一时间颇为自豪，不过他还是决定继续自己的旅程，而此行的目的地，是苏门答腊，印度尼西亚群岛中仅次于婆罗洲的第二大岛屿。这将是贝卡利对马来西亚所进行的最后一次科学考察，但它将为贝卡利带来最有趣味的植物学发现。

1878 年 5 月 31 日，贝卡利告别达德阿尔贝蒂斯，于潘当（Pandang）上岸，并很快前往内陆；他在那里又恢复了自己作为自然学家、猎手和采集者的日常活动。一如往常，他独自深入辛加朗山（Singalang）山脚下的树林，住在一间既用作住所又用作工作室的小屋里。这一次，他为自己的隐居地取了一个极具意味的名字——贝拉维斯塔（Bellavista，意为观景台）。周围的原始森林里不仅有着异常丰富的鸟类和如犀牛、苏门答腊虎（现在已非常罕见）那样稀有的动物，更隐藏着一个未知的植物宇宙，这令人无比振奋。

他在某次探索中，耗费几天时间沿着隐蔽崎岖的山间小径行进，遇到了迄今仍令人惊叹的植物。正如他自己所说："这株壮观的天南星的尺寸远超迄今为止所知的所有相似植物。"贝卡利口中所说的"天南星"就是巨花魔芋，由贝卡利在 1878 年发现，其样本至今被存放在佛罗伦萨大学自然历史博物馆中。它是一种特殊的植物，花序（世界上最大的花序）高达 2 米，周长 3 米，伴有 6 米高的单叶，散发着可怕的腐肉味。贝卡利将它的种子送到意大利和欧洲另外几个植物园，其中包括了位于伦敦近郊著名的英国皇家植物园。这些种子后来经培育开出了花，在国际上声名鹊起。而温室种植的第一个开花样本，正是由 1889 年送到英国皇家植物园的种子培育而成，而这在当时引发了我们今天所说的"轰动媒体"的巨大影响。

回到潘当后，贝卡利收到了一封电报，得知了舅舅米努求的死讯。这预示着是时候返回佛罗伦萨，开启新的人生了。他于 1878 年 12 月底抵达家乡，长久的远东探索就此落下了帷幕。他多年的科研考察为人们对这片地区的自然学认知，贡献了最为精华的一部分。数以千计的动物学、植物学、人类学、民族学和地质学样本，不仅丰富了佛罗伦萨和热那亚的自然历史博物馆的馆藏资源，也被分发给了世界各地的各大机构进行研究。

其中最重要的样本无疑是植物类样本，它们一直以来都是贝卡利的主要目标。这批藏品具有无可比拟的历史科学价值，今天它们之中的大部分仍存放于马来西亚奥多阿多·贝卡利植物标本馆（Erbario della Malesia di Odoardo Beccari）之中，另外还有约 16500 个蜡叶标本保存在佛罗伦萨大学自然历史博物馆中。这组藏品的科学价值首先在于其中所囊括的大量证据标本，正是它们为新物种及新变种的存在提供了依据。为了更大地发挥这组藏品的价值，贝卡利创办了植物学杂志《马来西亚》（Malesia）。该杂志最初由他个人出资，后来又得到佛罗伦萨高等研究院的捐助。在这本期刊上，这位佛罗伦萨植物学家描述了种类丰富的花叶植物和隐花植物，并介绍了许多他本人特别感兴趣的棕榈树新物种。该杂志还发表了贝卡利关于蚂蚁和寄主植物之间的生物关系以及婆罗洲的猪笼草等食虫植物的研究成果。大多数文章都配有精美的照片和植物解剖部位的细致插画，这些插画同样由贝卡利本人绘制。

贝卡利这时踏上了一条新的道路。对于习惯冒险和探索的他来说，这条路不同往常，并在某些方面令他倍感艰辛，因为他将不得不面对这座城市学术界的专业网络和人际关系。回到佛罗伦萨后，作为菲利波·帕拉托雷的继任者，他被任命为自然历史博物馆的藏品馆和植物园主任。不久，他独断、刻板和专制的性格，以及他渴望对研究所进行体制改革以形成国际化科研中心的坚定意志，使他公开站在了佛罗伦萨学术界的对立面上。

1 年多后，他主动请辞。1879 年 11 月 19 日，他与好友多利亚、朱塞佩·萨佩托一起出发，为收购红海厄立特里亚海岸的阿萨布湾，进行了以政治殖民目的为主的考察。这是他在非洲完成的最后一次探索任务，也是他的自然学探险职业生涯的结尾。

从 1880 年开始，贝卡利就在位于佛罗伦萨附近的巴尼奥阿里波利（Bagno a Ripoli）的庄园里过起了退休生活。他在那里和家人一起度过了温馨的时光，并种植了不少葡萄树。他依然会去佛罗伦萨。他会在收藏了他部分植物学标本的博物馆里待上几个小时，研究收集到的材料，并将成果发布在《马来西亚》上。1887 年，由于高等研究院经费短缺，杂志社被关闭。这件事打击了他对植物学研究的积极性。不久之后，博物馆和图书馆也要搬迁。贝卡利心灰意冷，被迫中断了对其庞大的马来西亚植物学样本的研究和科研论文的编写。

在好友、沙捞越拉妮玛格丽特·布鲁克夫人的鼓励下，贝卡利于 1887 年恢复了研究，并以自然学探险家的身份开始撰写回忆录。这就是被翻译成多国文字的《婆罗洲森林》，它至今仍在马来西亚广为流传，并畅销全球。

1892 年 10 月 25 日，他意外逝世。就在前一天晚上，他还在与学生乌戈利诺·马尔特利商谈未来的研究计划，并讨论了关于新几内亚游记的新书。这本书最终由他的儿子内洛编辑，并于 1924 年以《新几内亚、西里伯斯和马鲁古群岛》（*Nuova Guinea Selebes e Molucche*）为题出版。最后，为纪念贝卡利，我们引用了其挚友拉斐尔·杰斯特罗 1921 年的话，他在贝卡利去世之际曾借吉尔森（Gilson）的描述这样写道：

> 回忆起去世的朋友，我脑海中列出了一个科学探险家应具备的特质："具有探索心和好奇心，掌握方法且思维缜密，洒脱，热衷钻研且孜孜不倦，拥有学者的学术心，有同化他人工作的能力，拥有看清全局的长

远目光,能够把握事物之间的联系,进行准确的对比,得出严谨的结论。"
而贝卡利正符合这一切条件,因此我认为他是一个完美的且无法超越的
科学探索者。

第五章　天堂鸟、人类与其他动物

　　至于原住居民，考虑到其他种族的人在类似环境下的遭遇，出于人道主义和自由原则，我希望他们接触十字架和步枪、酒精和梅毒的那一天，可以迟点儿到来。

——路易吉·玛丽亚·德阿尔贝蒂斯

若 想描述路易吉·玛丽亚·德阿尔贝蒂斯，就仿佛在他的远东旅行讲座上遇见他一样，那么我想我们可以借用伊塞尔在 1912 年对他的形容：

> 我眼前依然浮现着，德阿尔贝蒂斯在踏上初次旅途之际，那英姿飒爽的阳刚身影。他高大强壮，英俊帅气。浓密的黑发在他宽阔的额头上留下片片阴影，他有着乌黑活泼的大眼睛、轮廓分明的鹰钩鼻，以及浓黑飘逸的胡子。他的外貌可谓粗犷，与他坚毅沉稳的个性相符；他的表情有时严肃，有时则充满讽刺。

德阿尔贝蒂斯 1841 年生于沃尔特里（热那亚）。尽管出身于贵族家庭且家境殷实（他的父亲拥有羊毛产业），他的童年却与奥多阿多·贝卡利有着惊人的相似之处——他们同样郁郁寡欢。他自幼丧父，母亲再婚后搬到了那不勒斯，并把他托付给了他的叔父。德阿尔贝蒂斯曾就读于萨沃纳的传教会学校，并对法国耶稣会传教士、自然学家阿尔芒·戴维神父的教义产生了浓厚兴趣。戴维神父曾被派往中国进行传教活动，而他与巴黎自然历史博物馆合作策划的以中国为主题的自然收藏展，使他在欧洲名声大振。

19 岁时，德阿尔贝蒂斯加入朱塞佩·加里波第率领的千人远征队，奔赴欧洲各地。而他人生的转折则来自与贾科莫·多利亚的相识，正是此人将他领进了热那亚自然学者的圈子。此外，与伊塞尔、杰斯特罗和贝卡利的友谊，也让他掌握了自然科学与标本学的概念和规则，为野外探索打下了基础。

》》》追寻天堂鸟

    德阿尔贝蒂斯在 1871 年遇见了奥多阿多·贝卡利并与他结伴共赴第一次新几内亚之旅。这个探险故事要从 1872 年 9 月讲起，当时德阿尔贝蒂斯与贝卡利分开，他攀登阿尔法克山并在哈塔姆村（Hatam）定居。从此德阿尔贝蒂斯不见了踪影，很长一段时间里奥多阿多·贝卡利都没有他的消息。在巴布亚这片隐蔽山地上所进行的探险狩猎活动，都被他记录在了于 1880 年出版的《在新几内亚：我的所见所为》（*Alla Nuova Guinea: ciò che ho veduto e ciò che ho fatto*）一书中。

    他在阿尔法克山探险的主要目的，是搜寻栖息在原始森林，至今不为人所知的动物种群；然而当他在哈塔姆村安顿下来后却被高烧所困扰，无法有效地进行野外作业：

    9 月 8 日。因为晚上再次发烧，我睡得很差⋯⋯我感觉不是很好⋯⋯我几乎躺了一整天；不过午后我尝试出门并且在小屋的后面猎到了两三只鸟，我想其中有一只就是阿法六线风鸟（拥有六根羽冠的天堂鸟）的幼鸟。这是人类已知的一种非常美丽的天堂鸟，然而除了原住居民提供的残次品以外，无论是在当地还是在欧洲都很难寻觅到它们的皮毛。而这更证明了，我确实到达了华莱士在《寻芳天堂鸟》（Rare birds of paradise）里所描述的地方。我将驻足于此。

从这些话语里我们得以一窥德阿尔贝蒂斯渴望在国际科学界扬名立万的野心；与同伴贝卡利的竞争也使得他下定决心，要干出一番能使他在同时代的科学探险家之中脱颖而出的事业。恢复健康之后，他对探索之旅投以巨大的热情。他努力搜集珍贵的动物标本，久而久之，成果逐渐展现：

9月9日。今天对我来说是个大日子！有多少自然学家愿意代替今夜的我！比起所有的咖啡馆，比起一座城市所有的剧院，有多少人想选择这个脏兮兮、烟熏火燎的巴布亚木屋！今天早上，我感觉良好，在一个巴布亚人的陪同下，准时去打猎。我们不停歇地爬了几个小时，沿着一条陡峭的小路来到一处高原。越过它之后又爬了1个小时左右，我们终于来到一座高山的山顶上，从那里可以俯瞰一大片疆土……这里的森林壮丽辽阔，树木虽然高大，但并不像平原上的那么密集，大片赤裸的土地让这些疏密有致的树木形成了崇山峻岭般的景致。

他成功猎捕的第一只鸟儿，是一只罕见的深色极乐鸟，可能是一只华美风鸟。

站在我面前的是多么美妙的大自然杰作！若要形容这只鸟的羽毛，一定要把它们比作天鹅绒和绸缎。胸前的羽毛像盾牌，延伸至两侧，触感就像缎子一样，蓝绿的颜色就像丝绸或金属般闪亮。

接着，巴布亚向导将他带到一处林间，他在那里观察到了天堂鸟求偶时复杂的行为表现。

> 顺着导游食指的方向，我看到不远处的一棵树上有一只通身漆黑的鸟儿。我已经准备好瞄准它了，这时导游却把我拉了回来，用手势示意我少安毋躁……此时，这只美丽的鸟儿飞到一片空地中央，静止了片刻后，开始四下张望。确定安全后，它开始活动头上长长的羽毛，这些羽毛足足有6根，它也正因此而被冠上了六线风鸟的名字；同时它开合着从前额延至喙根处的一簇白色羽毛，在阳光下这簇羽毛如银器般熠熠生辉。而装饰在其颈部的一圈羽毛也在上下晃动着，这部分羽毛如鳞片般坚挺，闪耀着金属般的光芒。两侧长而丰满的羽毛一张一合，使它有时看起来比真实体积要更大或更小。随后，它开始了千姿百态的动作，时而移动，时而上下跳动，时而从一处跃到另一处，仿佛正和某个隐形的敌人决斗。它摆出一副骄傲的战斗姿态，还重复着奇怪的音符。它也许是在叫人欣赏它的美貌，也可能是在挑战某个对手。整片寂静的丛林中都回荡着它的鸣叫声。

德阿尔贝蒂斯在阿尔法克山采集到许多样本并将它们送去伦敦。鸟类学家斯克莱特描述了黑嘴镰嘴风鸟，这个鸟类学新物种的证据标本是由德阿尔贝蒂斯在9月16日采集到的：

> 昨天又发烧了，但今天早上我还能起身去打猎。我很幸运地猎杀到了一只壮丽的鸟儿，我有理由相信它是一种新的天堂鸟。这是一只成年雄鸟，所以它能成为证据标本。这只天堂鸟与其他天堂鸟最大的区别在于喙的形状，那是一种不同于其他品种，类似于戴胜的喙。其次还有那极其柔软的羽毛和头部的形状，它们使它有别于这个科的其他物种。

在研究阿尔法克山的鸟类样品时，斯克莱特发现了另一个新奇的小家伙——同样是新几内亚特有种的阿法饮蜜鸟。

德阿尔贝蒂斯与原住居民的第一次接触源自其对民族学的兴趣；他所描述的与哈塔姆部落的相遇，让我们了解到当时他作为那片土地上唯一一个白种人的处境。当时他刚从林中打猎归来，在小木屋内休整：

> 听到门口的声音，我转过身来，一群全副武装的人走了进来。他们默默地在我面前列队，并放下了武器，有弓箭、长枪和帕朗刀。他们欣喜若狂地看着我，充满了好奇。他们大约有20人，身上布满了装饰品，额头绘着油彩，耳朵上戴着耳钉，鼻子上则戴着某种象牙制品。他们的手臂上都戴着白色的贝壳手镯。头发、耳朵和手臂上都装饰着鲜艳的花朵。我不知道彼此对视时，是我还是他们眼中的惊喜更多。虽然我并不是第一次面对这样的群体，但我还是忍不住被他们所震慑。

与当地人熟悉之后，可汗（Corano，意为部落酋长）为德阿尔贝蒂斯换了一间新的小屋，在那里他得以建立一个动物标本工作室，用来整理他搜罗到的鸟类标本。在小木屋的屋顶上，这位热那亚探险家立起了三色旗，这是当时所有探险家在旅途中建立战略基地时共同的举动："今天我在新租住的房子上升起了我的国旗。看到意大利国旗迎风飘荡，我很自豪。这是在这个几乎不为人知的国家里升起的第一面欧洲国旗。"

然而，他那不堪重负的身体每况愈下，正如我们此前所看到的那样，德阿尔贝蒂斯被迫中断了他的探索之旅，回到了他与贝卡利分别的安代。忍耐着身体的不适，还要顾及着狩猎过程中采集到的珍贵样本，德阿尔贝蒂斯下山时尤为艰难。我们已经知道，当贝卡利在山脚下的村子里与他再遇时，他是什么样的状态了。

德阿尔贝蒂斯用手术刀般精准的语言描述了长期病痛对他的身体的影响：

> 我已经沦为半死不活的散架状态。我的肝脏和脾脏可怕地肿胀着，让身体呈现出一种非常诡异的形态。当我见到镜子里的自己时，我整个人惊恐万分。在这个基础上，我还患上了黄疸，眼睛和皮肤一样，都是青黄色的。失眠不断，夜不能寐，还做白日梦。我心跳飞快，且呼吸困难。

正如多利亚在探险总结中所写的那样，德阿尔贝蒂斯的回程异常漫长。他在澳大利亚逗留了一段时间，并忍耐着身体不适前往昆士兰进行了一番游览；随后他又分别在旧金山和纽约登陆，并最终于1874年春抵达意大利。他第一次旅行带回的部分藏品被意大利政府收购并发放给各大机构：动物样本分给热那亚自然历史博物馆；民族学材料则被委托给保罗·曼特加扎，供佛罗伦萨人类学与民族学博物馆使用。

》》》巴布亚之心

　　病愈后，得益于出售战利品所得的款项，德阿尔贝蒂斯再次开始了新几内亚之旅。1874 年 11 月 10 日，他和来自热那亚的好友里卡尔多·托马西内利（Riccardo Tomasinelli）一起离开那不勒斯。这次是向巴布亚南部进发，他们打算随巴布亚湾的河流向内陆移动。1875 年 3 月 5 日，他终于在位于海湾东岸的尤尔岛①（Isola di Yule）登陆，该岛正位于弗莱河口对面。

　　德阿尔贝蒂斯决定在这座岛上设立基地，计划从这里旅行到大陆。德阿尔贝蒂斯与其好友里卡尔多很长时间都是结伴，顺着河流的走向，到达各个内陆地点，去收集巴布亚动物的样本。在一次狩猎的过程中，德阿尔贝蒂斯采集到了新几内亚极乐鸟的证据标本，改变了人们之前认定的它是一个人工物种的观点——人们之前认为它的标本是把不同物种的皮毛拼接在一起制作出来的人工标本。

---

　　①当地人称罗罗岛（Roro）。

德阿尔贝蒂斯在自己的书中也谈到了这些经历。他第一次沿弗莱河航行的故事，让我们感受到了他那纯粹的探索精神。

> 5月31日……我们来到了一个还未被白种人所渗透的国家。对我而言，旅程正式开始了。今天，在经过埃朗戈文岛（Isola Ellangowan）的最后一角时，我心中长久以来的兴趣，伴随着无限希望和恐惧，翻了一倍。整条河流呈现了统一的景致，深度为7~9臂……在几个河段，常能见到一种浅绿色的小树。它的枝丫，在某个距离看来，似乎布满了黑色的果实。然而靠近了却发现并非如此。那些"果子"开始发出机械噪音般的尖叫声，纷纷飞起，在我们头上漫无方向地盘旋打转，汇成一股股震耳欲聋的叫声。这是数以万计的狐蝠。它们终日挂在树上，夜幕降临便开始行动，有时甚至会进行长距离飞行，去寻找它们赖以生存的果实。

德阿尔贝蒂斯对原住居民总是充满兴趣，他经常指出他们的生活是与自然和谐共处的理想模式，他自己也很向往这样的生活。在他的叙述中，经常有"野蛮人"和"文明人"的对比：

> 一间接一间废弃的小木屋向我们展示着，人类，这宇宙的王者，即使在这里，这荒凉之地，也能觅得食物；不仅如此，或许还能找到美好的生活。正是在这里，这个在欧洲人眼里只有破败和死亡的地方，这个对于欧洲人来说除了满足好奇心和野心便一无是处的地方，却生活着和我们一样的人类，生活着或许比白种人更为幸福的人类。

然而，在5月底，探险队的一部分人驾船逃离了尤尔岛。里卡尔多和德阿尔贝蒂斯彻底陷入孤立无援的境地。食物开始变得短缺，二人不得不计算食物的配给，有时甚至还要烹饪蛇肉聊以充饥。雪上加霜的是，里卡尔多感染了重疾。从莫尔斯比港来的传教船一抵达，他便立刻登船返回了意大利。此后德阿尔贝蒂斯便只身一人继续他的探险活动，范围覆盖了新几内亚南部的大片区域。他沿着弗莱河一路探寻，发现了将被他以维托里奥·埃马努埃莱二世之名命名的山脉以及爱丽丝河（fiume Alice）。

在探索过程中，他收集到种类繁多的动物标本，并开始了民俗研究——他与当地人进行密切接触，甚至住进他们家里。但过度劳累开始侵蚀他的健康。1875年11月，为了恢复体力他不得不返回澳大利亚。他在这里有幸参与了传教士麦克法兰（MacFarlane）所组织的一次探险，目的地是弗莱河；于是，11月底，在仅休息了一周之后，德阿尔贝蒂斯便随队再次来到巴布亚湾。这次的考察时间短暂。他们从海湾出发，顺着河流进入内陆，一路直抵河口附近约150英里处。船队于12月底便返回了萨默塞特（Somerset），但这次经历给了德阿尔贝蒂斯动力和信心，他决定继续沿着这条水路探索巴布亚内陆地区。

回到澳大利亚后，德阿尔贝蒂斯将在野外勤奋工作时收集到的大部分样品标本寄回了意大利。但是，意想不到的事情正在酝酿着，多利亚是这样描述不久后发生的不幸事故的：

> 大量的鱼类、爬行动物和昆虫被装在不同的盒子里，其中一部分收集于新几内亚迄今已被探索过的地方，具有不可估量的科学价值。人们将丰富的动物学样本运到巴达维亚岛的英国蒸汽船上，然后在弗洛雷斯岛卸货，德阿尔贝蒂斯的箱子是最后一批被装船的，却是第一批被扔下去的。这惨重的损失深深打击了这位把自己的生命和财物奉献给崇高事业的勇士，但他并不气馁。他更胜从前地想起了弗莱河，想到了在那个遥远国度意大利国旗所赢得的荣耀。

德阿尔贝蒂斯到达悉尼后，组织了一支新队伍前往巴布亚探险。他通过公开募捐获得了必要的资金，并说服新南威尔士州政府为他提供一艘汽船，这就是传奇的"内瓦"（Neva）号，它将在接下来的2年里陪伴他前往新几内亚的海域和内陆水域。1876年5月22日，德阿尔贝蒂斯抵达弗莱河口，并从这里继续向内陆航行800千米。

7月中旬，他回到澳大利亚，带回了相当数量的动物学和民族志材料；这一次他还扩充了不少植物标本，这些材料将被委托给澳大利亚植物学家穆勒（Mueller）进行研究。当时，自然学的采集成果已十分丰硕，但德阿尔贝蒂斯仍然不知疲倦，对他来说，现在还不是衣锦还乡的时候。正如多利亚所言，对旅行的留恋，对这个男人来说，是一种无法治愈的恶疾。

于是，德阿尔贝蒂斯准备第三次前往那座对他来说已经成为"巨大执念"的岛屿。而这一次，他能依靠的唯有自己；他手里只有"内瓦"号汽船，也正是它在1877年5月载着德阿尔贝蒂斯展开了新的征程。这是一场真正意义上的冒险。如果说在此之前，他与部落之间的关系还算友好，那么现在德阿尔贝蒂斯必须面对赤裸裸的敌意。原住居民多次袭击探险队并与之发生冲突，正如1877年10月25日的日记中所记载的那样：

> 4点钟左右，我们来到一个全新的大村寨前，我们看见1000多人如潮水般涌向高15~20英尺（1英尺=0.3048米）的河岸。他们的额头上戴着白色、黄色、红色的羽毛，脖子上挂着白色的项链，上面还有一个巨大的白色贝壳。每个人都装备齐全，准备战斗。岸边有20多条独木舟……那群原住居民，尤其是身体和脸部被涂成红色和黄色的那批，从岸上冲进独木舟，试图将我们拦下……我们全速前进，但他们又长又快的独木舟正逐渐逼近"内瓦"号，他们似乎比我们动作要快。靠近我

们后，他们便开始放箭，但还够不着我们。我们用装满弹丸的散弹枪回击了二十几发，子弹射到独木舟上，限制了他们几分钟……我们通过一个转弯，航行了一两英里之后他们从视线里消失了，我们希望这一切就这样结束。然而事实并非如此，他们又来了，带着更多的人，像魔鬼一样尖叫着，怀着一腔无名之火，来势汹汹。

德阿尔贝蒂斯发现自己戏剧化地陷入需要向人类开火的境地，而在这关键时刻他证明了自己强烈的道德良知，以及对原住居民的尊重。我们必须想象他内心的挣扎，他直到最后一刻都在试图避免对原住居民使用武器。他不得不与船员发生冲突，阻止他们进行屠杀：

> 上帝为我作证，我已经尽了一切可能避免流血事件的发生。如果我知道这趟航行会让我付出哪怕一滴人血的代价，我都绝对不会启动它。但现在这些原住居民渴求鲜血，那就给他们鲜血，让他们的鲜血滴落在他们自己身上……我用卡宾枪开了一枪，给出致命一击。子弹在独木舟后面弹了两三下，但原住居民并不害怕。我试图拯救他们的最后努力也失败了……我开了第二枪，一支桨成了碎片，一个人倒下了。又是两声枪响，倒下了另外两个。我们得救了。

这一系列充满戏剧性的事件给德阿尔贝蒂斯的灵魂刻下了深深的烙印，对他来说，这将是他最后一次探险。在1877年11月18日的日记中，他用下面这些话语，向巴布亚做了彻底的告别：

> 我们终于离开了弗莱河，跟它永别了。我在有生之年将不会重返故地。弗莱河已经给了我足够多。我爱它，我依然爱它，但更长久的停留或是新的探索都会伤害这份感情。离近了我会想起所受到的种种磨难，

离远了我只会记得它的美丽和富饶。我会记得优美的树林、绚丽的鸟儿，以及我搜罗到漂亮的动植物样本时那欢欣鼓舞的时刻。远则爱之，近则恨之。永别了弗莱河！

巴布亚的冒险最终圆满收场，德阿尔贝蒂斯见到了他的堂弟恩里科，和他1871年第一次巴布亚之旅的同伴奥多阿多·贝卡利。这两位意大利人告诉德阿尔贝蒂斯，意大利军舰"克里斯托弗·哥伦布"号即将抵达，并带他回家。返回意大利后，德阿尔贝蒂斯隐居在撒丁岛，与世隔绝般住在一座仿照他在巴布亚居住过的木屋而建造的吊脚楼里。他在那里与狗儿们相伴，终日以狩猎为乐。他于1901年去世，时年60岁。去世前他将采集于新几内亚的私人藏品全数留给了堂弟恩里科。德阿尔贝蒂斯被安葬在热那亚的斯塔耶诺纪念墓园（cimitero monumentale di Staglieno）中。他是一个积极的火葬倡导者和推动者，就在去世前他还资助了新成立的热那亚火葬协会。

这位意大利探险家寄回的样本材料具有极高的科学价值。为了证明他的生物收藏品具有国际声望，我们可以引用1878年5月刊登在《自然》杂志上的一篇通讯——这篇文章此后也被刊登于意大利政府的新闻公报上——它对德阿尔贝蒂斯在新几内亚的考察成果进行了初步评估。报道对其中部分藏品做了估算，仅鸟类就有大约分属于200个品种的800张皮毛，其中25个是科学上的新物种，另外一些则因其起源地及其稀有性而具有生物地理学上的突出价值。

值得一提的是，昆虫类藏品也引起了人们的兴趣，它们作为动物地理学的指标有着特别意义。一如往常，我们能看到许多以这批样本为研究对象的作品。萨尔瓦多里和德阿尔贝蒂斯分别在1875年、1877年和1879年编写了有关尤尔岛和弗莱河流域鸟类的著作，并介绍了新的特有属，如新几内亚角雕和巨赤鹰等。

正是因为德阿尔贝蒂斯的辛勤工作——为采集到的每一个标本贴上标签，并标注精确的捕获地点——萨尔瓦多里才得以顺利评估这一独特生物地理分区的动物群分布情况。他对新几内亚南部鸟类动物群进行的研究表明，该岛不仅存在着特有种，还存在着大量来自澳大利亚和阿鲁群岛的物种。这更巩固了华莱士在《马来群岛自然考察记》一书中所表达的论点，即这些岛屿可能与澳大利亚南部的约克半岛有着古老的渊源。

》》》万兽之主

埃利奥·莫迪利阿尼

在 19 世纪末意大利探险科考的辉煌时期，没有探险家会拒绝自然学家的聚会，他们簇拥着魅力十足的贾科莫·多利亚侯爵。而热那亚自然历史博物馆是大部分旅程的战略要地，是那些即将前往遥远海外的学者们的科学中心，他们在这里了解最新的标本收集与制作技术，并记录下他们即将探索的地方的动物群信息。很快，埃利奥·莫迪利阿尼也不可避免地被这"重心"所吸引，并在不久之后成为探索苏门答腊岛及其群岛最富经验的自然学家和民族学家。

埃利奥·莫迪利阿尼于 1860 年 8 月 13

日出生在佛罗伦萨一个富裕的贵族家庭。他从小就对自然界表现出浓厚的兴趣，并倾向于进入动物研究这一领域。他自己也讲过，他是多么不喜欢学习那些无法激发他好奇心的科目：

> 动物是我最大的兴趣所在，在学过的所有科目里我只喜欢自然史。家里人都记得我曾是多么的成竹在胸，只要问出一个动物的名字，我就能把它的种、属、科、目、纲所有术语都说出来……我没有什么学习的欲望，但我读过很多书，我喜欢阅读，什么都读，意大利语和法语，特别是旅行书籍……我本想学习自然科学，但家里人决定让我去学法律，父母想让我成为大使或最高法院院长。

他的确令父母满意，1880年顺利从比萨大学法律系毕业。但此后他并没有从事法律工作，而是选择从事自然科学研究工作。这也与表哥阿尔杜罗·伊塞尔的鼓励有关，正是他将埃利奥·莫迪利阿尼介绍给热那亚自然历史博物馆的同事，并向多利亚举荐了这位表弟。很快埃利奥·莫迪利阿尼就与那个时代的顶尖科学家们成了朋友，并与他们保持着密切的联系，其中就有贝卡利、希利尔·吉廖利和曼特加扎等对他未来的探险家之路有巨大影响的人。

就这样，埃利奥·莫迪利阿尼点燃了科学的圣火，专注于探索动物学和民族人类学领域。他追随着前人的脚步，进行了三次探险。从1886年开始的近10年间，他考察了苏门答腊尚未被发现的岛屿，并与当地的食人族进行了接触。正如我们即将看到的那样，他将考察中所获的科学珍品送给了曾对他予以支持和鼓励，同时致力于扩充东方科学遗产的两大博物馆：动物学样本捐给了热那亚自然历史博物馆，大量的民族人类学资料则被赠予了佛罗伦萨大学人类学博物馆。他的目的只有一个，就是为它们已然种类繁多的馆藏资源锦上添花。

埃利奥·莫迪利阿尼决定向东印度群岛进发，不过首先他得做好准备，以便充分利用这宝贵的机会。他参加了热那亚自然历史博物馆的工作，并在那里接受了修缮师的指导，学习了动物标本的制作和保存方法。当时苏门答腊及其周边岛屿都在荷兰的管辖之下，于是埃利奥·莫迪利阿度尼西亚前往阿姆斯特丹，花费了很长时间在当地热带研究所学习印度尼西亚部落的风土人情。经过1年多的学习，埃利奥·莫迪利阿尼在贝卡利的建议下，选定尼亚斯岛作为第一个目的地。当时欧洲人尚未知晓，它是分布在苏门答腊西海岸并与之平行的众多岛屿当中最大的岛。经过漫长的航行，饱受晕船之苦后，他来到了苏门答腊的实武牙，并开始了他的第一次自然学采集工作。

埃利奥·莫迪利阿尼完全被当地的热带雨林迷住，初来乍到的震撼之情在他的文字中显露无遗。正如普契尼（Puccini）所指出的那样，埃利奥·莫迪利阿尼的辞藻凸显了19世纪读者所喜爱的旅行文学的所有元素：

> 实武牙在我心中永远那样珍贵。在那里，我第一次见到了赤道森林，高耸入云的树木的枝丫向天空延伸着，编织成一张网；枝繁叶茂，绿树成荫。正是在那里，我第一次用步枪的子弹打下了一只羽翼绚烂、散发着金属般光泽的鸟儿。在实武牙，我感受到了遇见第一条蛇时的毛骨悚然，也感受到了遇见第一个原住居民村落时的强烈好奇。

同时，埃利奥·莫迪利阿尼在此地初次接触了原住居民部落。鉴于他那收集动物的"奇特"习惯（对他们而言），他们立即将他认定为"万兽之主"。1886年4月14日，他乘坐荷兰炮艇前往尼亚斯。然后，正如温奇圭拉所述："同月22日，他驶入古农西托利湾（Gunong Sitoli）。经过那里后，他到达了小岛西部。那边的居民有着猎首的传言，为此他希望从他们那里取得一些头骨。他在巴沃洛瓦拉尼村（Bawolowalani）定居，并在村里观察到了大量的猎首活动，甚至成功得到了 11 个头骨。"民族学研究之外，埃利奥·莫迪利阿尼还醉心于动物群的观察，因为这将为地质年代学研究提供这片群岛形成的重要迹象的资料。

埃利奥·莫迪利阿尼在 1890 年出版的作品《尼亚斯之旅》（*Un viaggio a Nías*）中，强调了现代动物群的研究方法，并将其认定为一门对生物地理学进行历史解读的学科：

> 研究动物群的分布有助于更好地解读地球上所发生的某些现象，因为这些现象时常缺乏地质学证据。这点已经由华莱士进行了充分论述，无须再作印证；不过尼亚斯的情况倒可以算作一个有效案例。在我捕获到的哺乳动物中，有一种非常罕见的啮齿类动物，它就是笔尾树鼠，一种尾端似笔的树栖鼠。它们的分布面积十分广泛，从伊洛瓦底江源头直至婆罗洲、爪哇、苏门答腊和尼亚斯。到 1887 年，我们采集到了 12 个研究标本。然而无论发现地是何处，这种动物都呈现出了相同的特征。在已知这种动物的运动能力有限，且排除人为运输的情况下，伴随着其他线索，我们或许可以这样推测：鉴于这批来自上述地区的动物与分布在南亚的品种极为相似，可以推测这几个地区在过去同属于一个大陆。

埃利奥·莫迪利阿尼同时指出，岛上所存在的特有种尤其是鸟类特有种，解释了海水上涨带来的漫长隔离期是如何促进新特有物种诞生的。这就是今天我们所说的异域种化：

> 在我所收集的分属 62 个物种的 178 个鸟类标本中，有 8 个被萨尔瓦多里伯爵描述为新物种……对于其他动物，我们可以继续用之前那个站不住脚的假设，也就是说其中一些是以一己之力来到此处，而另外一些则是被引入此处。但对于这批鸟类特有种，这些不属于其他地方的物

鹩哥新品种：尼亚鹩哥（画像正中及背景下方的一只），由莫迪利亚尼于尼亚斯岛捕获，并由托马索·萨尔瓦多里描述

种，该用哪一种解释它们的起源呢？如果它们是在这片群岛的岛屿分离之后来到这里的，那么它们应该具有苏门答腊鸟属的特征；然而岛屿变化导致的各种生存环境的变化，使它们变异之大，以至完全区别于生活在苏门答腊的其他同属鸟类。更直白地说，因为在尼亚斯长期停留和其自身非候鸟，它们形成了独特的体征并且外貌发生了巨大变化，直到变成与苏门答腊原生种不同的物种。

埃利奥·莫迪利阿尼在尼亚斯和几座邻近的小岛上寻访，继续采集动物标本并收集当地人的工具、装饰物和武器。1886 年 7 月 23 日，经过半年的探索后，他终于决定返回祖国。他通过科学漫游捎回了一系列意义非凡的材料，这些材料大部分采集于尼亚斯和苏门答腊（实武牙），装在 7 个箱子中，被一路运抵热那亚。在《意大利地理学会公报》和伦敦著名杂志《自然》中，有几篇埃利奥·莫迪利阿尼所写的报告和信件，他在其中对这次探险进行了总结，从中我们得以了解他这一系列探险活动所带来的巨大影响。

萨尔瓦多里（1886 年）负责研究鸟类学的样本，它们分属于苏门答腊和尼亚斯地区的 70 个物种，共 207 件。萨尔瓦多里对于苏门答腊地区的物种兴味索然，因为它们随处可见并且在其他地方被发现过；而来自尼亚斯的样本则有着显著的特殊性。基于埃利奥·莫迪利阿尼收集的标本，萨尔瓦多里发现了该岛的 62 个不

美丽的印尼鹃鸠

同物种，其中只有 22 个物种在 1885 年曾被冯罗森贝格（von Rosenberg）确定，而冯罗森贝格是当时唯一一本描写该岛鸟类的著作的作者。这批样本中有 8 个被科学界定义为新发现的特有种，例如美丽的印尼鹃鸠（Macropygia modiglianii，今天与 M. emiliana modiglianii 同义）。

埃利奥·莫迪利阿尼 1889 年在《热那亚自然历史博物馆年鉴》中发表了一篇关于尼亚斯哺乳动物的文章，虽然内容只涉及在其他地区同样屡见不鲜的蝙蝠和啮齿类动物，但作为该岛第一份陆生动物清单，它还是展现了其特别的意义。此外，爬行类动物也直接由埃利奥·莫迪利阿尼进行研究。它们分属于 39 个物种，其中包括了科学界新发现的隶属于飞蜥科的巨型蜥蜴——尖吻马来蜥（Aphaniotis acutirostris，其名称仍被公认为有效）。同样引人注目的还有一系列昆虫和其他无脊椎动物（甲壳类、蜘蛛、蜈蚣、软体动物甚至蚯蚓），它们都由埃利奥·莫迪利阿尼精心采集而来。其中，杰斯特罗在 1933 年标注了"一系列非常优秀且有趣的收集，包含了不同体型、不同头角和躯干的标本，以阶梯式凸显其差异"的南洋大兜虫，这是一种生活在东南亚的巨型甲虫，是犀角金龟的亲戚。

在埃利奥·莫迪利阿尼此行采集到的民族人类学资料中，大量原住居民部落男女的照片格外有趣。埃利奥·莫迪利阿尼曾在佛罗伦萨学习摄影，师从意大利人类学与民族学学会的创始人保罗·曼特加扎和恩里科·希利尔·吉廖

尖吻马来蜥

利；而埃利奥·莫迪利阿尼此后也将担任该学会主席。成立于佛罗伦萨的人类学研究学校制订了一项研究协议，要求在进行田野观察时，除完成调研表和问卷之外还需采集受访者的影像资料。在 1880 年出版的《人类学与民族学观察手册》（*Istruzioni per fare le osservazioni antropologiche e etnologiche*）中，吉廖利和赞内蒂（Zannetti）建议："绘画、造型艺术，特别是摄影，将弥补资料收集的不足。需在我们所推荐的距离里，拍下人体的正面和侧面。在这种科学摄影的基础上，还应该加上另一种艺术摄影，以此记录被摄体的放松状态和属于其个人或种族的特征。"然而给当地人拍照往往异常艰难，因为对于他们来说，这令人不安的相片反映了"一个人的阴影"。

埃利奥·莫迪利阿尼曾被尼亚斯人指责从被摄体身上偷走了"某种内在的看不见的东西"，也就是我们所说的灵魂。除了摄影，埃利奥·莫迪利阿尼还进行了更为复杂的实践——手段极为大胆的"活人的石膏面具"，即制作当地人脸部的石膏模型。不难想象，原住居民对这种做法并不是特别热衷。

⨠⨠⨠ 女儿岛

　　回到意大利后，埃利奥·莫迪利阿尼致力于出版我们此前提过的《尼亚斯之旅》一书；与此同时，他计划对苏门答腊进行第二次探险，而这一次将更为复杂且危机四伏。1890 年 10 月，在多利亚极力推荐的阿卜杜勒·克里姆的陪同下，埃利奥·莫迪利阿尼抵达印尼岛。这位波斯人接受了邀请，作为技术助手参与考察，负责标本制作的准备工作。二人违反了荷兰官员"禁止进入该地区"的规定，启程前往巴塔克人（Batacchi）这个还未屈服于荷兰人的骁勇的印尼民族的领地，目的是在苏门答腊北部的多巴湖附近落脚，探索这片从未被欧洲人踏足过的土地。

　　埃利奥·莫迪利阿尼在这里发现了作为多巴湖源头的西披梭披梭瀑布，并前往附近的西兰贝（Si Rambé）森林安营扎寨，专心于动物标本和民族志样本的采集。埃利奥·莫迪利阿尼成功取得了巴塔克人的信任，对他们的食人习俗进行了观察。因此，他在出版于 1892 年的《独立巴塔克人》（*Fra i Batacchi indipendenti*）一书中写道：

巴塔克人食用人肉，既不是因为残暴也不是出于饥饿。他们说，想要抑制敌人的邪恶力量，仅杀死其肉体是不够的，因为其灵魂尚在。若想让他在世间彻底消失，唯一的办法就是摧毁其灵魂，而这必须通过生吃人肉来实现。如此一来，其肉体和灵魂的每一个分子都被同化。'他成了我们的一部分，而我们不会与自己的血肉之躯为敌！'这就是他们的逻辑。

但不久后，迫于荷兰总督的压力，埃利奥·莫迪利阿尼不得不离开此地，前往恩加诺岛（isola di Engano）。埃利奥·莫迪利阿尼在1894年出版的《女儿岛——恩加诺之旅》（L'isola delle Donne.Viaggio ad Engano）中描述了出发前的准备工作，向我们展现了一个探险家在旅途中所需完成的大量工作：

> 我需要在几天之内把采集于西兰贝的材料都打包装箱以便运输，还要回到巴利盖（Balighe）去收拾留在那里的备用行李和其他藏品。8天的时间里，我艰难地进行着打包工作，我必须独自一人将所有行李扛去实武牙。我把所有大型的民族志研究材料都拍了照，以便拆卸后进行重组。我不得不把一些大体积的雕花木制品从背部掏空以减轻其重量。我还小心翼翼地将动物标本焊在锡管内部以防止其散落，这样做也可以使动物皮毛避免受潮或滋生寄生虫。所有物品都被分装在了重量不超过31千克的木箱或包里。结束了一系列收纳、捆绑、封盖、编号、称重工作后，我发现自己需要115个人来搬运这批行李……每个包裹对我来说都弥足珍贵，其中不少甚至是孤品，例如那些从活人脸上弄下来的石膏面具。稍有不慎，就会让我损失惨重。

1891年5月3日，埃利奥·莫迪利阿尼乘坐一艘安全堪忧的小舟，在惊涛骇浪中艰难航行了约1周后，来到了恩加诺岛。在他看来，这里就像一片从海中升起的茂密森林，岸边 1 千米处覆盖着密密麻麻的珊瑚礁，化解了大片海浪："来自东南方向的季风所掀起的滔天巨浪震撼人心，没掉入海里的幸运儿得以在此一饱眼福。"沿岸生长着大片红树林，它们使岛屿不被海水入侵。

一登陆恩加诺，埃利奥·莫迪利阿尼就给自己建了一座带凉棚的小木屋，方便整理动物学样本和民族志材料。他很快开始了自己作为民族学家的工作。遵从佛罗伦萨人类学家们制订的协议，他设计了标记着不同数据的人体测量表（身高、握力、头型）。他还对恩加诺人的外貌、风俗和行为习惯做了粗略观察，并在报告里摒弃了严格的规范性描述。埃利奥·莫迪利阿尼尤其被恩加诺的女性吸引，他观察她们的日常生活，用非专业性的词汇进行描写，与一般科学家正相反。其结果就是成就了一篇摆脱了民族人类学家冰冷客观视角的优美散文：

> 女人们身高中等，妩媚动人。她们迈着婀娜多姿的步伐，展现着她们美丽但因劳作而过早下垂的胸部。她们的头发乌黑发亮，发质粗硬，大片大片地披散在肩上，令人羡慕。而更多时候她们会把头发扎在脑后，就像希腊人的发型一样，一如近期我国女士们的造型。有时她们也会弄像欧洲人或苏门答腊巴塔克人那样的卷毛造型。我记得美丽的帕布亚（Paibúa），她的秀发熠熠生辉，她的手指纤细修长。

民族学观察活动并没有影响埃利奥·莫迪利阿尼作为一个自然学家紧张的野外工作。他很快就从不同的动物群中采集到了数量可观的样本，它们将形成一个具有高度代表性的岛屿动物系列："我一边采集一边邮寄，这使我能够收集大量的标本，其中也包括我现在正在着手研究的迄今未知的物种。它们将被定义为科学上的新物种。"

埃利奥·莫迪利阿尼发现的新物种数量惊人，尤其是无脊椎动物。从杰斯特罗在 1933 年所做的粗略检查中我们可以推断出，交由不同昆虫学家负责的昆虫研究，成果最为丰硕。在鞘翅目中，森纳（Senna）在 1893 年分析了在恩加诺收集的 592 个标本，并列出了一张描述了 16 种三锥象甲科物种的清单，其中有莫氏长腿锥象（Cyphagogus modiglianii），以及因第一次在东部地区被发现而别具生物地理学意义的杰氏羊齿象鼻虫（Stereodermus gestroi，今与 Uropteroides gestroi 同义）。克雷曼斯（Kerremans）在 1894 年则研究了 32 种来自多巴湖和恩加诺地区的吉丁科甲虫，并在其中确定了 22 个新种。坎德泽（Candéze）在 1894 年则鉴定了采集于多巴湖的 78 种叩甲科甲虫，其中 27 种为尚未被他人描述的新品种。杰斯特罗在 1897 年描述了恩加诺地区的长角甲虫新品种，即无饰扁铁甲虫和莫氏脊甲虫（Gonophora modiglianii）。施密特（Schmidt）在 1894 年分析了 54 种阎甲科甲虫，确定了 12 个新物种。

其他小型无脊椎动物也令人惊叹，如埃利奥·莫迪利阿尼在恩加诺收集到的隶属线虫动物门的莫氏铁线虫（Gordius modiglianii），身长仅 11 毫米，被卡梅拉诺（Camerano）于 1892 年冠以莫迪利阿尼之名以示致敬。来自多巴湖的大量甲壳亚门昆虫、蜈蚣以及多足类昆虫[1]，则在 1894 年分别由理查德和西尔韦斯特里（Silvestri）进行研究。

埃利奥·莫迪利阿尼在苏门答腊北部地区捕获的鱼类，则是生物地理学和分类学上最受瞩目的脊椎动物。佩鲁贾在 1893 年记录了几个新品种，如鲁氏博鱼（Betta rubra）、裸腹平鳍鳅（Homaloptera modiglianii，今与 Homaloptera gymnogaster 同义）和捕获于多巴湖中的最初被冠以莫氏（Modigliania）之名，后来又被更名为北方须鳅的鳅属鱼类。具有重大科学意义的还有恩加诺的爬行动物，由温奇圭拉负责研究。他在列出的 14 种爬行动物中，发现了 3 种新物种，并分

---

[1] 包括唇足纲和倍足纲。

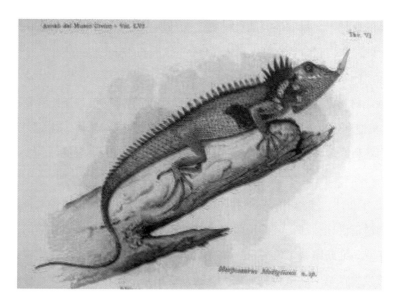

隶属飞蜥科的新品种：莫氏镰蜥

别为它们命名为莫氏镰蜥（Draco modiglianii）、温氏里皮石龙子和印尼颌腔蛇①。

　　鸟类则交由萨尔瓦多里负责。他编制了一份苏门答腊鸟类名录，记录了 512
个标本的信息，其中大部分鸟类是在西兰贝森林中捕获的。这批样本分属 117 个
物种，其中有 5 个物种此前从未在岛上被发现过，有 3 个是全新物种。这 3 个
全新物种包括大仙鹟南亚亚种（今为大仙鹟的亚种）、莫氏噪刺莺（Gerygone
modiglianii）和金头缝叶莺苏门答腊亚种。

　　萨尔瓦多里还详细描述了捕获于恩加诺的鸟类。该岛的鸟类展现了丰富的多
样性特点，埃利奥·莫迪利阿尼共采集了 23 种，其中 8 种是该岛尚未被描述的
特有种。它们之中有恩加诺鹃鵙（今为斑腹鹃鵙的亚种）、美丽的恩加诺鹃鸠（今
为印尼鹃鸠的亚种）和赤红山椒鸟恩加诺亚种（Pericrocotus modiglianii，今为赤

---

①今为印尼鼠蛇的亚种。

红山椒鸟的亚种）。最后还有哺乳动物。托马斯在其中确定了一个捕获于恩加诺的狐蝠新种，并将它命名为莫氏狐蝠（Pteropus modiglianii）。

民族志材料则被送到了佛罗伦萨人类学与民族学博物馆，委托给曼特加扎。埃利奥·莫迪利阿尼到访过的岛屿上的居民所使用的工具、乐器、拟人雕塑、服装、饰品、武器和许多其他物品，至今仍被陈列在佛罗伦萨博物馆的展厅内。

1892 年 2 月，埃利奥·莫迪利阿尼返回意大利，一落地便被各大科学协会和机构竞相邀请讲述他那奇妙的历险记。其中至少有三场演讲值得被铭记，它们分别是：在罗马维斯康蒂（Visconti）高中大礼堂里进行的巴塔克主题演讲，后来演讲内容被发表在第一届意大利地理大会的会议记录上；在佛罗伦萨举行的那场演讲，奥斯塔公爵（duca d'Aosta）也出席了该演讲，当时曼特加扎借机将埃利奥·莫迪利阿尼介绍给了人类学协会的成员；在罗马学院举行的那场演讲，这位演讲者的冒险故事引起了当时在场的玛格丽塔王后的注意。

完成了恩加诺之行后，第二年，埃利奥·莫迪利阿尼准备开启新的旅程。1893 年春天，他再次踏上了前往东方的道路，此行的目的地是苏门答腊以西的明打威群岛中的几座尚不知名的小岛。然而到达西普拉岛后，埃利奥·莫迪利阿尼只进行了 8 个月的自然学标本和民族志资料采集工作，高烧迫使他返回意大利。这场重病，或许是源于埃利奥·莫迪利阿尼让原住居民为他绘制的一个文身，正是这个文身引起了感染并威胁到了他的生命。

尽管停留的时间短暂，但他所采集的生物样本中不乏珍品，带来了新的研究和发现。被送到热那亚自然历史博物馆的哺乳动物中囊括了蝙蝠、树鼩、松鼠和老鼠，其中托马斯确定了几个新品种的啮齿动物。不过最有趣的发现，当数极为罕见的猴类特有种明打威叶猴（同门岛叶猴），此前已由波拿巴进行描述但当时未知其来源。在西普拉度过的几个月里，埃利奥·莫迪利阿尼还设法收集了岛上极具代表性的鸟类标本；在他捕获的 34 种鸟类中，有 3 种不为人知。而保兰格则在 1894 年列出了来自西普拉的 24 种爬行类动物，其中有 2 种是首次被发现，它们是莫氏蜓蜥（Lygosoma modiglianii，今与 Sphenomorphus modigliani 同义）和条纹里皮石龙子。

埃利奥·莫迪利阿尼此行堪称硕果累累，据杰斯特罗（1933 年）估算，共有984 个动物新物种被发现。这再次证明了 19 世纪的探险家为科学界做出了巨大贡献。时至今日，当时所获的样品中仍陆续有新物种被确定，并为谱系地理学提供了不可或缺的研究材料。一如热那亚自然历史博物馆 19 世纪科学工作的优良传统，埃利奥·莫迪利阿尼的爬行动物研究同样取得了显著的成果。多利亚及其同事（2001 年）研究了于苏门答腊岛多巴湖附近的西兰贝森林中采集的标本，并描述了蛙类新品种莫氏湍蛙（Amolops modiglianii）。随后大卫和同事（2009 年）在来自该地区的样本中，发现了一个蝰科新物种，即多巴竹叶青。近日，多利亚和彼得里（Petri）回顾了目前收集到的游蛇科伪阿拉伯属蛇类标本，在其中确定了两个新物种——西兰贝游蛇和莫氏游蛇（P. modiglianii），它们由埃利奥·莫迪利阿尼分别于 1890 年和 1894 年捕获于苏门答腊。

西普拉之行是这位佛罗伦萨探险家的最后一次旅行，这趟探险成为他人生的转折点，并为其之后的人生带来了巨大的影响。在此后漫长的岁月里（埃利奥·莫迪利阿尼于 1932 年去世，享年 72 岁），他持续研究旅行中所采集的丰富资料，同时尽力为越来越多的意大利青年学者提供宝贵的工作机会。关于那些"黄金岛屿"的探索记忆，将一路伴随着他，直到他生命的终结。贾科莫·多利亚用生动的语言描述了他对朋友的怀念："在热带自然雄伟的景致前，身居野人之中时所感受到的热血沸腾和心潮澎湃"，这就是他存在的意义。

》》东方的意大利自然学家

东印度群岛对 19 世纪殖民主义列强来说是一个引力巨大的磁极。辽阔的马来群岛和印尼群岛对意大利乃至全欧洲的自然学家而言，都有着不可抗拒的魅力。他们先后在这里完成了一系列科学伟业。

其中，最为神秘、最令人向往、最令人敬畏的，当数新几内亚。我们将在那里迎来另一位不知疲倦的旅行家、民族学家和自然学家，他就是兰贝托·洛里亚（Lamberto Loria）。洛里亚出生于埃及亚历山大港，1855 年毕业于比萨大学数学系，但很快就对自然科学特别是民族人类学产生了浓厚的兴趣。正因如此，1870 年他与保罗·曼特加扎取得了联系，后者将他介绍给佛罗伦萨的意大利人类学与民族学学会。对于科学的热情促使他在 1883 年进行了初次旅行，他前往拉普兰地区进行探索。而在 1889 年他开启了最为艰巨的勘探任务，之后他在新几内亚（当时的英属几内亚）待了 7 年。最后一次也是最短的一次民族学考察，是他于 1905 年与年轻的乔托·达内利（Giotto Dainelli）一起完成的厄立特里亚之行。他通过探索所带回的种类繁多的自然学和民族学藏品——进驻意大利最重要的博物馆：动物学材料被送往热那亚自然历史博物馆；而民族志材料则为罗马"路易吉·皮戈里尼"史前民族志博物馆（简称"皮戈里尼"博物馆）和佛罗伦萨人类学与民族学博物馆提供了核心藏品。

洛里亚与人类学家、物理学家阿尔多布兰迪尼·莫基（Aldobrandino Mochi）一起定居意大利后，便决定开始意大利各民族物品的收藏工作，并于1906年在佛罗伦萨建立了意大利民族志博物馆。1911年，应厄立特里亚殖民地前总督费迪南多·马丁尼（Ferdinando Martini）之邀，洛里亚将大量民族志材料转移到罗马，以举办意大利民族志展览，以庆祝意大利统一150周年。

尽管洛里亚的研究著作数目繁多，但他关于巴布亚所作的研究著作却屈指可数，他的许多笔记和珍贵的日记也一直没有得到出版。他的探险事迹通过他在巴布亚逗留期间寄给多利亚的信件传遍了街头巷尾，这些信件后来被发表在《意大利地理学会公报》上。在写于1892年的一封信中，他描述了途中所见到的风景：

> 覆盖在山丘上的草丛，有时甚至长得比骑在马上的人还高。令旅行者倍感欣慰的是，此时这些草在一点一点消失，取而代之的是蕨类植物、竹子和真正的热带雨林，粗大的树干上布满了苔藓、常春藤，以及爬虫和寄生虫。而在这片深浅不一的绿色之中，美丽的棕榈树脱颖而出。

在写于1897年的另一篇文章中，洛里亚介绍了对被摄者所进行的人体测量和照片拍摄："我为我所测量的每一个人都拍了正面照与侧面照；同时我也没有忘记记录下村庄、独木舟与身着盛装、丧服和戎装的人们，以及他们独特的生活态度。我拍了1000多张底片，它们将被用来介绍这些民族。"遗憾的是，正如普契尼（1999年）所指出的那样，洛里亚最初的民族人类学观察从未得到充分发表，而那些珍贵的照片（今天仍存档于"皮戈里尼"博物馆）也只展出了一小部分。

另一方面，异常丰富的动物样本为大量专业著作提供了研究材料。在有关东巴布亚昆虫的各类作品中，首先要说的就是杰斯特罗在 1893 年做的报告，他在其中描述了甲虫新品种；贝格罗斯（Bergroth）1894 年的报告则罗列了隶属于异翅亚目的扁蝽科昆虫，其中不乏大量新物种，如洛氏短鼻象蝽（Brachyrhynchus loriae）；此外，还有埃梅里关于蚂蚁的研究和福斯特（Faust）1899 年关于象鼻虫的报告。而脊椎动物中，则有佩鲁贾负责研究的捕于未知河流的淡水鱼，他对其中 9 种进行了描述，并有 2 种被认定为新物种（其中一种甚至直接以洛里亚之名设立了一个新属，即今天的深黑新鳗鲶）。

保兰格分析了爬行类动物，并描述了他向洛里亚致敬的新物种，如洛里亚弯脚虎（Gymnodactylus loriae，今与 Cyrtodactylus loriae 同义）和新几内亚蜓蜥（Lygosoma loriae，今与 Sphenomorphus loriae 同义）。而在送抵热那亚自然历史博物馆的分属 160 多个物种的 700 多件鸟类样本中，萨尔瓦多里在 1894 年确定了 5 个新物种，其中就包括举世震惊的罗氏天堂鸟（Loria loriae，今天的鸦嘴极乐鸟）。此外在哺乳动物标本中，托马斯发现了几个新几内亚特有种，如小型树栖有袋类动物东南亚环尾袋貂及树栖啮齿类动物新几内亚大卷尾鼠（Pogonomys loriae）。

东南亚环尾袋貂

洛里亚并非孤身一人从意大利奔赴英属新几内亚，与他同行的是阿梅迪奥·朱利亚内蒂（Amedeo Giulianetti），正是后者是为科考提供了宝贵的技术支持。阿梅迪奥·朱利亚内蒂 1869 年出生于费拉约港，是一名水手的儿子；他原本注定要追随父亲的脚步，然而在受过良好教育的女性、艺术文学的赞助人维多利亚·阿尔托维蒂·阿维拉·托斯卡内利女大公（marchesa Vittoria Altoviti Avila Toscanelli）的引荐下，他成功被佛罗伦萨自然历史博物馆的希利尔·吉廖利收为学徒。1884 年，年仅 15 岁的阿梅迪奥·朱利亚内蒂便开始了自己的学徒生涯。在接下来的 3 年里，阿梅迪奥以极大的热情投入动物解剖学的研究中，在动物标本的制作技术上更是精益求精，不仅出于科研目的，也是为了符合美学要求。这种技法（尽管就艺术眼光看来，几乎荒谬可笑）在 19 世纪非常流行。

那几年里，为保存动物而使用的填充方法经历了重大的演变：稻草被木头、纸糊或石膏制成的内部模型取代，并以铁丝框架进行支撑。填充后的动物标本几乎可以算得上是真实的雕塑，皮毛被缝合之后会被涂上用特殊材料（如砒霜）制成的防腐剂。这一新方法使标本的造型和姿态更为自然，更接近活体动物。精湛的技艺和非凡的洞察力，使得意大利地理学会在众多有抱负的年轻探险家中选择了阿梅迪奥·朱利亚内蒂，于是他与兰贝托·洛里亚一起共赴新几内亚之旅。在巴布亚考察期间，他持续进行着紧张的动植物标本的采集工作，而这些成果将为意大利乃至全欧洲的标本馆和博物馆添砖加瓦。

1895 年 5 月，朱利亚内蒂返回费拉约港探亲。仅逗留了几个月，在 1896 年 2 月初他又离开意大利，回到东印度群岛。这次他受雇于英属新几内亚政府，进行新的探险活动。1897 年，大量来到此地考察的意大利探险家，促使这位自然学家以意大利地理学会之名，在新几内亚南部海拔 3000 多米的沃顿山脉（monti Wharton）建立一个动物学观察站。其间，朱利亚内蒂进行了几次探险。他登上了斯卡切瑞山（monte Scratchley），在那里待了大约 1 个月，观察这片山脉的地质情况，并收集植物、昆虫和鸟类样本；他还在这里对涅涅巴村（Neneba）的原住居民进行了民族人类学研究，并与他们缔结了深厚的友谊。他在寄给多利亚的信中写道：

当我离开涅涅巴时，原住居民对我的离去感到悲伤，在我看来那是真情流露；而当我向他们保证将在 5 个月后返回时，他们表现出了喜悦。

朱利亚内蒂对科学的宝贵贡献和他对原住居民部落民俗风情的深入了解，得到了人们的赞赏。于是此行归来后，麦格雷戈（Mac Gregor）总督便委托给他一个新的科考作业，以及一个在该岛内陆地区的政治任务。朱利亚内蒂以他一贯的热情和谦逊接受了任务："我比以往任何时候都更想去瓦那帕（Vànapa），把自己的全部精力投入自然学中，让我国的科学家们有机会研究这些趣味非凡的样本。"不过从这一刻起，朱利亚内蒂却突然失去了踪影，意大利一时间没有了他的消息。1902 年 3 月 24 日，恩里科·希利尔·吉廖利通知费拉约港当局，朱利亚内蒂在一次天主教传教活动中死于当地人之手。

年仅 33 岁，年轻的朱利亚内蒂的抱负和希望就此破灭；他对知识的热情和对生活的强烈好奇，促使他发现了那个至今还遗留着其足迹的非凡岛屿。今天，他的名字仍然出现在一批动植物当中：植物中有兰花属的朱利亚内蒂兰（Giulianettia），以及由贝卡利所描述的美丽的朱利亚内蒂棕榈（Ptychosperma julianettii，今天的麦克阿瑟棕榈）；动物中则有海岛柳莺（Giulianetti Gerygone giulianettii，今天的 Phylloscopus poliocephalus giulianettii）和茶胸吸蜜鸟（Xanthotis chrysotis giulianetti）。

》》》 从缅甸到向风群岛

莱昂纳多·费亚

19世纪意大利探险家组织的探险活动常有一个共同点：他们会雇用当地的原住居民组成车队。当时的文献详细描述了队伍的各个组成部分，并特别强调了那漫长而壮观的队伍的出发时间。单峰驼、马、骡子、驴和牛构成了这些列队中最具律动性的元素，虽然之后为抵御旅途中的饥荒它们往往沦落为盘中餐。当时没有探险队能重现迦太基领袖汉尼拔·巴卡（Annibale Barca）的史诗壮举[1]。但不久后，这一壮举由非凡的动物学家莱昂纳多·费亚完成。他与大象车队一起穿越繁密的热带雨林，来到中南半岛的心

---

[1] 在第二次布匿战争期间，汉尼拔率队翻越了阿尔卑斯山脉，此处的寓意为完成艰难的旅途。

脏，攀登缅甸最巍峨的山峰。费亚有别于汉尼拔，他不为征服的欲望所驱使，而是受科学的圣火引领，前来研究远东壮丽多样的生物群。

　　莱昂纳多·费亚1852年7月24日出生于都灵。他的父亲是都灵美院的一位绘画教师，指导费亚从小学习木版画，并将他培养成了一位优秀的雕刻家。和其他自然学家一样，费亚从孩童时期开始就表现出了对大自然真切的热情，并很快就开始收集昆虫。而都灵昆虫学家维托雷·吉拉尼（Vittore Ghiliani，当时的皇家动物博物馆的助理）和来自农村的天才自然学家弗拉米尼奥·鲍迪·迪塞尔瓦（Flaminio Baudi di Selve），则引导他把兴趣转化成了事业。他们传授他科学知识和技术，成为他的领路人。正如杰斯特罗在1904年所指出的那样，尽管费亚的艺术造诣颇高，但"他对昆虫学的热情并没有在铅笔和刻刀面前被磨灭，而是逐渐壮大；他利用几个小时的休息时间到都灵周围游览，收集了一批甲虫，并在两位大师的帮助下，用心地研究它们，并对它们进行分类"。

　　参观博物馆时，展示柜中来自异国他乡的物种绚丽的色彩和奇特的外形，瞬间抓住了费亚的眼球。他开始梦想前往热带地区探险，去调查奇妙非凡的动物种群。在这个愿望的驱使下，他决定去热那亚自然历史博物馆应聘，该博物馆是自然学探索领域最为活跃的国立机构，因多利亚和贝卡利的第一次婆罗洲之行而闻名。他成功了。1872年，费亚开始在全意大利野生动物藏品最为丰富的科学博物馆工作。

　　就这样他开始了自己的助手生涯，任务是策划昆虫展览，以及为发表新物种的博物馆年鉴绘制插图。然而，他的梦想是获得海外考察的机会，去收集标本。而在1885年，这一天终于到来了。博物馆给了他2年的假期，随后又延长了2年，并给予他微薄的资金资助。同时他还得到了意大利地理学会和赞助人恩里科·德阿尔贝蒂斯上尉的宝贵支持。

费亚于 3 月 24 日从热那亚出发，并于 1885 年 5 月 3 日到达仰光。在这座缅甸城市里，他进行了首次内陆考察。他划着小舟驶过伊洛瓦底江，到达缅甸当时的首都曼德勒；然后前往八莫，并在那里建立大本营，为采集动物标本进行了大量的勘察活动。他在《缅甸及周边部落的四年》（*Quattro anni fra i Birmani e le tribù limitrofe*）一书中，如此描述初次捕捉绚丽的蝴蝶、罕见的甲虫和稀有的鸟类的瞬间：

> 直到来到八莫，我才感受到，看见第一只鸟翼凤蝶扇动它那如天鹅绒绸缎般的宽大翅膀在空中缓慢盘旋时，挥动捕虫网捉到第一只宝石吉丁时，用颤抖的手捡起第一只被我射落的犀鸟时，那份激动之情。在那里，我第一次见到千百种鸟类动物、奇异的爬行类动物和无数微小的生物，飞禽走兽们在它们的自然栖息地里活蹦乱跳地生活着。我开始熟悉那片地区的动物群，并开始习惯最初令我眼花缭乱的热带植物。

在这一地区逗留的 4 个月中，费亚付出了难以想象的艰辛：他遭受了缅甸当局的敌意，承受了英缅战争爆发的威胁和价值不菲的藏品与设备被盗窃的痛楚。1886 年 2 月 25 日，他决定返回仰光，将残存的藏品送往意大利，并重购了器材与设备。约 1 个月后，他返回八莫，探索那里的山区地带。这次缅甸当局也相当不友善，拒绝他留在那里。费亚便决定去探索德林达依的山区，那里的动物群尚未为人所知。他攀上达纳山（Dana），途经均栋（Kyundo），最后来到该区域的主要村寨之一的科卡里特（Kokarit），并在那里开展收集工作。

费亚讲述了 1887 年攀登到山顶的徒步之旅：

> 我于 2 月 28 日上午才离开科卡里特。我与 3 只高大的大象同行。它们身体健康，只是身上有被超载的行李勒出的伤痕，指挥员们费尽心

思才把我的所有装备都装进篮子里。"

骑着大象在热带山林中行进了几个小时后，周遭的树林变得愈发茂密：

悬在我们头上的枝叶过于低垂，使得大象被迫暂时放弃这条路，另辟蹊径。它们通过撞击折断枝叶，践踏各种植物，顺利地穿越了布满灌木、爬山虎和枝叶的树林，踩出了一条真正的土路。我必须补充说，我时刻都在担忧着，害怕手忙脚乱间突然听到颤颤巍巍的箱子轰然倒地的声音，恐惧着什么东西被损坏。特别是那些装载着精神食粮的箱子，它们此时正吱吱作响，发出震耳欲聋的声音。

费亚毫不吝啬地对大象进行的复杂艰难的工作予以褒奖，他被它们的温顺感动。他认为，没有它们，探险就不可能成功：

我不再赘述大象们在那段旅程中付出了多大的努力：它们是如何被沉重不堪的行李压得气喘吁吁的；它们是如何小心翼翼地前进，又是如何机智地在难以通行的路上权衡利弊的；它们是如何步伐稳健，又如何伸屈自如的。我只想说，如果说之前它们的表现算优异，那么在登山途中它们的表现简直堪称完美。

到达海拔超过 1900 米的山顶时，壮阔的景象令人叹为观止："此时，我的眼前出现了一片广阔的风景，和我们的高山景象一样壮丽。大自然毫无顾忌地炫耀着其华美的热带雨林，当中装点着我们的气候所无法拥有的未知植物群。其中一座高耸的山峰拔地而起，那就是姆勒特（Mulejit）。"费亚在山上停留了 4 天，进行紧张的采集工作。恶劣的暴雨和刺骨的寒冷令工作人员和大象难以忍受，队伍无奈撤去山谷中。好在他们在动物类标本的采集方面还是收获了杰出的科学成果。

1889 年初，筋疲力尽的费亚决定前往马来西亚的槟城，乘坐蒸汽船返回意大利。在等待回国的日子里，他陪同准备前去新几内亚的洛里亚去霹雳州进行了一次短暂的旅行；随后，他随"比萨尼奥"（Bisagno）号借道孟买启程回国。1889年 3 月，经过 4 年的探险后，费亚终于回到了热那亚港。回国后，费亚获得了意大利皇冠勋章；意大利地理学会也认可他的功绩，热情接待了他。此外，他还获得了一个工业技术学院的木刻版画的教职，但他的主要兴趣依然是自然科学。闲暇之余，他致力于钻研自己的藏品、出版旅行日记并将研究成果整理成册。

费亚在日后成为国际知名的自然学家，他那收集和保存动物样本的技术更是举世闻名。他的鸟类皮毛因其完美的品相而大受鸟类学家的欢迎；与此同时，昆虫学家对其昆虫标本大加赞赏。同样，他那详细的生物学和分布学标注，以及描绘动物特征的插图深受学者们喜爱。正如杰斯特罗所指出的那样：

> 并不是每个人都了解，在热带国家收集和完美保存一个动物标本需要付出多少努力和作出多少自我牺牲。因为那里湿度极高，所以标本很容易腐烂；而且有时会遇上无数的蚂蚁或白蚁，它们能在一眨眼的工夫使数月的辛劳付诸东流；有时甚至有老鼠来啃噬珍贵的样本，或遭遇其他的大灾小难。如果在重重磨难之后，你有幸捕获了梦寐以求的稀有物种，而在你终于将它收入囊中的幸福时刻，你却突然被剧烈的高烧击倒，陷入孤立无援的境地，那时你就会明白，这代价是多么巨大！

除了费亚在旅途中发出，后来被意大利政府发表的一系列信件外，还有许许多多以他的藏品为研究对象的专业著作。他自己也写了一篇详细讲述缅甸之行的动物学成果报告，其中罗列了一份详细的样本名单，其数目之庞大，令人印象深刻：分属 775 个物种的约 7800 个脊椎动物标本；分属 150 个物种的 2600 个软体动物标本；节肢动物作整体统计（包含昆虫、蜘蛛、蜈蚣等），有代表 7575 个种类的 69100 个标本；蠕虫和其他小类则有代表 42 个种类的约 500 个标本。大量的专家著作（当时仅关于脊椎动物的就有 17 部，关于昆虫的有 59 部）带来了许多关于新物种的描述。

　　在哺乳动物中，已确认的有 115 种，其中 30 种为在缅甸首次发现的物种，4 种为新发现物种。其中，我们要特别提到一个鹿类新品种，即麂属的费氏麂（Fea Cervulus feae，今天与 Muntiacus feae 同义），它在 1889 年由托马斯和多利亚描述。在 36 种蝙蝠中，值得一提的是两个新物种，一个属于蝙蝠科，另一个属于狐蝠科，就如费亚本人强调的那样："我要指出的是，其中之一的费氏管鼻蝠[Harpyocephalus feae，今称小管鼻蝠缅甸亚种（Murina aurata feae）]是科学上发现的新物种，和

费氏麂

狐蝠科的布氏球果蝠（Cynopterus blanfordi，今与 Sphaerias blanfordi 同义）一样。"

　　萨尔瓦多里（1888 年）对费亚收集的鸟类标本进行了一系列研究，共鉴定出 332 种，其中 23 种此前在该地区未被发现，12 种雀形目鸟类则是科学上发现的新物种。费亚（1897 年）特别强调了他在收集缅甸地区具有代表性意义的爬行类动物的过程中所做出的不懈努力。为了整理出一批满意的标本，他甚至向当地人寻求帮助：

　　　　如果问我在考察中，哪些脊椎动物的收集最需要当地人的协助，那无疑是爬行类和两栖动物。在猎捕这两类动物时，诚如所见，当地植被异常蓬松茂密，并且杂乱无章地占领着地面。而当地人习惯赤脚甚至裸体，比起欧洲人他们占尽优势，行动更为敏捷，目光也更为敏锐。欧洲人不仅眼力趋于下风，衣着也极为不便。而步枪，以及——如果他喜欢收集动物的话——随身携带的各种工具，会使他的动作无比笨拙；鞋子导致的脚步声，很多时候更是会在他发现觊觎之物前，就将其吓跑。

莱昂纳多·费亚于缅甸之行中捕获的爬行类新物种

　　保兰格分析了丰富的材料，内容囊括了分属 113 个种类的 1500 件爬行类动物标本——其中 13 种是首次描述，以及隶属 53 个品种的 1600

莱昂纳多·费亚于缅甸捕获的两种新壁虎

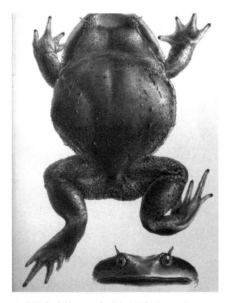

巨型蛙类动物——费氏短腿蟾（Megalophrys feae），由莱昂纳多·费亚于缅甸捕获

个两栖动物标本——包括17种新物种。保兰格在当中确定了一种蜥蜴新品种，并以这位都灵探险家的名字为其命名，它就是费氏弯脚虎（Gymnodactylus feae，今与 Cyrtodactylus feae 同义）。而在蛇类中，他发现了一个游蛇科新品种，即纯绿翠青蛇（Ablabes doriae，今与 Cyclophiops doriae 同义），以及一个蝰科新品种，即白头蝰（Azemiops feae）。后者尤为独特，因为近期的谱系学研究将其认定为原始蝰蛇之一，以至它后来单独形成一个属和一个亚科。

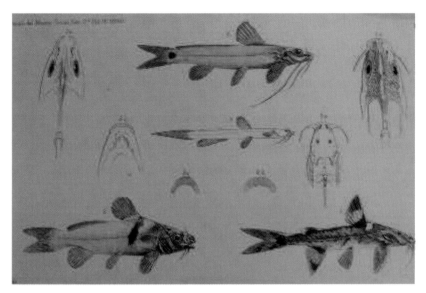

莱昂纳多·费亚于缅甸之行中捕获的鱼类新物种

　　同样惊喜连连的还有两栖动物。在蛙属中人们新发现了多氏大头蛙（Limnonectes doriae）和眼斑棘蛙（Paa feae）。此外还有两个新属被建立，即螳臂树蛙属和棱皮树蛙属。脊椎动物的研究也在稳步推进。温奇圭拉（1890 年）被委托研究在缅甸河流中收集到的 1900 多种鱼类。在已确定的 160 种中，有 11 种至今未知，2 种将构成新属，即铲齿鱼属和平鳍鳅属。至于无脊椎动物，鉴于其研究范围过于广泛，总结费亚在缅甸的成果需要另辟一个章节讲述。我们只需要知道，仅昆虫类就被划分出约 6940 个品种，其中 3121 个是科学上的新发现，这之中有 1259 只是甲虫。

　　尽管费亚的研究工作十分繁忙，但他始终盼望着踏上新的征程。他苦思冥想着下一次探险的地点——马来西亚，那里充满了他的自然学前辈们的探险回忆。但不稳定的身体状况迫使他退而求其次，寻找气候更适宜出行、旅途更为轻松的目的地。1897 年 12 月，他启程前往佛得角群岛。佛得角群岛由 10 座火山岛组成，位于西非北大西洋塞内加尔海岸外约500千米处。佛得角群岛与亚速尔群岛、马德拉群岛、加那利群岛等共同组成了马卡罗尼西亚。

费亚选择了几座人烟稀少的小岛，以便研究和收集更多未知的动物。第一站是博阿维斯塔，随后是群岛中最大的岛屿圣地亚哥岛——岛上广袤无垠，寸草不生。费亚怀着巨大的失望，来到福古岛，最终抵达布拉瓦岛和圣尼古劳岛。他在圣尼古劳岛发现了一个海鸟新品种——佛得角圆尾鹱（Pterodroma feae）。离开佛得角之前，他决定前往拉索岛，这座岛屿看起来就像一个被猛烈信风①所摧毁的干旱沙漠。费亚不得不带上所有的生存必需品：水、食物、搭建临时住所用的两张帆和几根绳索，以及柴火。白天，大片黑色的火山岩被太阳晒得通身炙热，同时岛上狂风大作。岛上的日子绝对称不上惬意，但费亚依然坚持了12天。

他在《致多利亚侯爵：于佛得角群岛》（*Dalle Isole del Capo Verde, al marchese G. Doria*）一书中，辅以他本人绘制的版画，向我们介绍了他所捕获的几种鸟类以及一种尤为独特的爬行类动物，即佛得角巨蜥，它是该群岛特有的蜥蜴之一。费亚是为数不多的在有"存货"的状态下观察到这种动物的自然学家之一；事实上人们最近上岛对这种爬行动物进行了搜寻，但得到了令人失望的结果，所以今天它已经被确认为灭绝物种。这种巨蜥身长达60厘米，生活在群岛的两座小岛上——拉索岛和布兰科岛（Ilhéu Branco），几年前就已经引起了不少自然学家的好奇。1891年，都灵动物学家马里奥·贾辛托·佩拉卡（Mario Giacinto Peracca）将大约40个活体标本送到自己位于基亚索（Chiasso）的别墅［安德烈奥内与加韦蒂（Gavetti），1998年；2007年］。目前，费亚所采集的这种蜥蜴的标本被保存在热那亚自然历史博物馆之中；都灵地区自然科学博物馆中也存有26

---

①又称贸易风，指的是在低空从副热带高压带吹向赤道低压带的风。

个这种蜥蜴的标本；而佩拉卡所捐赠的 5 个标本则被存放于特雷维索"斯卡帕"动物博物馆（Museo "G. Scarpa" di Treviso）之中。

萨尔瓦多里在提及鸟类样本时，对费亚的工作做了如下介绍：

> 莱昂纳多·费亚先生，这位成功探索了缅甸和德林达依的幸运冒险家，不知疲倦，于 1897 年底前往佛得角群岛，计划研究当地的动植物群。但他不知道，就在不久前，博伊德·亚历山大（Boyd Alexander）先生已经先他一步，在那里收集了大量的鸟类标本，并勤恳地造访了该群岛的几乎所有岛屿。不过，费亚的探索也并非一无所获。他收集了分属 47 个品种的 308 只鸟类的标本，其中有 11 种是第一次在这些岛屿被发现。

在这批初次发现于岛上的物种里，除了前面提过的佛得角圆尾鹱，萨尔瓦多里还强调了隐鹨，并将发现此物种的荣誉授予亚历山大。他之前描述过的唯一的一种新物种是拉扎云雀，而费亚的探索则再次确认了此物种的存在。萨尔瓦多里在文章的最后写道："在逗留了 1 年多之后，他离开了佛得角群岛，而现在他将去探索葡属几内亚。本书作者向这位远方的朋友寄语，愿他能早日凯旋，继续造福于科学。"

诚如所言，1898 年 12 月 12 日，费亚告别佛得角，前往葡属几内亚。他在比绍等地停留，孜孜不倦地进行采集活动。然而，热带地区湿热的气候、疾病以及疲劳过度的野外作业，使他的健康严重受损。但这并不妨碍费亚继续进行几段旅行：他拜访了几内亚湾的群岛，它们由 10 座主要岛屿和几座小岛组成，分布在喀麦隆、赤道几内亚和加蓬沿海。圣多美和普林西比的旅行后来被发表在《意大利地理学会公报》上。随后他前往安诺本岛，并在那里采集到了有趣的两栖动物、昆虫和软体动物的标本。与此同时，他的健康状况进一步恶化，于是他决定迁往位于比奥科岛的莫卡。杰斯特罗（1904年）讲述了费亚是如何在一间小屋里安顿下来的：

> 裸露的地面上铺满了棕榈叶。只有一个14岁的男孩服侍他，这个男孩是探索队里唯一能说标准西班牙语的人……他从发烧中恢复过来，但头部持续肿胀；同时，穿皮潜蚤带来了新一轮折磨，它们入侵他的脚部并引起剧烈瘙痒。每天他的小仆人都会从他身上清除掉一些虫子，但这远不能平复他的苦痛。

他最终决定离开几内亚湾的群岛，前往大陆。他来到喀麦隆后，震惊于那里的暴雨；随后他便前往加蓬，去寻找大猩猩和西非海牛，后者是一种生活在西非海岸的大型海洋哺乳动物。当地人的协助使他如愿以偿。后来，因无法承担继续作业的费用以及所采集的大量标本的运输费，他便决定乘汽船，从河口出发沿奥盖河（Ogué）而行，行程总长100千米。

莱昂纳多·费亚于1903年回到意大利。3月5日上午，杰斯特罗接到一个电话，话筒的另一端是"一个我几乎认不出来的声音。我完全不敢相信那是我们的费亚，我以为是他的兄弟或者什么亲戚。不，就是他！因为不久后，我们就见了面，并紧紧拥抱在了一起"。

此时费亚的身体已经大不如前。一回到都灵，他就尝试从长期漂泊所带来的痛苦中恢复过来。他去热那亚自然历史博物馆拜访了同事和朋友，但只待了几个小时。不久后他又陷入持续的高烧之中，1903年4月27日，"他高贵的灵魂永远地离开了肉体"。

第六章 新大陆

　　这是一片美丽富饶的土地，海拔 400~450 米的地方，被浓郁茂密的山毛榉和木兰花所组成的热带植物覆盖着；而 100~150 米的地方则铺满了草本植物。其中拔地而起一片巍然屹立的山峰，层峦叠嶂——在这片壮丽的热带景致的环绕下，山峰如同一位迷人的女神，从波涛汹涌的海上升起。

　　　　　　　　　　——多梅尼科·洛维萨托（Domenico Lovisato）

1492 年 8 月 3 日，当"圣玛丽亚"号（Santa Maria）、"平塔"号（Pinta）
和"尼尼亚"号（Niña）从韦尔瓦附近的安达卢西亚的帕洛斯（Palos）港出发时，
没有人能预料到几个月后整个欧洲文明会迎来划时代的转折点[①]。克里斯托弗·哥
伦布向西航行横渡大西洋，准备以西班牙女王伊莎贝拉之名寻访亚洲东海岸。10
月 12 日，舰队抵达了一片尚不为人知的土地，那就是巴哈马群岛中的瓜纳哈尼
岛（Guanahani），而哥伦布将其命名为圣萨尔瓦多岛。这是一整片广阔土地的冰
山一角，它如先头部队般崭露头角，揭示着这片即将代表地球探索新蓝图的全新
大陆。这次远征的成功让哥伦布随后又进行了其他越洋探险，更重要的是，它开
启了西班牙和葡萄牙对南美洲的殖民统治。

然而，对于美洲大陆的探索，并非哥伦布一个人的特权。事实上，在 1497 年，
意大利人乔瓦尼·卡博托（Giovanni Caboto）和他的儿子塞巴斯蒂亚诺（Sebastiano），
便乘坐英国王室授权的船只，远赴贝尔岛海峡以北的拉布拉多海岸，进入哈德逊
湾，以欧洲人的身份第一次见到了北美大陆。15 世纪末，又有一个意大利人对新
大陆展开了探索。1499 年，阿梅里戈·韦斯普奇（Amerigo Vespucci）带着 4 艘卡
拉维尔帆船从加的斯港出发，抵达奥里诺科河口，随后沿着东海岸前行，前往加

---

① "圣玛丽亚"号、"平塔"号和"尼尼亚"号是 1492—1493 年哥伦布首航美洲舰
队的三艘船。

勒比海，探索新的岛屿。在第二次航行（1500 年）中，韦斯普奇向着巴西沿海航行，来到了巴伊亚和拉普拉塔河；随后他一路向南，直抵巴塔哥尼亚。此外，还有一位意大利人也对美洲大陆的地理探索做出了重要贡献，他就是乔瓦尼·达韦拉扎诺尼（Giovanni da Verrazano）。他于 1524 年从马德拉启程，历经 49 天的航行，抵达北美海岸，探索了包括北卡罗来纳州、哈德逊河口（今天的纽约）、缅因湾和加拿大新斯科舍省海岸在内的整片地带。

》》》科学之旅

对美洲大陆所进行的探索横跨几个世纪，饱经事变。一系列历史性的变化使当地原住民遭受掠夺和屠杀之苦，也使欧洲通过殖民获得了巨大的财富。这块大陆的发现同样鼓舞着科学探索者，科学家们得以远涉重洋，横跨美洲，酝酿全新的科学理念，彻底颠覆对于世界的看法。

18世纪下半叶，一个全新的探险家形象应运而生。他们是为国效力的自然科学家，任务是收集地理数据，采集自然标本，将它们带回国进行研究，并将科研成果整理成册。在这一轮全新的探索活动中，意大利探险家们发现自己很难占得一席之地，因为（亚平宁）半岛的经济和政治将整个国家分割成城邦地区，导致意大利缺乏法国和英国等新兴大国的组织力和"国力"。众多意大利自然探险家为了在科学探索的历史上千古留名，不得不借他国之名踏上旅途；当然也有人出于好奇或是对财富的渴望，自费出行。

18 世纪末最重要的环球探险，是由一位委身于伊比利亚宫廷的意大利人完成的，他就是亚历山德罗·马拉斯皮纳（Alessandro Malaspina）。他借鉴前人的经验，认真研究了伟大的航海家们——詹姆斯·库克（James Cook）、拉彼鲁兹伯爵（La Pérouse）——的探险经历，提出了这样的观点：环球航行的首要目的应该是深化自然学和人类学知识。早在 19 世纪一系列伟大的探险之前，他就提出将科学家编入舰队的建议，并向西班牙宫廷提出了一个雄心勃勃的远征计划，提议怀揣科学和政治目的进行环球航行。伊比利亚王室同意了该计划，并特地为此建造了 2 艘护卫舰，分别命名为"发现"号（Descubierta）和"决心"号（Atrevida），以纪念库克（他的船名正是"发现"号和"决心"号）。远征队于 1789 年 7 月 30 日从加的斯出发，经过 52 天的横渡大西洋的航行，到达乌拉圭的蒙得维的亚港。而后他们前往火地岛，完成了环南美洲之行。

其间他们沿途停靠了多个站点，对秘鲁和安第斯山脉进行了自然学考察及地形勘探。抵达巴拿马和墨西哥之后，马拉斯皮纳继续沿北美西海岸航行，目的是寻找他心中的西北航道。虽然追踪这条路线的尝试被证明是徒劳的，但此次勘探还是带来了一系列地理观察成果，完成并延续了库克和拉彼鲁兹伯爵的考察项目。今天，由西班牙科学与创新部组织的大范围研究项目"2010 年马拉斯皮纳考察"（*Malaspina Expedition 2010*）的灵感，正是源自这位意大利航海家的探索之旅。在 2010 年 12 月马拉斯皮纳逝世 200 周年之际所启动的这项海洋研究活动中，研究人员重走他当年的路线，采集空气、海水及海洋生物样本，以整理出"2010 年马拉斯皮纳收集"（*Collezione Malaspina 2010*），目的是通过多学科研究，评估全球变化对海洋生物多样性的影响。

》》》地理探索

　　亚马孙雨林、安第斯山脉和巴塔哥尼亚大草原对于大多数 19 世纪的自然学探险家来说，都充满了不可抗拒的魅力。许多此后将书写自然科学史的伟人正是在这片新大陆上完成了最初的历险，为完善对这个星球的生命的认知打下了理论基础。对这片大陆的探索活动多集中于 19 世纪，因为当时的自然学家对亚马孙雨林神秘莫测的动植物群和安第斯山脉的生物多样性充满好奇。19 世纪初出现了许多伟大的自然学收集，其中不乏南美特有植物，它们为欧洲博物馆和植物园增添了一份光彩。生物多样性热点遍布的南美洲，是新兴自然科学发展中最具吸引力的大陆。

　　这里要指出的是，从 18 世纪末到 19 世纪初，地理学逐渐被赋予真正的文化意味，探索地理学甚至成为当时的潮流。从布冯伯爵乔治·路易·勒克莱尔（George Louis Leclerc conte di Buffon）开始，地理学就被更新为一门自然历史学科。地理学从机械科学转变成了自然科学。它不再仅限于描述现象，而是成为一门系统性学科，着力于研究环境随时间而改变的过程。

恰恰是在这一时期，出现了亚历山大·冯·洪堡（Alexander von Humboldt）这个魅力非凡的人物。这位科学探险家将在这个星球的地理史上留下浓墨重彩的一笔，并开创南美洲科学探险之旅的史诗篇章。洪堡认为，科学的最终目标是寻求自然界的有机统一；美洲赤道之旅对他的理论产生了决定性影响，让他的自然一体论走向了成熟。

1799 年夏天，他与好友埃梅·邦普兰（Aimé Bonpland）一起乘坐"皮扎罗"（Pizzaro）号从拉科鲁尼亚起航。一抵达委内瑞拉海岸，他就沿着奥里诺科河航行至与亚马孙河支流内格罗河的交汇处。在古巴靠岸之后，洪堡便从哥伦比亚开始了穿越安第斯山脉的漫长旅程，其间他攀上厄瓜多尔的火山，一路抵达利马。他从这里启程前往墨西哥，并在那里花了近 1 年的时间学习自然、历史和地缘政治。回国途中，他在美国登陆，访问了费城、巴尔的摩和华盛顿，并受到美国总统托马斯·杰斐逊（Thomas Jefferson）的接见。在特拉华河口，他重新踏上海路，并于 1804 年 8 月 3 日在波尔多登陆。洪堡全程穿越 9650 千米，主要依靠徒步、骑马和乘独木舟的方式。

这次考察取得了丰硕的科学成果：他们绘制出了新的地图，对新大陆火山现象的认知也取得了重大进展；确定了洪堡洋流，并对美洲大陆的生物多样性加深了认识。他们发现了许多动物新物种，如洪堡企鹅（Spheniscus humboldti）。同时他们采集了约 6 万种植物，其中 6300 种尚属未知。大量的考察数据和植物样本为植物地理学的诞生做出了不可磨灭的贡献。这次探索的成果都被详细记录在他于 1807—1839 年出版的 30 卷不朽著作《新大陆热带地区旅行记》（*Voyage aux regions equinoxiales du Nouveau Continent*）中。

在 19 世纪初对亚马孙进行科考的队伍中，就有 1817 年由自然学家约翰·巴普蒂斯特·冯·徐毕克斯（Johann Baptist von Spix）、卡尔·弗里德里希·菲利普·冯·马齐乌斯（Carl Friedrich Philipp von Martius）和约翰·纳特尔（Johann Natterer）所带领的探险队。奥地利皇帝弗朗茨二世（Francesco II）在其女儿莱奥波尔迪娜（Leopoldina）女大公与未来的巴西皇帝佩德罗一世（don Pedro di Alcantara）结婚之际，资助了一支前往巴西的科学考察队。在这场 19 世纪最重要的考察中，他们采集了 6500 个植物样本、2700 只昆虫和几百只鸟类、爬行类、两栖动物及鱼类的标本，发现并描述了许多新物种。徐毕克斯于 1826 年在巴西感染疾病去世，不过在去世之前他成功出版了 8 卷书，描述了在巴西探索之旅中所收集和研究的脊椎动物、软体动物和节肢动物的信息。

此行的科考队中，还有来自佛罗伦萨的植物学家朱塞佩·拉迪（Giuseppe Raddi），他年纪轻轻就成了佛罗伦萨自然历史博物馆的保管员。拉迪在巴西停留了 8 个月，其间收集了约 4000 个植物样本和 3000 件动物样本，内容涵盖昆虫、鱼类、爬行动物、鸟类和哺乳动物。拉迪与当时的几位植物学家合作——其中也包括安东尼奥·贝尔托洛尼——共同研究了主要由蕨类植物组成的植物样本。他的大部分植物学藏品今天仍被存放于比萨和佛罗伦萨大学的植物标本馆中。

在 19 世纪最初的十几年里，在南美洲进行的大量科学考察主要由德国人、英国人和法国人完成。其中就有伟大的法国自然学探险家奥古斯丁·圣-希莱尔（Auguste de Saint-Hilaire），他在 1816 年与卢森堡公爵一起踏上前往巴西的征程，行程总长超过 9000 千米。他们从巴西东北部启程，途经巴拉圭和乌拉圭，直抵阿根廷的拉普拉塔河，采集了许多鸟类、昆虫、哺乳动物、爬行类、真菌、矿物和植物样品，其中许多是科学界新发现的物种。此外，阿尔西德·道比尼（Alcide d'Orbigny）也在 1830 年探索了巴西，并于随后前往玻利维亚和智利的安第斯山脉，在当地进行了自然学和古生物学研究，比年轻的查尔斯·达尔文还早了几个月。

»» 一位自然学家的环球之旅

　　1831 年 12 月 27 日，由菲茨罗伊舰长指挥的英国皇家海军小型军
舰"小猎犬"号，在被强劲的西南风连续两次击退之后，终于从德文波
特启航。

这就是查尔斯·达尔文在 1839 年出版于伦敦的著名航海日志《小猎犬号航
海 记》（*Journal of Research into the Natural History and Geology of Countries Visited
During the Voyage of H. M. S. Beagle round the World under the Command of Cappt.
Fitzroy R. N.*）的开场白。这段漫长的科学朝圣之旅，从 1831 年持续到 1836 年——
在"小猎犬"号上的 5 年，成为科学探索的典范。这场勘探之旅为这位科学家的
人生打下了烙印，也改变了人们对大自然和地球生命的看法。也正是因为这段史
诗般的旅程，南美大陆成为最具科学价值的探索目的地。

　　1832 年 2 月 16 日，"小猎犬"号穿越赤道，抵达巴西巴伊亚州的萨尔瓦多

（Salvador de Bahia）。从那个时刻起，达尔文沿着几个分站进行探索，在内陆进行了各项考察。年轻的达尔文在笔记中激动地指出，他有幸采集了多种动植物的样本，并初次观察到了新大陆的猴子、鹦鹉、蜂鸟和种类繁多却尚不知其名的甲虫。在日记中，他描述了在潘帕斯草原上骑马的情景。他在那里遇到了犰狳和食蚁兽，发现了美洲小鸵（Rhea darwinii），并挖掘到了巨型犰狳、食蚁兽、啮齿类动物、原驼和树懒的化石（达尔文，2008 年）。在火地岛，他与原住民进行了接触；这些原住居民启发他对人类学的某些定义进行全新的考量，这位年轻的英国自然学家激动万分，他甚至怀疑他们不是真的人类。

这一系列发现点燃了达尔文对物种起源的兴趣，也促使这位年轻的自然学家提出了许多关于地球生命源头的疑问。1834 年夏天，达尔文的南美航行之旅顺着太平洋沿岸继续。他在几个分站一一停留，并攀上了安第斯山脉，成功捕获了原驼和秃鹰，完成了地质调查。

随后他就到了著名的科隆群岛（又称加拉帕戈斯群岛），一个真正的自然科学实验基地。在这物种进化论发酵的温床里，达尔文观察了包括海鬣蜥、巨龟和当地的燕雀特有种在内的奇特种群。事实上，正是在此处，在研究了不同岛屿鸟类种群之间的解剖学差异后，达尔文开始巩固他的物种演变说。他在笔记中指出："如果此次的观察结果是最基本的事实依据，那么这座群岛的动物学将成为重要的研究课题；这些事实使（可能使）物种的稳定性受到质疑。"

这批珍贵的鸟类样本由鸟类学家、艺术家和动物学会标本学家约翰·古尔德（John Gould）负责研究，他用绚丽的彩色插画描述和说明了科隆群岛上的地雀和嘲鸫的信息，并确定了它们在群岛上的种群分布状态。

1836 年一个风雨交加的夜晚，"小猎犬"号进入法尔茅斯（Falmouth）港。

达尔文在旅行日记的最后这样写道：

> 10月2日，我们见到了英格兰的海岸，我在法尔茅斯走下生活了近5年的"小猎犬"号。

≫ 亚马孙的宝藏

在当时众多自学成才的自然学家中，阿尔弗雷德·拉塞尔·华莱士无疑是在科学探索史上留下较深印记的人。华莱士认为，旅行不仅是一个采集和猎取新样本的机会，更是一种求知手段，用来探寻关于物种起源、地理分布和物种进化等问题的答案。

他初次旅行的想法源于一系列伟大的探险报告和日记，尤其是达尔文的日志。然而，对其目的地选择产生决定性影响的作品，则是昆虫学家威廉·亨利·爱德华兹（William Henry Edwards）的《亚马孙之旅》（*A Voyage up to Amazon*），这本书描述了亚马孙地区丰富多样的热带物种。1848 年春天，华莱士和朋友贝茨一起于利物浦启程并于 1 个月后抵达巴西的帕拉①，计划在这里采集昆虫和鸟类样本。华莱士和贝茨在帕拉周围待了几个月，在托坎廷斯河和亚马孙河岸巡游，一路来到内格罗河和沃佩斯河的交汇处。在这里，两位自然学家决定分头行动：贝茨向

---

①今称贝伦（Belém）。

亚马孙河的上游出发，而华莱士则向内格罗河和沃佩斯河方向行进。在亚马孙河流域考察期间，华莱士还穿过森林来到奥里诺科，在那里捕获到了大量亚马孙丛林的动物，其中包括圭亚那动冠伞鸟。

1852 年 8 月 6 日，带着华莱士回国的"海伦"（Helene）号在途中起火，带着满船货物——经过 4 年艰苦作业收集的科学界尚未发现的数百种珍贵物种样本——沉没了。华莱士用救生艇捡回一条命，并顺利回到英国。尽管失去了记满观察结果的珍贵笔记本，他还是设法出版了自己的第一本生物地理学著作，即《亚马孙河与内格罗河之旅》（*A Narrative of Travels on the Amazon and Rio Negro*）。在亚马孙丛林的经历让华莱士意识到，每个物种都占据了一个特定的地理区域，而通过这个现象可以追溯到物种本身的进化史。正因如此，1852 年 12 月他在动物学会召开的关于亚马孙流域猴类的会议上，强调了准确了解每一种生物群体来源的重要性。他敦促自然学家编写详细的标签，贴在所采集的生物样本上，并在标签上尽可能准确地标记标本的采集地点。

华莱士从旅行中获得灵感，设定了物种分布规律的基本参数。在《动物的地理分布》（*The Geographical Distribution of Animals*）（1876 年）、《岛屿生活》（*Island Life*）（1880 年）等著作中，特别是在《论新物种产生的规律》（*On the Law which Has Regulated the Introduction of New Species*）（1855 年）中，他提出了一条以自己名字命名的规律："每一个物种的诞生，在空间和时间上，都对应着一个此前存在且与其相似的物种。"就此，华莱士为生物地理学制订了基本原则，并为达尔文的物种进化论提供了重要的理论框架。

》》》美洲的意大利人

　　上述探险家们，诚如所言，并没有过多掩盖意大利学者的光芒。他们怀抱着同时代自然学家共有的源源不断的好奇心，深入新大陆进行探索。首先便是来自罗马涅的阿戈斯蒂诺·科达齐（Agostino Codazzi），他在 1829 年与西蒙·玻利瓦尔（Simon Bolivar）并肩作战之后，接受委内瑞拉政府的委托，进行了地形测量，制作了国家领土的地图集。1847 年委内瑞拉内战爆发后，科达齐移居哥伦比亚，并受该国政府委托绘制地图。

　　随着地图集的出版，他作为地理学家所做的工作在国际上获得了广泛认可；然而在意大利，很长一段时间内却是查无此人。直到 1876 年波哥大的德国领事将他的传记寄给意大利地理学会后，这位科学家的重要性才在国内得到了肯定。

　　萨伏伊家族紧随欧洲列强组织大规模探险的脚步，于 1838 年派遣了一支探险队，并为其配备了撒丁岛海军巡防舰"女王"号，帮助其进行环球旅行。阿尔比尼（Albini）舰长麾下的总参谋部成员，包括植物学家乔瓦尼·卡萨雷托（Giovanni Casaretto）和动物学家安东尼奥·卡费尔（Antonio Caffer）等人，主要负责地质学和生物学样本的采集。出发前两位自然学家接受了植物学教授莫里（Mori）和西斯蒙达（Sismonda），以及动物学教授朱塞佩·赫内的指导。赫内教授是都灵皇家自然历史博物馆（Regio museo di storia naturale di Torino）馆长，也是圭多·博贾尼（Guido Boggiani）的祖父，我们一会儿便会介绍博贾尼的南美洲历险之旅。1838年1月8日，"女王"号从热那亚港起航，但在马尔维纳斯群岛（英国称"福克兰群岛"）附近便遭遇了狂风暴雨。随后，舰长决定返回北方，在里约热内卢港避风。在里约热内卢的长期逗留使这两位自然学家有机会对亚马孙河和乌拉圭进行探索，他们采集到了大量的植物。

同样具有代表意义的是加埃塔诺·奥斯库拉蒂（Gaetano Osculati）的收集品，他在以图拉蒂（Turati）为首的伦巴第知识分子的支持以及米兰自然历史博物馆的赞助下，于1846年前往美洲。奥斯库拉蒂踏遍了整个北美洲，从加拿大到美国，一路抵达佛罗里达州，并从那里前往古巴，收集了大量的北美动物标本。1848年到达厄瓜多尔的基多后，他沿着纳波河上游前行，接着又顺亚马孙河航行至贝伦。此外，他还在亚马孙盆地采集了大量的自然学和民族学化石。当时的几位自然学家负责对这些材料进行研究，其中包括来自帕尔马的卡米洛·龙达尼（Camillo Rondani）、动物学家埃米里奥·科尔纳利亚和菲利波·德菲利皮（奥斯库拉蒂，1850年）。这批珍贵的化石丰富了米兰自然历史博物馆的馆藏资源。遗憾的是，它们最终却落得个悲惨的结局。第二次世界大战的轰炸将其全数摧毁，米兰的这个博物馆的大部分藏品也都随着那场大火一起消失了。

现在就让我们来重现这段历史，一起重温19世纪下半叶的意大利自然学家曾经走过的道路。紧随第一批探索拉美的先驱者后的，是被证实来自意大利的自然学探险家们，他们在国内文化界和科学界也得到了普遍认可。而在之后的岁月

安东尼奥·雷蒙迪

佩莱格里诺·斯特罗贝尔 1866 年
于布宜诺斯艾利斯

里，我们还将迎来许多勇敢无畏的自然学家和旅行家，他们纷纷对美洲大陆进行探索。

1850 年，安东尼奥·雷蒙迪（Antonio Raimondi）抵达秘鲁，并在那里度过了他的余生。他的勘察揭示了一大片不为人知的土地。1855—1857 年，费德里科·克拉韦里（Federico Craveri）访问加利福尼亚州，并带回了一系列有趣的动物学样本。1865—1867 年，自然学家佩莱格里诺·斯特罗贝尔在阿根廷和智利的安第斯山脉进行了考察。1879—1888 年，民族学家埃尔曼诺·斯特拉代利（Ermanno Stradelli）探索了亚马孙流域、波鲁斯河（Porus）、内格罗河、布兰科河（Branco）和沃佩斯河。1881 年，航海家和地理学家贾科莫·博韦与植物学家卡洛·斯佩戈其尼（Carlo Spegazzini）、地质学家多梅尼科·洛维萨托以及动物学家德乔·温奇圭拉一起探访了巴塔哥尼亚和火地岛。1884 年，博韦故地重游，并完成了对巴西和巴拉圭之间的巴拉那河、伊瓜苏河、上巴拉圭和马托格罗索流域的探索。

　　1887 年，热衷于民族学的画家圭多·博贾尼开始了他的长途旅行：他先是前往巴拉圭，与大查科人（Gran Chaco）进行了亲密接触，随后又去往亚马孙和圭亚那。1893 年，自然学家路易吉·巴尔赞（Luigi Balza）穿越巴拉圭、阿根廷、智利和秘鲁，一路抵达玻利维亚北部。同年，阿尔弗雷德·博雷利（Alfredo Borelli）开始了自己的冒险，途经阿根廷、巴拉圭、玻利维亚和巴西，并将珍贵的昆虫学和爬虫学样本留给了都灵大学动物学博物馆。1895—1898 年，动物学家恩里科·路易吉·费斯塔（Enrico Luigi Festa）横穿中美洲抵达厄瓜多尔。1898 年，植物学家路易吉·布斯卡略尼（Luigi Buscalioni）驶过帕拉和托坎廷斯，前往阿拉瓜亚。这一系列奇幻的冒险之旅，在意大利自然科学史上留下了难以磨灭的印记。

》》》 "秘鲁洪堡"

19 世纪中叶出现了一位对南美探索做出了特别贡献的科学家，他就是来自米兰的安东尼奥·雷蒙迪。他 1826 年 9 月 19 日出生于伦巴第首府，从小就不可抑制地被自然科学吸引。雷蒙迪本人也用罕见的自传性笔触，在他 1874 年的不朽名作《秘鲁》（*El Perù*）中，谈到了这一点：

> 我生来就对旅行和自然科学有着浓厚兴趣，从幼年起我就梦想着前往热带地区那片令人心醉的土地。后来在阅读了众多伟大旅行家［哥伦布、库克、布干维尔（Bougainville）、洪堡、迪蒙·迪尔维尔（Dumont d'Urville）等］的作品后，这份强烈的愿望更是在我内心扎根，我要去了解那些独特的国家。

雷蒙迪是一个天赋异禀的男孩，他充满艺术细胞，并在绘画上才华横溢，创作了数百幅动植物水彩画。十几岁时，他用自己的积蓄建立了一个小型的自然实验室，并在此获得了第一次实验经历。对于自然的认知是他人格的重要组成部分，"遗憾的是，很少有人明白，一个人可以用一生的时间去凝视、思考大自然，探究其奥秘，丝毫不为名利所动。我天性热爱科学研究与观察，我总是想将脑海中的奇思妙想付诸实际行动"。

而在那些年，这样一个充满激情的年轻人自然也无法从国家的政治事件中脱身。雷蒙迪被卷入其中，就此他的人生轨迹遭受了意想不到的逆转。1841 年，20多岁的他参加了在都灵召开的意大利科学家大会；当时伟大的学者们把那次大会当成了展现自己的赤子之心，以及帮助国王卡洛·阿尔贝托（Carlo Alberto）完成政治改革的机会。雷蒙迪强烈的自由主义情怀和坚定的爱国主义精神促使他决定持枪参加 1848 年的革命起义，并加入米兰五日起义，为驱逐奥地利人贡献自己的力量。拉德茨基（Radetsky）重返王座，雷蒙迪只能选择逃亡，前去罗马穿上加里波第志愿军的红衫。然而，历史告诉我们，意大利独立统一的时机尚未到来。此时雷蒙迪只剩下海外流浪的选项。但逃去哪里呢？

雷蒙迪之所以选择秘鲁作为旅行和自然研究的目的地，是因为这片传奇的印加帝国的土地上有着丰富多样的景观、文化和资源。正如他自己所指出的那样：

> 它的富饶众所周知，它拥有千变万化的地貌：如非洲沙漠般干旱的沿海沙地、如亚洲草原般单调的普那（Puna）、如极地般严寒的科迪勒拉山峰和如热带雨林般物种繁多的高山森林。这些都汇集于此，促使我选择秘鲁作为探索和研究的对象。

1850 年 7 月 28 日，他抵达利马附近的港口卡亚俄。一抵达首都，他就被任命为博物馆的自然学展区负责人，后来又成为圣马科斯大学（Università San Marcos）的自然史教授。但很快，探索这个新国家的欲望就在他心里占据了上风。

雷蒙迪离开教学岗位，在1859—1869年这10年间，几乎考察了秘鲁全境，游历了马德雷德迪奥斯河、马德拉河和亚马孙河等重要的河流流域，在这样一个缺乏道路、桥梁和铁轨的国家里克服了无数艰难险阻。在这一系列冒险旅程中，他记录下大量地形和气象观测信息，绘制了一批他所踏足的土地的地图，并采集了许多珍贵的矿物学、地质学、植物学、动物学和民族志材料，如今这些材料都被存放于利马为纪念他而建的博物馆中。雷蒙迪的笔记本[①]中所讲述的冒险故事，都配上了其本人亲自绘制的精美插画，风景、物品、植物、动物以及部落的原住居民，都被纳入其中。

> 为了完成长途旅行，我或许会面临诸多威胁：或在干旱无边的沙漠中迷失方向而饥渴难耐；或在洪流岔口被湍急的水流冲走；或被梅毒以及肆虐其他地区的恶性高热击垮；或沿着陡峭的山路摔下悬崖；或死于毒蛇的致命利齿；或被原住居民的暗箭谋杀。当我联想到这一切，再意识到我已实现了游历整个国家的梦想，且未遭受任何不幸，我便会为自己喝彩，毕竟很少有旅行者能做到如此幸运。

他对科学的满腔热忱，他那探索新世界和新文明的满腹热情，终有一天让他不甚满足地总结道："仅靠双眼似乎不够看遍这一切。"他的日记和已出版的作品，描述了其广泛的兴趣和研究项目，向我们展示了他那具有博物百科价值的研究成果。他是矿物学家、地质学家、地理学家、化学家、物理学家、植物学家、动物学家、考古学家、民族学家；他的文字和水彩揭示着，他是一位优秀的作家，也是一位感性的画家。在他数不胜数的研究项目中，有秘鲁海岸的煤矿勘探，有钦查群岛的鸟粪分析和量化，有塔拉帕卡（Tarapacà）的盐矿调查。他探索了卡拉瓦亚和桑迪亚偏远的黄金之地，在亚马孙河上航行，对考古遗址进行了测绘。他那"对

---

①至今仍保存在"雷蒙迪"博物馆（Museo "Raimondi"）。

一片土地了如指掌"的出色能力，和采集到的大量数据，令他收获了比肩德国探险家和科学家亚历山大·冯·洪堡的地位。在今天的秘鲁，他仍然被人们誉为"秘鲁洪堡"。

雷蒙迪非常重要的一个自然学成果，就是发现了一种名为莴氏普亚凤梨的巨型植物。雷蒙迪在秘鲁安第斯山脉南部的偏远地区——阿亚库乔发现了它。当地的一个庄园主曾写信给他，说在高海拔地区生活着一种独特的植物。雷蒙迪如此描述这种奇妙的植物：

> 在山谷左侧的崖壁脚下看过去，便能发现它生长在一片几乎寸草不生的土地上。它的外围是大片硬刺般的叶子，中间则矗立着一根粗壮的茎干，从头到脚被密密麻麻的花序覆盖。我难以表达，在海拔 3800 米左右的高岭之地发现这种植物时的心情……有幸在花期正盛时遇见这种奇妙植物的植物学探险家，都不禁要停下脚步，欣赏这美景……见识到这种植物的生长环境（在岩石之间立足）后，我的敬佩之情油然而生。虽然看似不可能，但这位体型巨大的"南美高原皇后"却从土壤中吸收了充足的养分来哺育直径超过 1 英尺的高大主干，并开出了数量惊人的花朵，仅一株植物便拥有超过 8000 朵花……通过现场对这株奇妙的植物进行勘察，我推断它是一种普亚凤梨属植物；鉴于其高达 9 米的身长，我以科学的方式将它命名为巨型普亚凤梨，由此它将为人所知。

1928 年，德国植物学家赫尔曼·哈姆斯（Hermann Harms）将它重新分类为凤梨科，并将其命名为雷氏普亚凤梨（Puya raimondii），以纪念这位意大利自然学家。普亚凤梨是一种有花无果的植物，也就是说它会在生命的结尾开花，在长达约 50 年的生长期后呈现同步开花的奇观。如今，因为牧区扩张而出现的植物焚烧现象，使这个物种面临着严重的生存危机。

安第斯山坡上成片的雷氏普亚凤梨

雷蒙迪所收集的样本不同凡响。除了大约 300 个民族志材料、700 个岩石样本和 2000 个化石之外，他还采集了大约 20000 个植物样本。动物学样本则包括了约 2000 种软体动物和 4000 种昆虫。鸟类学藏品由 1265 个标本组成，值得注意的是其中包含了安第斯的鸟类特有种。雷蒙迪得到了波兰籍动物学家康斯坦蒂·叶利斯基（Konstanty Jelski）的宝贵支持，他将雷蒙迪的标本交付给同胞、鸟类学家塔扎诺夫斯基（Taczanowski）。在研究这一系列的标本的同时，塔扎诺夫斯基出版了著名的《秘鲁鸟类学》（*Ornithologie du Perou*）一书，并在书中描述了几个新物种，例如秘鲁割草鸟（Phytotoma raimondii）和莱氏黄雀鹀（Sicalis raimondii）。

意大利统一后带来的崭新的文化氛围，使得雷蒙迪的科学成就在国内得到认可和赞赏。意大利地理学会授予了他金质奖章，同时在恩里科·希利尔·吉廖利的推荐下，意大利人类学与民族学学会将他纳为名誉会员。1890 年 10 月 26 日，安东尼奥·雷蒙迪在长期患病后，在其女埃尔维拉（Elvira）的陪伴下，于同胞好友亚历山德罗·阿里戈尼（Alessandro Arrigoni）位于圣佩德罗德约克的家中去世。他的遗体被安放在利马的主公墓，那儿有特地为他建造的纪念陵。

》》从亚平宁山脉到安第斯山脉

  1821 年 8 月 22 日，在米兰马里诺宫（Palazzo Marino），来自蒂罗尔州贵族家庭的伊丽莎白·冯·韦伯恩（Elisabeth von Webern）生下了 8 个孩子中的第 4 个，她给孩子取名为佩莱格里诺（Pellegrino，意为朝圣者）。此前，孩子的父亲米夏埃尔·冯·斯特罗贝尔（Michael von Strobl）为了担任帝国的财政职务，举家从蒂罗尔州搬迁到了伦巴第首府。年轻的佩莱格里诺·斯特罗贝尔在 19 世纪优越的中欧文化背景下长大。马里诺宫的客人，有哈布斯堡家族的成员，有米兰资产阶级的名流，有作家亚历山德罗·曼佐尼（Alessandro Manzoni），有举世闻名的莫扎特之子卡尔·莫扎特（Carl Mozart），还有斯特罗贝尔家族的密友、著名科学家亚历山大·冯·洪堡。

  当时在奥地利资产阶级中非常流行的周末郊游，第一次激发了佩莱格里诺对自然学的热情。随后他得到一个可以加深自己的科学认知的机会：年幼的他去了一所位于梅拉诺（Merano）的著名中学，在那里他的叔叔莱昂纳德·李伯纳（Leonard

Liebener）将他领进了自然科学的大门，并让他接受家族密友洪堡的指导。

佩莱格里诺曾就读于因斯布鲁克与帕维亚大学（Università di Innsbruck e di Pavia），该大学当时是蒂罗尔大学的一个分校，他在 1842 年毕业于法律专业。当他的父亲成为玛丽·路易莎女大公（duchessa Maria Luigia）的行政顾问后，斯特罗贝尔一家便搬到了帕尔马。在这里，佩莱格里诺正式开始了他作为自然学家的职业生涯，取得了自然科学学位，为真正热爱的事业加冕。他依然与米兰的科学家们保持着密切的联系，尤其是米兰自然历史博物馆的创始人和馆长乔治·扬，因为正是此人将他领进了软体动物学的世界。1853 年，佩莱格里诺在帕维亚自费创办了《软体动物学报》（Giornale di Malacologia），收集了来自欧洲各地的科学稿件，并在 1858 年协助创办了米兰自然科学学会。1859 年，在已成为帕尔马大学植物学教授兼植物园主任的乔治·扬的力荐下，佩莱格里诺被任命为帕尔马大学自然史教授；1891—1892 年，他还担任了帕尔马大学校长的职位。在这所艾米利亚区的大学里，他首先创建并管理了"加比内特①（Gabinetto）"，日后它成为帕尔马大学自然历史博物馆。他的自我牺牲让这所资金短缺的博物馆跻身于世界一流自然学研究机构之列。

正如我们在前面(第三章)所看到的那样，正是佩莱格里诺激发了维托里奥·博泰格对于自然学的热情，并鼓励他用自己送过去的材料，建立这所厄立特里亚博物馆。

他最初的动物学研究集中于来自阿尔卑斯山脉的软体动物；紧接着他对帕尔马亚平宁山脉的软体动物群进行了学习，并发表了一批思想新潮的论文，内容主

①意为宝物库，这个博物馆的前身是 1766 年由富尔科神父（Padre J. B. Fourcault）创建的小型鸟类学藏品库（Gabinetto di Ornitologia）。

要涉及物种分布以及土壤性质和某些特定陆生软体动物之间的关系。在这期间佩莱格里诺还收集了大量的贝壳，它们至今仍被存放于帕尔马大学自然历史博物馆之中。

诚如帕里西所言，佩莱格里诺兴趣广泛，从地质学到古生物学，从动物学到古人类学和考古学。多学科的研究使佩莱格里诺成为那个时代真正的博物学家，但他为这一系列学科所做的最突出的贡献，是他创新的方法。特别是他在陆生软体动物学领域所做的工作，为物种研究打开了全新视野，为现代生物地理学的诞生做出了杰出贡献。正如他的学生路易吉·皮戈里尼所强调的那样，尽管他对古人类学和民族人类学做出了重要的贡献，但他始终认为自己是一个动物学家。此外，值得一提的是，他是意大利早期的进化论支持者之一。他与卡内斯特里尼（Canestrini）、德菲利皮和莱索纳一样，是达尔文著作和进化论文化在意大利的主要宣传者。

佩莱格里诺虽不墨守成规但有着严格的道德原则，他难以忍受与帕尔马学术界之间不断的争执。为此，在1864年年底，他决定离开大学，去阿根廷投奔好友保罗·曼特加扎。在布宜诺斯艾利斯，佩莱格里诺被当地大学聘为科学系讲师（随后他还将在拉普拉塔大学担任讲师），但他志不在此。他铭记着洪堡的伟大事迹，并被年轻的达尔文的旅行日记吸引，此后便组织了几次旅行：先是前往安第斯山脉，然后去往巴塔哥尼亚北部地区。而他最重要的一次远征，则是从智利的圣地亚哥到阿根廷的门多萨的荆棘之路。达尔文在1835年曾进行过这样一场横跨之旅，但佩莱格里诺并没有沿用同一路线；他更倾向于选择位于海拔3019米处的难以攀登的普朗琼山口（Planchon）——在其侧面屹立着海拔超过3800米的同名火山，借此穿越这片科学处女地。

1866年2月14日，他从智利的库里科出发，沿着山脊来到山口，再沿着山谷下山，骑着骡子行进大约 10 天后，到达阿根廷的圣拉斐尔（San Rafael）。佩莱格里诺在《米兰自然科学学会纪事》（*Atti della Società italiana di scienze naturali di Milano*）系列丛书中详细记录了这段冒险之旅：

> 在智利的边防哨所，山谷开始变得狭窄，而山道则向上一路延伸，地貌和植物的结构都发生了变化。断断续续的岩石被坚实的火山岩取代，灌木也让位于乔木。一开始我们骑着马……穿过茂密的树林，沿着崎岖的小径，来到山谷深处，沿着特诺河的左岸，随着悬崖上下移动。这些悬崖向外突起，一路推进到河床，致使我们无法在山谷底部一马平川地跟随河流前进。

沿着这条路前行，探险队离开了特诺河谷，穿越了里奥克拉罗河谷的密林：

> 到了那里，我们渡过溪流，沿着小路前行。右边的小路通向因费利罗（Inferillo），意为小地狱，也就是今天的目的地。那是一个美丽的早晨，空气纯净，天空湛蓝澄澈，犹如意大利的蓝天。太阳虽大，但那炙热的光线被林间的繁茂枝叶过滤后，也变得柔和起来。

登山之路让队员和牲畜都接受了严峻的考验，他们停下来进食：

> 经过几个小时的休整，骡夫和同伴们逐渐醒来。装上货，骑上骡，我们继续一路向东。只走了几步，我们便来到了普朗琼宽阔的山口前，它那迷人的景色令我欣喜不已。这壮丽山景似曾相识，与阿尔卑斯简直一模一样。眼前以及更远处，安第斯山脉古老的山脊一路向上，直达白雪皑皑的山峰；在这狭长的山脚处，积雪堆在杂乱的草地上，与塌陷下来的灰红色岩石交相辉映。星星点点的白雪汇成一条闪亮的丝带，蜿蜒

扭曲，疏密有致。从中流淌出清冽的溪水，不时垂落于悬崖，汇聚成瀑布，激荡起大量的白沫。溪水一路流淌进喧闹的克拉鲁（Claro）河中。最后，在这幅图景的底部，是山谷的前景，由著名的香桃木、月桂和染料木所组成的树林。首先是隶属于木兰属的优雅的芳香冬木（可能是指林仙科植物），然后是朴素的安第斯肖柏（可能是指智利雪松）。在山坡上，在不起眼的狭窄山谷中……一刻不停歇而缓慢摇摆着的，是这片忙于交际而窃窃私语的茂密竹林，它们是智利的一种常青竹。

经过几个小时的跋涉，暮色降临，探险队准备在寒风中度过不知第几个夜晚：

我们随意地躺下，以天为幕，以地为席，枕石而眠；另外又找了几块巨石当作桌椅。在我们霸占地面的同时，成片叽叽喳喳的智利鹦鹉（Psittacus Jahuilma）①尖叫着，飞上附近的树木。在那里，这群不安分的访客得以停歇片刻。我们燃起篝火，凑合着吃了一顿晚餐。我精疲力竭地躺下，但在十几个智利牛仔②的包围下并不十分安心。没想到经过一天的跋涉，我们的队伍竟已发展得如此壮大。

他们继续赶路，大部队终于接近了山脊：

乔木林渐渐消失了，只剩几棵孤零零的柏木；但是灌木和草丛还在蔓延。然而，这不同于阿尔卑斯山脉那张五彩缤纷、花香宜人的地毯……

---

①可能是莱松（Lesson）在1830年所描述的山鹦哥（Bolborhynchus aurifrons），萨尔瓦多里曾在1891年《大英博物馆鸟类收藏目录》（*Catalogue of the Birds in the Collection of the British Museum*）第20卷第236~237页中引用并写道，"以下物种（Psittacus Jaguilma 和 Psittacus Jaquilma）似乎很可能也是 B. aurifrons"。山鹦哥如今写作 Psilopsiagon aurifrons。
②特指在野外活动的骑士，类似美国牛仔。

在这仅有的几片浓郁的绿色草皮上，缀满了多叶旱金莲的黄色花朵，诱
使人去倾听从冰缝尽头传来的雪水融化而发出的涓涓细流声；就这样你
忽略了稀稀落落的花草，它们在裂缝中东躲西藏，谦逊羞涩，几乎不敢
现身；芙罗拉（古罗马神话中的花神）在此消逝并被埋葬。

走过普朗琼山口后，在沿阿根廷一侧的山坡下山的过程中，佩莱格里诺观察
到成群的原驼：

这些天真可爱又用途广泛的反刍动物，就其外形和骨架结构而言，
毫无疑问可以被归入骆驼一类；但就它们的习性、敏捷度和喜爱在高山
流浪的生活方式而言，它们几乎可以被称为安第斯地区的阿尔卑斯臆羚。

在这次考察中，佩莱格里诺进行了详细的地质学、地理学、植物学和动物学
观察；同时他采集了大量的自然学样本，其中包括一系列特别的陆生和淡水软体
动物，并且他将在随后出版的专著中对它们加以描述。在数量繁多的物种及变种
中，他还发现了一批具有显著生物地理学特色的品种，例如阿根廷野蛞蝓。此外，
昆虫类研究也取得了显著成果：膜翅目由普尔斯（Puls）于 1868—1869 年进行描述，
同时佩莱格里诺在 1868 年也进行了统计；施泰因海尔（Steinheil）于 1869 年负责
对甲虫进行研究和描述；而双翅目则交付于卡米洛·龙达尼。这批昆虫标本至今
仍被存放于帕尔马博物馆和佛罗伦萨自然历史博物馆之中。

佩莱格里诺还取得了相当数量的植物学样本，并将它们委托给了植物学家文
森佐·切萨蒂（Vincenzo Cesati）。此人于 1871 年在那不勒斯出版了一本插图专著，
里面收录了部分佩莱格里诺教授采集的植物。它们均来自智利安第斯东面的山坡，
范围覆盖普朗琼山口、潘帕斯草原以及门多萨。切萨蒂如此介绍这本植物学著作：

在《米兰自然科学学会纪事》第九卷以及之后几册里，我们读到了一篇由佩莱格里诺·斯特罗贝尔教授所撰写的文章，内容是关于他的旅行的。他从帕尔马启程，穿越了分割智利与阿根廷共和国的安第斯山脉，准确来说是从普朗琼山到智利的城市库里科，并最终抵达了门多萨。这位知名教授进行艰苦旅行的目的是，调查这个大部分疆土还不为人知的国家。无论是以自然科学的名义，还是从"渴望了解那不毛之地的地形与地理"这样的角度出发，对自然学家而言它都充满了吸引力。长途跋涉中，他还把目光投向了植物王国，尤其是那些具有地貌特征的植物。他在其中采集了少量样本，并在高明的帕尔马植物园主任帕塞里尼（Passerini）的建议下，在 1867 年 8 月将我纳入团队。他于随后送来了来自门多萨和布兰卡港等周边地区的植物，要求一并进行研究，同时希望其成果能在意大利得到认可……佩莱格里诺带来的标本十分棘手，其中许多都缺少花朵与果实，还有一些连片叶子都没有！这让我很为难。但我还是打起精神绞尽脑汁研究它们；而当地人给它们取的俗称，使我开始联想它们是否会在生产、经济或卫生层面带来影响。

切萨蒂编写了植物名单，并描述了几个新种，其中包括智利香根菊（Baccharis strobeliana）和智利铁线莲（Clematis strobeliana）。

1868 年父亲去世的消息传来，佩莱格里诺便返回了意大利，并最终在帕尔马定居。他站上了帕尔马大学地质学的讲台，并成为自然历史博物馆的负责人。他的兴趣开始转向史前考古学。在 1875 年，他与加埃塔诺·基耶里奇（Gaetano Chierici）及路易吉·皮戈里尼一起建立了《意大利史前考古学学报》（Bollettino di paletnologia italiana）。同时他也没有放弃长久以来对软体动物的兴趣，同年他在比萨成立了意大利第一个软体动物学会。他用 5 种语言发表了近 200 篇科学论文，其中值得一提的是有关于泰拉马拉文化（Terramare Culture，其中"泰拉马拉"

意为黑土或泥灰土。该文化被称为"肥土堆文化",是意大利青铜文化的典型代表,分布于意大利北部波河附近)的著作和有关于软体动物的论文。1895年6月8日,在帕尔马山区位于特拉韦塞托洛(Traversetolo)的住宅他里心脏病发作,于是他这为自然科学无私奉献的一生落下了帷幕。

》》》从潘帕斯到火地岛

贾科莫·博韦与妻子路易莎·布鲁佐内及妻子在第一段婚姻中所生的女儿

就在与路易莎·布鲁佐内（Luisa Bruzzone）结婚 3 个月后，1881 年 9 月 3 日，海军上尉贾科莫·博韦乘坐"欧罗巴"（Europa）号轮船离开热那亚，前往里约热内卢。在 1878—1879 年瑞典人乘坐"维加"（Vega）号成功探测出东北航道之后，博韦向意大利地理学会提出了一个雄心勃勃的以地理商业和科学为目的的南极地区科考项目。这个宏伟的计划未能得以实施，主要是当时年轻的意大利那脆弱的经济实在无法支持如此高昂的开支（当时估计需要 60 万里拉，相当于今天的 200 多万欧元）。

随后，博韦便转向阿根廷政府，并成功得到了他们的支持。博韦与著名科学家兼地质学家多梅尼科·洛维萨托及动物学家德乔·温奇圭拉，一起从意大利出发。随后，已经在布宜诺斯艾利斯定居一段时间的植物学家卡洛·斯佩戈其尼也加入了他们。

博韦在阿根廷得到了政府派发的两艘船只："合恩角"号护卫舰和"圣克鲁斯"（Santa Cruz）号帆船。正是它们载着他在比格尔海峡和麦哲伦海峡的狭窄航道里行驶，陪他探索了巴塔哥尼亚、火地岛和当时还未被发现的艾斯塔多岛（Isola degli Stati），一路抵达太平洋。在与我们的探险家一起出发（仅限思想的遨游）之前，我们先来认识一下这三位自然学家，正是他们向大家展示了这些独特地区的生态系统与其生物多样性。多梅尼科·洛维萨托曾以地质学家的身份应征入伍，他是一个个性鲜明的人，各大传记将他描述为一个不屈不挠的伊斯特拉爱国主义者。正如罗多利科（1866年）所指出的那样，在洛维萨托身上共存着两种截然不同的人格，但仔细观察，那其实是同一枚硬币的正反面："作为爱国主义者，他激进狂热，支持民族统一；作为科学家，他涉猎广泛，博学多才。"

洛维萨托1842年出生于伊斯特拉半岛，尽管自幼家境贫寒，他还是顺利考入了帕多瓦大学的数学系。奥地利警察很快就认识了这位才华横溢但躁动不安的伊斯特拉学生，并开始对他进行实质性的迫害。活跃的政治活动和反对侵略的煽动性言行使他多次被逮捕，最终他被驱逐出帝国①的所有学校。在赏识其科研才华的学术委员会的压力下，他的刑罚变成回国禁闭1年；但洛维萨托再次出逃，并于1866年5月加入加里波第的队伍，参与了特伦蒂诺战役。1867年，他回到帕多瓦，并取得了数学学位；然而不久之后，他的兴趣便转向了自然科学和史前考古学。他开始收集矿物、岩石和化石。虽然站上了数学系的讲台，但他依然保

----

①此时意大利北方处于奥地利帝国的统治下。

持着桀骜不驯的反叛精神，这使他多次被调到王国^①的各个外围地区的学校。

1884 年，他来到卡利亚里大学，任职于地质系，不断推动着撒丁岛的地质研究工作的发展。在撒丁岛时期，洛维萨托为了进行地质勘查，长期出入卡普雷拉（Caprera）；他利用这些机会，经常与朱塞佩·加里波第同行，而自特伦蒂诺战役时期起二人便结下了深厚的友谊。洛维萨托的地质学研究成果和他本人的独特见解，使他在科学界得到了认可，人们认为他为后来的大陆漂移学说的提出奠定了基础。这是一位学识渊博、涉猎甚广的科学家。从他对安第斯山脉的地貌、潘帕斯山脉的动植物，以及火地岛崎岖海岸所进行的描述不难发现，除了严谨的科学态度，他的笔下还流淌着诗意浪漫的喜悦之情。

而博韦的另一个远征伙伴，我们则交由杰斯特罗来介绍。他用寥寥数笔便为我们勾勒出了一个清晰的轮廓，并讲述了此人参与其中的前因后果：

> 前几年，当大家在热火朝天地进行藏品整理工作的时候，有一个医学生时常来（热那亚自然历史）博物馆拜访。他就是德乔·温奇圭拉——一个被自然历史唤醒了热情与才华的年轻人。多利亚以一贯友好的态度接待并鼓励了他，同时预感到他将在未来助自己一臂之力。这一点很快就得到了验证：当这位新任合作者被安排去接手（多利亚的）鱼类样本时，他展现出了他那聪慧与细致的特点。他从这群脊椎动物的研究中受益良多，在当时众多的鱼类学家之中脱颖而出。市政厅给他的薪水十分微薄，因此他不得不离开热那亚，前往罗马。他得到了罗马水族馆的领导权；他在那里一直待到最近，担任着渔业养殖场主任的职位。我们之间的感情一如既往，这就是他参加热那亚博物馆副馆长的竞选，并在当选后再

①指的是 1866 年第三次统一战争之后，统治意大利大部分领土的意大利王国。

次回到这里，回到这个赋予他知识武器的地方的原因。1881 年，在贾科莫·多利亚的帮助下，温奇圭拉以动物学家的身份加入由贾科莫·博韦率领的意大利南极探险队，并为博物馆带回了一系列动物学藏品。

我们对德乔·温奇圭拉已经十分熟悉，前面介绍过的探险家们将从世界各地搜罗来的化石与标本送去研究时都会提及他；这无疑是一位"血统纯正"的自然学家，正如我们即将看到的那样，他将为科学之旅的成功贡献宝贵的力量。

在阿根廷，还有一个意大利人准备加入探险队。1879 年到达阿根廷后，植物学家卡洛·路易吉·斯佩戈其尼便再也没有返回故乡，他毕生致力于南美洲的植物群研究，并取得了显著的研究成果。他的名字与 19 世纪阿根廷自然科学发展史紧密相连。卡洛·路易吉·斯佩戈其尼 1858 年 4 月 20 日出生于巴伊罗（Bairo），但在他年幼的时候全家就搬到了科内利亚诺（Conegliano）。他在当地的皇家葡萄种植与酿酒学院接受了系统培训，并在著名的菌类学家皮埃尔·安德烈亚·萨卡尔多（Pier Andrea Saccardo）的指导下，专攻蘑菇研究。传记作者们提到了年轻的斯佩戈其尼的聪明才智，尤其是其卓越的语言天赋，而正是这个天赋让他成为一个名副其实的多语种人才。1879 年 11 月，斯佩戈其尼决定前往南美洲。当时阿根廷政府正在公开招聘大学教授，结果这位意大利自然学家仅用了 1 年的时间便获得了终身教职。那时他还出版了最初几部关于植物学的作品，就此为科学界所知。

随后他又成为拉普拉塔大学的植物学讲师，并在那里度过了余生。他没有忘记意大利，但同时深爱着这第二故乡，这一点我们可以从他寄给老师萨卡尔多的信中看出："总有一天我可以说，我为自己，为我的老师，为我的祖国以及这片热情接纳我的土地，做出了贡献。"1926 年斯佩戈其尼去世后，他的故居被捐赠给拉普拉塔博物馆，条件是将其改造成一个植物研究所，并以他的名字命名，保存他的书籍、仪器和所有藏品。这个愿望于 1930 年实现。

在阿根廷居住的 45 年里，斯佩戈其尼进行了多次考察，并发表了约 170 篇关于维管植物的科学论文，描述了 1000 多个新的分类群。他组建了一个重要的标本馆，并建立了一个植物园，在那里种植了一批阿根廷本土的植物，其中包括一系列的仙人掌。为了向卡洛·斯佩戈其尼致敬，许多真菌、植物和动物都以他的名字命名。植物中有天平丸（Gymnocalycium spegazzinii）、残雪之峰（Monvillea spegazzinii，也称 Cereus spegazzinii），以及由植物学家皮洛塔在 1887 年描述的带有漂亮黄色花朵的斯氏银荆（Mimosa spegazzinii）等。在动物样本中，一种阿根廷特有的啮齿类动物脱颖而出，斯佩戈其尼在安第斯山脉西北部采集到它，它就是斯氏南美原鼠（Akodon spegazzinii），由奥德菲尔德·托马斯（Oldfield Thomas）于 1897 年进行描述。阿根廷人为了彰显对我们这位科学家的敬意，将圣克鲁斯的冰川国家公园内的部分冰川也冠以了他的名字。

探险队于 1881 年 12 月从阿根廷首都出发，沿着海岸线向南行进，数次探索了巴塔哥尼亚和火地岛内陆地区；博韦在那里与火地岛人接触，收集了大量民族志、地质古生物学、动物学和植物学样本。博韦在发给意大利热那亚南极考察中央委员会主席的一封报告中，更新了考察的进展情况。这封书信随后被发表在《意大利地理学会公报》上：

> 我利用穿行于瓦尔帕莱索和蒙得维的亚之间的汽船停靠的难得机会，从巴塔哥尼亚南部的这个偏远地区，与汽船停靠站蓬塔阿雷纳斯取得了联系，向您汇报这支由我负责领导的科学考察队的消息。大家已经知道，"合恩角"号于 12 月 18 日从布宜诺斯艾利斯出发，并于 22 日上午抵达乌拉圭首都……在圣诞节的晚上，我们当机立断，扬起了帆，迎着东北风，试图加快航行速度。但是，当我们到达科连特斯角（Cape

Corrientes）时，遇上了西南风。这阵风起起伏伏，一直持续到 1 月 16
日，那时我们已经驶入圣克鲁斯河；在此期间，我们几乎可以说是片刻
不停歇地与风"斡旋"。

在航行过程中，他们进行了一些水质的化学、物理调查以及气象勘测，博韦
详细列举了这些研究结果："我们的观测项目包括确定大气压，读取干湿温度计
的数值，记录云朵形状，记录风强与风向，确定天空的状态以及海面温度与深层
温度。我们还用含盐量测定计测量了盐分的比重。"他们还第一次进行了海洋生
物的采集工作："1 月 7 日，我们将巨大的机械臂伸入海底 50 丈（1 丈 ≈ 3.33 米）
进行疏浚。第一次进行这种操作，不免有些惶恐和犹豫。不过一切进行得很顺利，
渔网带着形态各异的新物种满载而归时，大家都惊喜交加。网刚拉上甲板，我们
就把里面的战利品收集起来。接着温奇圭拉博士对它们进行清洗和分类，之后把
它们装在盛满酒精的容器里；这些容器被精心密封起来，以便之后装箱托运。而
各类无机凝结物和测试报告在进入密封的卷筒之前，都要经过洛维萨托教授的初
步审核检查。"温奇圭拉是这样评价采集成果的："收集到的动物样本可以证明，
南大西洋的海洋生物群是如何在如此低的纬度上逐渐形成明显的环极特征的；与
北极极地海洋中发现的动物同理。"

温奇圭拉随后对收集来的样本展开了检查，并列出了鱼类和无脊椎动物的名
单。其中一些十分罕见，如软体动物；而另外一些则很常见，如甲壳类和蠕虫类
动物。

关于巴塔哥尼亚内陆地区探险的详细内容，我们要通过洛维萨托的描述来进
行揭示，他将向我们展示旅途中的风景。在 1883 年出版的《意大利地理学会公
报 》的一段话里，他这样介绍这一地区广阔的内陆平原：

　　我们眼前就是一马平川的潘帕斯，在这片湿润柔软的沼泽地里各种鸭类涉禽都怡然自得地玩耍着，其中就有凤头距翅麦鸡。这是一种极为奇特的鸟类，因其震耳欲聋的叫声而闻名，尤其是当它展翅欲飞时。它的翅膀上有两个如同珊瑚般呈现粉色的尖锐小角。在较为干燥的地面突起处，在更为丰富的植被中，我们可以看到平原兔鼠的巢穴，这种动物也被称为潘帕斯兔……珠斑鸻鹬，大量生活在潘帕斯草原，喜欢待在山绒鼠废弃的洞穴里……

　　但是，正如洛维萨托随后直接观察到的那样，它们有时也会进入这群啮齿类动物仍然居住的洞穴中，"因此与山绒鼠共存"。在这些引人入胜的书页中，我们可以感受到洛维萨托是如何细致入微地观察这个奇特的生态系统的。为了向达尔文致敬，他如此描述考察中的某个特殊时刻：

　　12℃的低温诱使着我们徒步前行，我欣然接受，因为这遍地花卉为我提供了不少值得收集的精巧品种。无数红色的马鞭草，主要隶属于两个品种，即秘鲁马鞭草和长穗马鞭草；此外还有花朵更小且呈现深紫色的品种，即羽叶马鞭草；同时还有很多波纳蓝荆；当然，紫色的鼠麴草、粉色的秋酢浆草，以及黄色的康诺根酢浆草也有不少。蝇子草是这片波浪起伏的平原上最引人注目的花朵，它们一直蔓延至阿苏尔河的右岸。不过，我在这里将植物完全抛在脑后，彻底投进了古生物学的怀抱。我已经在岸边的那些沙土里，看到了许多大型哺乳动物的残骸。沿着右岸继续前进，逆着水流，我从沙土中挖到了一些雕齿兽（一种存在于更新世的哺乳动物）的甲壳化石，一些大地懒（一种存在于上新世早期至更新世晚期的巨型哺乳动物）的肋骨和骨盆，安第斯乳齿象（一种类似于猛犸象的乳齿象科动物）象牙的顶端部分，以及其他同样珍贵的骨片化石。

探险队沿着分站目的地边走边停，有时他们会在沿途遇到的农场过夜，享受着烤肉的美味，但更多时候是在广袤无垠的潘帕斯草原上安营扎寨。早晨，走出帐篷："我看见一只蜂鸟正从桔梗和山香上吸食花蜜。那只颜色缤纷的优雅小鸟，悬浮在半空中，像飞蛾一样盘旋着，将长长的喙深入管状花冠的底部，吸食着那里的花蜜；它以闪电般的速度转移到另一朵花上，当雌花伸出花蕊并碰到它的喙上残留的花粉时，授粉便成功了。许多所谓的小飞鸟，其实是蜂鸟的一种。西班牙人称之为采花鸟，它们都生活在这里……"

踏上火地岛荒凉崎岖的地面后，洛维萨托对一座几乎处于未知状态的岛屿进行了考察："艾斯塔多岛是麦哲伦群岛最东边的一个地方。这是一块岩石山体，整条山脊自西向东脉络清晰地蔓延了约 67 千米，平均宽度不超过 15 千米。在 40 天不间断的工作中，我对它的大部分洼地和高地进行了考察。"

这片荒芜的空地犹如世界的尽头，引出了我们这位自然学家的伤感情怀：

如果不是一只漂亮的小鸟[1]落在了我的头上，那么这令人窒息的孤寂之地几乎可以说是死神的主场。这原始森林中的小国王，像抗议入侵者一般，跟在我身后叽叽喳喳地叫个不停。都说森林的静谧是崇高的，但我可以用实际经历告诉你，即使是原始森林的宁静，很快也会变得沉重不堪……我们准备睡下，但由于艾斯塔多岛上不存在干燥的区域，所以大家不得不浸泡在水里。我们从未像此刻这般强烈地感受到正身处在一个被世界遗忘的角落！在这片荒芜之地，一切都加深了内心的悲凉。在这里，打破漫漫长夜的寂静的只有恶劣的鹰，只有怒吼不断的海，只有被浪花猛烈拍打、承受了无数海浪的礁石，只有崎岖的岸边岩石下的

---

[1] 可能是今天所说的针尾雀（Synallaxis）。

海狮（南海狮或者南美毛皮海狮）所发出的孤鸣。

这趟考察取得了显著的科学成果。斯佩戈其尼收集了大量的真菌样本，并对火地岛的菌类进行了深入研究，其成果被记录在 1887 年在布宜诺斯艾利斯出版的《火地岛真菌》（*Fungi fuegiani*）一书中。温奇圭拉在 1884 年对南美洲动物群的分布情况进行了深入分析，并根据其栖息地和一批生物指示物的分布情况确定了两个生物地理亚区。根据温奇圭拉的说法，巴塔哥尼亚地区以北面的内格罗河、东面的大西洋、西面的安第斯山脉和南面的麦哲伦海峡为界，特点是地势平坦，地面上覆盖着草本植物和大量灌木，同时有一些特别的哺乳动物出没，如山绒鼠、原驼、南美鹿和白耳负鼠等。此外，这里还有独特的鸟类，例如美洲小鸵等。

而安第斯地区西起太平洋，直到智利南部各岛、比格尔海峡和艾斯塔多岛，特点是乔木植被茂盛，有以山毛榉[①]为代表的树林，同时存在着被温奇圭拉认定为具有地区代表性的物种，如安第斯鹿和小羊驼。今天，我们知道，安第斯山脉生物多样性热点这个在南美大陆南北向延伸 8000 多千米的区域，拥有着地球上约 1/6 的植物，有着近 15000 种植物特有种和种类繁多的动物特有种，如黄耳锥尾鹦鹉、黄尾绒毛猴以及南美洲唯一的熊种——眼镜熊。此外，安第斯地区拥有 754 种两栖动物，是地球上这类脊椎动物群体分布较广的地区。同时在这一地区还生存着至少 110 种鸟类和 14 种濒危哺乳动物。

温奇圭拉采集了大量来自不同动物群体的标本，其中最令人欣喜的是鱼类标本，包含了多种海洋和淡水物种。在爬行类动物中，他收集了一批分属窄尾蜥属、平咽蜥属和双喉蜥属的巴塔哥尼亚蜥蜴品种。在蛙类中，他则收获了肿肋蟾属的两个物种："在卡门德巴塔哥内斯（Carmen de Patagones）采集到的棕

---

①如南极山毛榉、桦叶假山毛榉、斜叶南水青冈。

澳拟蟾和在圣克鲁斯捕获的蟾形肿肋蟾——达尔文也曾在那里采集到它。"萨尔瓦多里分析了鸟类学材料，确定了隶属 79 个物种的 224 件标本，其中两个被定义为科学的新物种，即黑喉雀鹀和短嘴掘穴雀。而其他品种同样具有显著的生物地理学意义，因为此前它们还未曾在该地区被发现。

然而，博韦的远征却遭遇了一个戏剧性的结尾。当时，部分传教士请求前往一个陌生的火地人部落，于是他便指挥"圣何塞"（S. Josè）号驶入比格尔海峡口的斯洛盖特湾（Baia di Slogett）。1882 年 5 月 31 日，在到达海湾内的哈马科亚（Hammacoja）后，他们遭遇了一场可怕的风暴，船只严重受损。虽然船员们死里逃生，但沉船事故让博韦前往南极洲的梦想破灭。在布宜诺斯艾利斯，博韦从阿根廷共和国总统的手中接过了平民英雄奖章，并带着它返回了故乡。

贾科莫·博韦将再次回到南美洲，对伊瓜苏河、巴拉那河和巴拉圭河以及佩皮里瓜苏河（Rio Pepiri Guazù）进行寻访考察。这次考察得到了意大利地理学会和阿根廷劳埃德协会（società Lloyd Argentino）的赞助。他于 1883 年 7 月 3 日在热那亚启程，阿根廷未来的总统多明戈·福斯蒂诺·萨米恩托（Domingo Faustino Sarmiento）、他的妻子露易莎和已在阿根廷定居的作家埃迪蒙托·德·亚米契斯都参与了此次行程。

通过寄给地理学会的一些信件，博韦（1884 年）给我们留下了关于这次考察的详细记录，这些信件后来被发表在学会公报上。当他出发去米西奥内斯省时，一开始他只打算进行简单的游览，但正如他自己承认的那样：

> 对于未知的热情战胜了所有心理预设，游览变成了有组织的探索，不仅是为了开化米西奥内斯，更是一次对上巴拉圭、巴拉那河、伊瓜苏河和伊坦贝瓜苏河河道（Itambè-guazù）以及巴西瓜伊拉省（Guaíra）

和马托格罗索省的探索。

诚如所言，这段旅程变成了真正的冒险，伴随着紧张的民族学遗物收集和野生动物采集活动。博韦在上巴拉那省（Alto Paranà）停留了4个月；在这期间，他被一种"奇怪的高烧侵占了身体，片刻不得喘息"。在这里，他近距离了解了瓜伊拉本地部落，并见识了瓜伊拉瀑布：

> 那是一段充满艰辛的旅程，但每天出现在眼前的奇迹般的美景，又成功抚慰了我们的心。只是瓜伊拉那震撼人心的瀑布群，就足以让我们忘记所有的艰难困苦。这不是一条自高空而落下的河，而是一片从20米高空奔腾而下的海。它以近3米的河池为前景，在宽不过60米的峡谷中，尖叫怒吼，雷霆万钧，震慑着每一个靠近的人。方圆数里地都在它巨大的冲击下颤抖。一片洁白的水汽在瀑布之上不断地摇曳着，就像一根根巨大的羽翼，使夕阳折射出瑰丽多姿的光芒，令人叹为观止。

正如博韦在信中所表明的那样：

> 考虑到时间短暂以及居无定所的条件下采集工作所遇到的各种困难，我可以说我对成果已经十分满意。我用"西里奥"（Sirio）号蒸汽船将19个装有收藏品的箱子寄给了热那亚的贾科莫·多利亚侯爵。

在这次艰难的探索之后，博韦回到了布宜诺斯艾利斯，并于1884年1月29日从当地出发，开始对巴塔哥尼亚进行第二次考察。经过这次探索，博韦带着25个大箱子回到意大利，里面装满了民族人类学化石遗物和极具科学价值的自然学标本，它们将大大丰富意大利各大博物馆的藏品。

❯❯❯ 安第斯之心

19 世纪下半叶，南美洲对于意大利人来说是一个理想国，那里的一切都尚在建设之中。那些新生国家对于知识分子的强烈需求，吸引了不少意大利人移民，他们对当地文化和经济的发展起到了重要作用。许多在秘鲁、阿根廷、巴拉圭和乌拉圭工作的医生、工程师和教师都来自意大利，其中还有一位杰出的自然学探险家。

1865 年，路易吉·巴尔赞出生于罗维戈的巴迪亚波莱西内（Badia Polesine），是洛伦佐·巴尔赞（Lorenzo Balzan）和安吉丽娜·博纳托（Angelina Bonato）的儿子。洛伦佐·巴尔赞是一位热心的爱国者，曾遭到奥地利警察的关押。由于政治压迫，一家人的生活条件十分窘迫，但路易吉还是设法完成了学业：他先是就读于威尼斯的福斯卡里尼（Foscarini）中学，随后在帕多瓦大学学习自然科学。他的弟弟欧金尼奥在新闻出版业取得了成就，坐上了《晚邮报》（*Corriere della Sera*）行政主管的位置。因家境困难，在 1885 年路易吉决定前往阿根廷。

到了拉普拉塔后，他以学者的身份自居，并很快被自然历史博物馆聘用，担任技术准备人员和标本制作师。1887年，巴拉圭政府联系他，聘请他在亚松森国立学院（Collegio nazionale di Asunción）担任自然科学系教师，当时该学院几乎可以算是一所大学。在这里，路易吉利用闲暇之际进行了一场场冒险之旅，深入探索这片几乎陌生的土地。同时，许多回到祖国的意大利人替这位自然学探险家做了宣传。流言传到了时任意大利地理学会主席的贾科莫·多利亚的耳朵里，于是多利亚向他提议组织一场真正的南美中部地区的考察之旅。

1890年，路易吉在意大利地理学会的支持和赞助下启程，乘坐小蒸汽艇"琴陶罗"（Centauro）号到达巴拉那河上的伊塔皮塔蓬塔[①]（Itapitapunta），随后进入阿根廷境内。他沿途停经数个分站，之后抵达门多萨；随后他前往安第斯山脉，并穿越山脉来到智利。在攀登安第斯山脉的过程中，路易吉对动植物进行了深入研究，并收集了一批极具科学价值的矿物、岩石、化石、植物和动物标本。路易吉还在考察途中观察了当地人的生活，完成了一系列民族学记录。

抵达海岸线后，他沿海路继续前行，直到抵达秘鲁的莫延多；从这里出发，他一路前行，到达玻利维亚的的的喀喀湖（lago Titicaca）。他在安第斯山脉的周边国家做了长期停留，意在深入探索这片与众不同的地区，尤其是安第斯山脉的东部地区。他在那里观察到了特殊的地质构造，正如他在《探索南美中部地区》（Viaggio di esplorazione nelle regioni centrali del Sud-America）一书中所描述的那样，它们表现为"山顶一路直达山脚，溪流淌入沟壑，却未形成任何山谷"。

回到亚松森后，路易吉继续着教学工作。当地的埃斯科瓦尔（Escobar）总统

---

①这是一片山崖，意为红色石头的尖端。

亲自游说他留在巴拉圭，但路易吉婉拒了丰厚的条件，并于 1892 年返回意大利，将一系列珍贵的科学藏品捐赠给了热那亚的博物馆。1893 年 5 月 28 日，路易吉应邀前往罗马进行演讲，介绍他在旅行中的探索发现。事业的成功使他信心倍增，于是他将全新的南美洲探险计划提上了日程。然而随后他却在途中感染了疟疾，并引发了持续不断的高烧反应。1893 年 9 月 26 日，他年轻的生命在帕多瓦画上了句号，科学界就此失去了一位天才学者。

路易吉收集的标本使各路专家对这片大陆的生物多样性有了更全面的认知。阿尔贝托·佩鲁贾（Alberto Perugia）在一些作品里描述了其中一批鱼类样本。在 1897 年发表的一篇笔记中，他如此介绍这批采集于玻利维亚的鱼类标本：

> 1893 年 9 月，在帕多瓦病逝了一位勇敢聪慧的探险家，他为热那亚自然历史博物馆贡献了大量宝贵的藏品。路易吉·巴尔赞于 1885 年前往亚松森（巴拉圭）并在那里担任国立学院的自然科学教师，其间他多次向（热那亚自然历史）博物馆寄送珍贵的动物样本，其中尤其值得注意的是他在马托格罗索省的维拉玛丽亚（Villa Maria）收集的材料。我已经在这份年鉴中介绍了鱼类样本中一些有趣的新物种，如巴氏裸光盖丽鱼（Geophagus balzanii，今与 Gymnogeophagus balzanii 同义）、巴拉拿大钩鲶和巴氏三角溪鳉（Haplochilus balzanii，今与 Trigonectes balzanii 同义）。1891 年，在得到意大利地理学会的资助后，路易吉开始对玻利维亚进行探索，范围覆盖贝尼省和马莫雷省之间的地区。尽管艰难险阻使探索变得异常困难，但他还是成功采集到了丰富的动物学样本。他在这次旅行中收集到的鱼类材料可以说是了无遗憾，我将在此详细说明。这批鱼类样本大多是他在雷耶斯（Reyes）逗留期间于贝尼河中采集到的，雷耶斯是一座位于河道右岸的城市。样本里也包含他前往莫塞特尼斯（Mosetenes，贝尼当地的部落）时，在永加斯

（Yungas）所捕获的鱼类。样本中还有一些来自马迪迪河（Madidi），
这条河穿过康塞普西翁并最终汇入贝尼河。

路易吉·巴尔赞的收集包含200多件鱼类标本，涉及37个种类；这第一手
资料揭开了玻利维亚内陆水域众多未知鱼类动物的面纱。许多学者对路易吉收集
的物种进行了描述，并为它们冠以这位来自威尼托的年轻探险家的名字。例如卡
梅拉诺在1897年所做的研究，他将一种属于有爪动物门的栉蚕冠以他的姓氏，
就是今天的巴氏栉蚕（Oroperipatus balzani）。这种奇特的动物拥有蠕虫的外观与
粗壮的腿，腿部末端有着两片指甲，因此该门的字面意思是"带甲的"。

为了纪念路易吉·巴尔赞，我们在此引用佩鲁贾（1897年）的话：

最后请允许我用几句话来表达科学界和热那亚自然历史博物馆对于
路易吉·巴尔赞离世的深深遗憾。他是一位活动积极的收藏家，他吸取
过去的经验，为我们今后了解这些地区的陆生与水生动物群做出了巨大
贡献。虽然此前已经有许多学识渊博的旅行家对这些地区进行过探索，
但这些地区仍然有大量的未知物种，它们等待着被发现。

》》》与众不同的厄瓜多尔

他们将受害者的头颅斩下，并直接带走，以进行缩头术（也称干制首级）。为此，他们小心翼翼地剥开头皮，接着将其浸入沸水中，将滚烫的石头按照大小顺序摆在其周围；热力使皮肤收缩，直到整块头皮缩小到和最后一块石头一样——差不多就是希瓦罗人（Jivaros）在战争中随身携带的某种橙子的大小。然后他们便取出石头，用热石灰填充头皮内部，最后小心翼翼地缝合嘴唇和脖子的切口。如此干制的头颅保留了死者的大致外观，头发和毛发也被完整保存。战争胜利后，希瓦罗人带着这诡异的战利品骄傲地凯旋，并就此展开部落最为隆重的庆祝活动。

这是年轻的皮埃蒙特自然学家恩里科·路易吉·费斯塔为了与慈幼会传教士会合而前往位于厄瓜多尔中心地带的舒阿人（Shuar，他称之为希瓦罗人）的领地时，所目睹到的惊悚场景。这是将敌人斩首后所进行的恐怖仪式，而恩里科·路易吉·费斯塔是为数不多目睹这个部落这一生活习俗的人之一，他随后在 1910 年的《慈幼会公报》（*Bollettino salesiano*）中对这种仪式进行了介绍。

1868年8月11日，恩里科·路易吉·费斯塔出生在蒙卡列里，是科拉多（Corrado）和特奥多拉·沃拉（Teodora Vola）的儿子。他1891年毕业于都灵大学自然科学专业，不久便成为马里奥·莱索纳（Mario Lessona）所领导的动物学研究所的义务助手。当1899年洛伦佐·卡梅拉诺（Lorenzo Camerano）接任莱索纳担任馆长时，恩里科·路易吉·费斯塔便被任命为馆长助理。恩里科·路易吉·费斯塔是一个家境殷实的年轻人，富足的生活使他有大把时间去投身于在世界各地所展开的动物学探索之旅。1891年，他前往突尼斯，从那里带回了大约300件野生动物标本；接着他转向埃及，在那里度过了1893年的春夏两季；随后他对巴勒斯坦和叙利亚进行考察，一路行进到霍姆斯湖（lago di Homs）。此外，他还前往中东地区，采集了许多鲜为人知的动物标本，为了解该地区的生物地理做出了重要贡献。

但他真正的冒险，是探索厄瓜多尔的安第斯山脉和亚马孙雨林的旅行。他于1895年5月1日从热那亚启程，月底到达巴拿马的科隆。他在此停留并探索了达里恩（Darien）这个不为人知的偏远地区，进行了鸟类标本的采集工作。几个月后，他抵达厄瓜多尔的瓜亚基尔，就此开始了漫长的探索之旅。他穿越厄瓜多尔的安第斯山脉，抵达昆卡，当地慈幼会的贾辛托·潘凯里（Giacinto Pancheri）神父热情地接待了他。

恩里科·路易吉·费斯塔与潘凯里共同组织了一次复杂的探险之旅：他们带着一队驮畜和众多搬运工，前往亚马孙盆地圣地亚哥河的支流——乌帕诺（Upano）河的河谷。舟车劳顿使他病痛不断，但经过1个多月的艰苦工作，他顺利地带着成果丰硕的动物样本来到了瓜拉基萨（Gualaquiza）传教所。他在此地停留休整，恢复了体力，同时继续采集标本，以进一步丰富自己的战利品。12月初，他再次踏上旅途，前往圣地亚哥河的另一条支流——萨莫拉河（Zamora）。他在这里第一次接触到了舒阿人部落，而这群可怕的猎首者以友好的态度接待了他。

从萨莫拉河谷出发，恩里科·路易吉·费斯塔决定前往蓬戈（Pongo），这是一片鲜为人知且危机四伏的土地。这场徒步之旅同样充满了危险：恩里科·路易吉·费斯塔被毒蛇咬伤，被迫返回萨莫拉河谷。此后他沿着安第斯山脉的斜坡向上探索了很长一段路。抵达孔多尔山脉后，他的采集成果也日益丰硕，他甚至捕捉到了一只眼镜熊。1896 年 1 月底，他沿着圣地亚哥河行进到其源头；而这时，搬运工们却盗窃了他的财物，寸步难行的他不得不返回瓜拉基萨传教所。

回到昆卡后，恩里科·路易吉·费斯塔在厄瓜多尔中南部地区的卡尼亚尔省度过了一整个夏天，在那里成功捕获了秃鹰和鹿。11 月底抵达基多后，他开始转向厄瓜多尔的北部地区，并来到了与哥伦比亚接壤的伊瓦拉、图尔坎和亚瓜科查（Yaguarcocha）。他在这里停留，收集鸟类标本。在一次狩猎中，他甚至捕获了一只安第斯山脉罕见的山貘。1897 年 8 月底，他回到瓜亚基尔，开始着手将这批珍贵的动物标本打包送往意大利；但他仍然不满足于已然丰硕的成果，于是又花了几个月的时间在瓜亚基尔周围探索。直到 1898 年 2 月他才踏上家乡的土地。

正如我们在旅行总结——《达里安和厄瓜多尔：一个自然学家的旅行日志》（*Nel Darien e nell' Ecuador. Diario di viaggio di un naturalista*）——和许多描述此行样本的学术文章中读到的那样，恩里科·路易吉·费斯塔发现的物种不计其数：大约 450 件哺乳动物标本，3100 件鸟类标本，170 多件爬行类动物和两栖动物标本，150 件鱼类标本，数以千计的被囊动物、棘皮动物、软体动物等无脊椎动物标本，以及囊括了甲虫、膜翅目、双翅目、鳞翅目和直翅目昆虫的节肢动物标本。它们为都灵大学动物学和比较解剖学博物馆的藏品锦上添花。除了动物学样本外，恩里科·路易吉·费斯塔还向帕尔马大学古生物博物馆提供了少量古印第安人的头骨化石。当时各路专家对收集到的材料进行了系统性研究，并将成果发布在了《都灵大学动物学和比较解剖学博物馆公报》（*Bollettino dei Musei di zoologia e anatomia comparata dell' Università di Torino*）之上。

在无脊椎动物的研究者中，有扎瓦塔里（Zavattari），他对膜翅目昆虫进行了描述，比如巴西蜾蠃（Alastor Festae，今称 Hypalastoroides brasiliensis）；诺比利（Nobili）则分析了从达里安和厄瓜多尔所收集的十足目和口足目动物标本；卡梅拉诺描述了一种新的蠕虫，即线形动物门的费氏索铁线虫（Chordodes festae）。在众多的脊椎动物中，有不少被保兰格冠以费氏（festae）的鱼类新物种。恩里科·路易吉·费斯塔和萨尔瓦多里一起，发表了一系列有关鸟类样本的论文，并在其中确定了几个新种，如紫冠雉和费氏唐纳雀（Ramphococoelus festae），后者是由来自巴拿马的红腰厚嘴唐纳雀和绯背厚嘴唐纳雀杂交而来的极为特殊的案例。

在厄瓜多尔，恩里科·路易吉·费斯塔还对一种喜好在洞穴中筑巢群居的鸟类进行了观察，这种鸟类就是油鸱。这种夜间活动的鸟儿利用回声定位来寻找洞穴的出口，并与鸟群中的其他鸟儿进行交流。恩里科·路易吉·费斯塔是这样描述这种特殊的鸟类的：

> 临近黄昏，这些鸟儿开始在森林中来回盘旋，并发出呱呱的叫声；而白天，它们则成群结队地栖息在深邃宽广的山洞巢穴内。希瓦罗人告诉我，它们的巢一般伫立在洞穴侧壁突起的岩石上；鸟巢里面会有两三个白色的蛋，和我们的鸽子蛋差不多大。希瓦罗人每年两次进入它们居住的洞穴，并将它们大量宰杀。从覆盖雏鸟全身的脂肪中，他们可以提取出一种调味所需的材料。幼鸟被穿成串后进行熏烤，这样可以延长它们的保存时间。雏鸟的味道不错，但成年鸟就不怎么样了，主要是因为它们有一股令人感到恶心的味道。这种鸟基本以水果为食，所以幼鸟的

肚子里会有很多水果残渣。

恩里科·路易吉·费斯塔同样努力描述了自己所猎得的哺乳动物，其中有一只罕见的特有种——厄瓜多尔鬃毛吼猴。贾辛托·佩拉卡（1896 年）后续对来自达里恩的标本进行了更为深入的研究，并在其中描述了几个新物种，如费氏舌褶蜥（Ptychoglossus festae）。佩拉卡（1904 年）从来自厄瓜多尔的样本中确定了 26 种蜥蜴，其中 4 种是科学界新发现的物种，它们全部被冠以费斯塔之名，如费氏丽睫虎（Lepidoblepharis festae）、费氏安乐蜥（Anolis festae）、费氏窄尾蜥（Liocephalus festae）和费氏狐舌蜥（Alopoglossus festae）。他还确定了 23 种蛇类，其中黄褐滑蛇（Rhadinaea festae，今称 Liophis festae）此前尚属未知。此外，他还确定了 46 种两栖动物，其中 9 种是首次描述。恩里科·路易吉·费斯塔的大部分藏品现在被保存在都灵地区自然科学博物馆中。在众多的南美动物标本中，我们还能看到来自安第斯山脉的鹿、熊以及昆虫标本。

不知疲倦的恩里科·路易吉·费斯塔在回国后以自然学旅行家的身份继续工作。20 世纪初，他前往阿尔卑斯山脉，对拉斯佩齐亚湾的利古里亚海岸进行探索并采集海洋生物。他多次来到撒丁岛考察，并在 1913 年抵达罗德岛，加深了对这个鲜为人知的地中海岛屿动物群的认知。他将数百种标本带回都灵，其中包括哺乳动物、鸟类、爬行类、两栖类、昆虫和无脊椎动物。第二年，恩里科·路易吉·费斯塔留在了阿布鲁佐。1921 年，在殖民部长的委任下，他前往昔兰尼加并在那里停留了大概 1 年。他从那里带回了硕果累累的动物学藏品，并于随后将它们捐赠给了都灵大学动物学和比较解剖学博物馆。1939 年 9 月 30 日，恩里科·路易吉·费斯塔在蒙卡列里去世。

第七章　冰雪的魅力

　　谁能形容得出，皎洁明亮的满月在极夜升起时的那份美？当你望向那片在月光照耀下闪闪发光又茫茫无际的洁白冰面时，整个人仿佛被某种魔法笼罩着。只有"维加"号的黑影，如同一只巨大的幽灵，向天空举起双臂，打破了这幻象。

——詹姆士·博韦（James Bove）

出走，越海，远行，探秘，一直以来都是人类的一大需求。当社会结构变得越来越复杂，为了保证发展而需要建立商业关系时，这种需求便成为一种要求。随着商业社会的兴起，探索未知版图的想法也接踵而至，早在市场经济和欧洲资本主义被肯定之前，腓尼基人、阿拉伯人的事业扩张就已经证明了这一点。一望无际的西伯利亚平原、喜马拉雅山脉、高加索山脉、阿拉斯加山脉，甚至非洲大陆尚未发现的山脉，散发着让人难以抗拒的魅力，并且吸引着一大批研究学者的目光，他们前去加深与补充人类对于这些地区的认知。探险活动虽然大多由政府或科学协会以官方的名义组织，却也不失英雄主义和冒险主义的特色，时常有探险家去往那些堪称挑战人类极限的目的地。而这批新兴的探险家，甚至要为此付出生命的代价。

极地探险也许是这些冒险中最为生动的一章。自 16 世纪以来，无畏的探险家们始终被那片漫无边际的冰川所吸引，由他们本人撰写的探险日记和报告成为极地文学的真正标志。他们一路向着极北之地，前往"世界的尽头"，寻求一条连接大西洋和太平洋的通道。他们中的一些人从北美开始寻觅，试图寻找西北航道的踪迹；另外一些人则穿行欧亚大陆北部沿海的冰层，探索东北航道的存在。这批因商业目的而被推进的探索活动，自 11 世纪以来，科研色彩愈发浓厚。

贾科莫·博韦深知这一点，并渴望加入其中。

»»» 东北航道

19 世纪 70 年代末，博韦乘坐蒸汽护卫舰"戈韦诺洛"（Governolo）号从东方归来，结束了这场自 1872 年起他就持续参与的科学考察活动（马来西亚、婆罗洲、菲律宾、日本和中国）。在此次考察中，得益于科研活动负责人、工程师费利切·焦尔达诺（Felice Giordano）的谆谆教导，他加深了对航海技术和水文地理学的了解。回国后，他乘坐"华盛顿"（Washington）号前往墨西拿海峡进行洋流研究，这个课题让他沉迷其中，他也因此成为真正的专家。

旅途中，贾科莫·博韦听说了瑞典探险家和科学家诺登舍尔德（Nordenskiöld）计划进行的极地考察，他没有错过机会，立刻请求加入。由于他拥有丰富的洋流知识，加上意大利地理学会主席克里斯托弗·内格里的举荐——他和这位瑞典科学家已是老相识——他的申请很快得到了批准。1878 年 6 月 22 日，"维加"号这艘为科学探索而改装的捕鲸船，从瑞典卡尔斯克鲁纳港启航，寻找传说中的东北航道。

博韦参与了这场他坚信将被铭记为历史性壮举的考察活动：

> 如果这条航道被证明可行，那它不仅将为人类的商业活动开辟一条
> 伟大的道路，代替环半球之旅，大大缩短大西洋与太平洋之间的距离；
> 同时它将连接西伯利亚流域的河口和欧美，为这片因气候条件而不被人
> 类开发的广袤土地上的植物、矿物、产物，赋予其应有的价值。

沿着北角（Capo Nord）附近崎岖嶙峋的海岸线进入最初几个停靠点后，博韦
错愕地迷失在了浩瀚无垠的北极：

> 周围一片寂静，这使我感到害怕。我惊奇地看着宏伟多姿的景色从
> 眼前展开。在右舷的目光所及之处，是闪着清亮光辉的白雪、晶莹澄澈
> 的浅蓝色冰川、陡峭赤裸的山脊和耀眼的峰顶；左侧则是一整片广阔的
> 海洋，它被令人恐惧的黑色地平线包围着。

但很快，贾科莫·博韦的担忧便得到了缓解。7月25日，"维加"号驶入北冰洋，
他们在船上展开了热火朝天的科研作业："水文地理观测开始了，而我负责监督。
工作内容包括用普通测深仪或布鲁克探测仪①准确探测海洋深度，挖取海底泥沙
和采集海域动物群的样本，撒网收集藻类和其他悬浮植物的标本，测量不同海洋
深度的温度、比重、海水含盐量等。"

在通过新地岛之后，"维加"号上的探险家们初次接触了萨莫耶德人

---

① 由美国海军军官约翰·默瑟·布鲁克在1854年设计，在普通测深仪末端加了一个
近28千克的铁球，以形成负荷，方便仪器快速沉入深海。

"维加"号在北冰洋上乘风破浪

（Samoiedi）；接着他们继续向东航行，途经喀拉海，并在这里遇见了危险的海冰。博韦在航海日志中讲述了那忐忑不安的时刻：

> 我们每个人都目不转睛地盯着眼前的海面，船员们紧紧抓住帆船绳索，或趴在横杆上，或攀上高高的桅杆顶端，焦急地搜寻着地平线……毫无疑问我们正在冰面间穿行，而晚上11点时，一阵如巨浪拍打在海滩上发出的轰隆声震耳欲聋地宣告，我们终于触碰到冰面的边缘了。若在其他海域或其他环境下听到这种声音，我会呆若木鸡，仿佛全身的血液都凝固了。然而在这一瞬间，它却如同甜美的旋律般渗入我的内心。

在冰层中航行，船头会被金属板妥善地加固，以保护龙骨不受冰面的冲击。航行相当顺利，博韦认为这是一个好兆头：

贾科莫·博韦绘制的迪克森群岛地图

但其实，冰层并不密实，不会对船只形成严重的障碍。宽阔的川渠将冰面一块块隔开，正因如此，'维加'号畅通无阻地驶入其中，不绕弯路地继续向着预定方向前行……我们听见从四面八方传来的冰山破裂所发出的呻吟和尖叫声，壮丽的雪水瀑布沿着巍峨的冰山流淌下来，时而还能听到冰山在阳光和海水的作用下轰然倒塌所发出的咆哮声。

抵达迪克森群岛后，他们在附近又发现了一片岛屿。博韦为了纪念"维加"号这艘船，将这片岛屿命名为"维加群岛"。经诺登舍尔德同意，他给沿途遇见的一些岛屿冠上了意大利人的名字，比如翁贝托国王岛、内格里岛、科伦蒂岛。向群岛延伸的大陆半岛被称为科伦蒂角，后来被改为博韦角。在这些岛屿上所做的停留，让博韦有机会近距离观察北极动物。首先就是北极熊。对北极熊进行的第一次猎捕让他了解了这种动物惊人的体型和体重（近半吨）。

自然学家中还有来自乌普萨拉大学的植物学家谢尔曼（Kjellmann）和动物学家斯图克斯贝里（Stuxberg），他们负责对植物和动物的标本进行大规模采集。在泰梅尔岛上，博韦也加入了采集作业并捕捉到几种北极鸟类，其中包括一批贼鸥："一个精巧的布氏海鸥（Larus buffonii）样本使斯图克斯贝里喜上眉梢。作为奖励，当晚他就把他的瑞典语课程延长了 1 个小时，超过了预定时间，并不厌其烦地重复着——当 g 在 a 的前面时念 ga，而当 g 在 ä 前面时念 ge。"

在博韦观察到的鸟类中，还出现了雪鸮，它"让每个北极旅行者都听到它的鸣叫，那声音是如此亲切"。而为了满足对肉食的需求，驯鹿也成为他们的狩猎对象。

越过了西伯利亚勒拿河的河口后，冰层愈发紧密，这使航行开始变得困难；1878 年 9 月 28 日，探险队被迫停在楚科奇人（Ciukci，俄罗斯远东地区的一个少数民族）的领地上，在皮勒凯（Pitlekai）附近度过北极的冬天。在漫长的停留期间，博韦深入研究西伯利亚人，在日记中记录了他们的生活习惯、使用的器具和房屋的构造，并用精准的插画详细说明了他们的建筑的外形和结构。北极地区漫长的冬季生活当然谈不上惬意，但探险家们并没有气馁，博韦的话就证明了这一点：

生活一如既往地单调，天气则愈发寒冷；我们这里已经达到 −37℃，但若没有这该死的风片刻不停地吹，

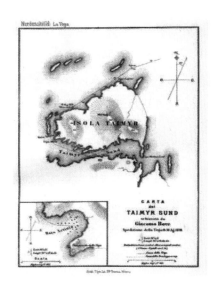

贾科莫·博韦绘制的泰梅尔岛

西伯利亚民族楚科奇人

一切都还不算什么……参谋总部和船员的健康状况不容乐观，这主要是因为船员的工作本来就已经异常艰辛。至于饮用水，我们用的是在船附近直接取的冰块，品质一流，口感极佳。我们宰了船上的两头猪，用来增添圣诞节的喜庆。同时我们正在准备圣诞晚会，比如圣诞树、礼物、音乐等。我采集到的民族志材料也在逐渐增加。

1878 年的圣诞夜，一阵强风从东边吹来，气温骤然上升到 0℃，晴朗的天空被一片震慑人心的北极光照亮。

与此同时，他们与楚科奇人的感情也在加深，其中甚至不乏热闹和"分外亲密"的瞬间：

> 楚科奇人成了喜剧大师，他们已经学会模仿我们的动作。当他们中的一些人模仿诺德奎斯特（Nordquist）的快步走和小碎步，或是我预备跳跃和被绊倒的动作时，大家都在大笑。他们不知道为什么我们不接受他们的虱子。今天有个人向我提供他的一只奇妙的寄生虫，我自然拒绝了他，因为意大利地理学会并不提倡此类收集。他们向我示意将其放在头上，这让我相信，他们是真的要用这种寄生虫来装点我们。

3 月的某一天，在沿着海岸徒步穿越冰川时，他们发现了一只雪鸮，它正在空中翱翔，寻找旅鼠。这会是北极漫长的冬季结束的第一个信号吗？不，事实上科学家们还要再等待几个月才能使"维加"号摆脱冰川的束缚，重返大海。4 月底，气温逐渐上升，冰层也开始慢慢融化。5 月 17 日，似乎是时候了："下午 6 时，船从冰面中解脱出来，我们便立即动了起来：使船头抬起一只脚的高度，使船尾抬起几厘米。"然而他们却空欢喜一场，因为很快气温再次下降，天空中甚至飘起了雪花。直到 1879 年 7 月 18 日，"维加"号才向着自己的目的地进发。同月

20 日，探险队横渡白令海峡。随着庆祝的旗帜升起，大家用五声炮响来向这段路途告别。

"维加"号继续前往阿拉斯加，在圣劳伦斯岛停留之后，于 9 月 2 日抵达横滨。船员们卸下船锚，在那里举办了庆典。越过印度洋和苏伊士运河后，船队于 1880 年 2 月 14 日抵达那不勒斯。

正如我们在前面的章节中已经说过的那样，贾科莫·博韦还将完成许多冒险。而最后一次冒险，将是刚果之旅，这趟冒险最终使他因重病而返乡。在最后的日子里，博韦因瘫痪在床而给家人带来了沉重负担，对此，他产生了巨大的心理压力，并于 1887 年夏天选择自杀。自杀之前，他在写于 8 月 17 日的遗嘱底部加了一篇附言。我们在此引用贾科比尼（Giacobini）记录的原文：

> 疾病和某种可怕的神经症已经快把我变成废人了；甚至我的精神也在变得衰弱。我的大限已到，与其痛苦地活着，还不如死亡。上帝请原谅我的选择，让我回归您的身边。

≫》》深入冻原①

　　斯特凡诺·索米耶想要追随他的同事与朋友奥多阿多·贝卡利、恩里科·希利尔·吉廖利和保罗·曼特加扎的脚步，在世界各地进行科学探索，探寻新的物种和民族。他的老师曼特加扎的斯堪的纳维亚之旅，和亚历山德罗·赫尔岑（Alessandro Herzen）的北冰洋偏远岛屿的探险之旅，使他将极地地区作为自己的植物学和民族学探索的目的地。

　　索米耶在佛罗伦萨认识的赫尔岑，当时这个俄罗斯裔的知识分子家庭正定居在托斯卡纳首府。1861 年，22 岁的赫尔岑以随行医生和助理的身份，跟随瑞士动物学家卡尔·福格特（Carl Vogt）参加了北极考察之旅。旅途中，赫尔岑在远离挪威的偏僻岛屿扬马延停留，希望找到在 1844 年就已经灭绝的一种北极鸟类——大海雀。这种动物的翅膀并非用于飞行而是像鳍一样用来游泳，也是因为如此，

　　①也叫苔原，是一种生物群系，包括极圈冻原、高山冻原生态系两类。地面是由苔藓、地衣、多年生草类和耐寒小灌木构成的低矮植被带，地下则是永冻层。

在人类无情的猎杀行为面前，它无处可匿。

斯特凡诺·索米耶于 1848 年出生于佛罗伦萨，父母都是法国人。和当时许多自然学探险家一样，他从小就被这门学科吸引。他对科学的热情，以及他对植物学和民族人类学的兴趣，推动他去认识与结交当时最杰出的科学家。虽然没有上过大学，但他却是意大利中央植物标本馆的创始人，并于此后以植物学家的身份正式进入佛罗伦萨学术界。在初期的植物学考察阶段，他采集了一批来自地中海岛屿的植物；同时他关于托斯卡纳群岛、佩拉杰群岛和马耳他岛植物群的作品广受当时科学界的好评。

但他身上的探险精神使他始终期待着探索更为遥远的目的地。时机终于成熟，是时候去探索未知的土地，为发现新物种和新民族做出自己的贡献了。1878 年，索米耶与曼特加扎开始了前往北方大陆的旅行；这两个意大利人抵达拉普兰地区，对鲜为人知的拉普兰人进行了长期研究，并最终带着数量庞大的植物学样本和民族志材料返回意大利。

索米耶的第二次航行更具挑战性。1880 年，他独自一人前往西伯利亚的中心地带进行探索，目的是填补关于这片冻原上的动植物群的知识空白，收集连俄罗斯政府都不知晓的当地原住居民的信息。

索米耶深知自己即将面临的困难，他（1885 年）在《西伯利亚一夏》（Un' estate in Siberia）中写道："匮乏的动植物品种，完全无法犒劳旅途的艰辛，这足以解释为什么几乎没有自然学家前来探索鄂毕河下游地区了。"他沿着几大河流前行：从额尔齐斯河上的托博尔斯克出发，沿河而行，直到它与鄂毕河的汇合处，并顺着河流驶到河口，然后穿过大片西伯利亚低地。事实证明，驾着一叶小舟在俄罗斯气势磅礴的河流上行驶近 3000 千米绝非易事。

可怜的索米耶饱受蚊虫叮咬之苦，他在旅行记事中多次抱怨道：

数以万计的蚊子生在树林和沼泽地里。每当我们靠近地面时，它们就会在我们身边飞来飞去，给我们带来与地中海蚊子难以比拟的折磨。我们只能用面纱覆盖脸部，戴上有内衬的手套，勉强躲避一下，因为它们的口器甚至能透过皮质手套来叮咬我们。简直无法想象，我在炎热的夜晚不得不躲进船舱，躺在床上，衣冠整齐，盖着厚实的毯子，戴着帽子和面纱，几乎闷到窒息；更何况，就算全副武装，无情的敌人还是能找到防御力弱的位置，将口器穿透我的皮肤。我曾试着在小木屋里燃烧桦树皮和新鲜木材，但烟雾并没有驱散敌人，反而折磨了我。但丁若是来过西伯利亚，一定会把蚊子叮咬列成罪人要承受的新的惩罚方式！

当他在森林里进行采集作业时，扑面而来的蚊虫同样令他难以忍受："每次我深入丛林，都会在一瞬间陷入难以思考的躁狂状态；我只能无奈地放弃作业，躲回船上，驶离河岸，试图寻求解脱。"在蚊子的摧残下，索米耶甚至接受了其他寄生虫，尽管它们也算不上什么令人愉悦的存在："在我的船舱，甚至鄂毕河沿岸每个渔民的家里，都有成千上万的阴虱。在蚊子面前，它们简直是无辜的小可爱。"

忍耐着种种不适，索米耶继续着紧张的植物探索工作。在前往北极冻原的旅途中，他对沿途的植物群进行了详细观察，并描述了这一鲜有记载的生态系统的植被：

围绕着我的正是冻原的特色植物们。有从浅绿到暗红的各种颜色的泥炭藓。深绿色的是耳蕨植物，而灰白、黄色、棕色以及其他颜色的地衣，则赋予了它如猫科动物皮肤般的外表。某些区域被圆叶桦占领，还有一些区域被杜香铺满。"到达鄂毕河三角洲后，索米耶走访了河口那片星星点点的岛屿："总是要在水里或湿漉漉的沼泽中行走，经常会遇到深潭；倾盆大雨片刻不停歇，气温只有3℃或4℃，无情的暴风雨正要袭来。"

对西伯利亚植被和植物种类进行的研究收获了极具科学价值的成果。收集到的植物样本组成了在植物学上具有重要意义的合集，其中至少有459个物种。索米耶还撰写了一份关于冻原植被研究的科学报告，它就是发表于《新意大利植物学报》（1893年）上的《鄂毕河下游植物群研究成果》（*Risultati botanici di un viaggio all'Ob inferiore*），它为人类了解这片地区的植物群做出了杰出贡献。此外，他对于西伯利亚不同民族，包括科米人（Sirieni）、汉特人（Ostiacchi）和萨莫耶德人的研究，在民族人类学上加深了人们对这片地区的认知。

回到意大利后，索米耶马不停蹄地开始组织新的旅行。1884年，他与好友乔瓦尼·奇尼（Giovanni Cini）一起出发，进行了一次独特的冒险：两个人沿着斯堪的纳维亚半岛行进，于当年冬天到达北角。关于这场探险，索米耶为我们留下了一本原汁原味、精彩纷呈的旅行日记，即《拉普兰冬游记》（*Un viaggio d'inverno in Lapponia*），该日记于1887年出版（索米耶，2003年）。而随后，他前往俄罗斯进行新一轮考察：1887年，他开始了从乌拉尔到高加索的艰苦穿行。3年后的1890年，他与植物学家埃米里奥·勒维耶（Emilio Levier）结伴同行，又一次回到高加索，从黑海的巴统到厄尔布鲁士山，一路走过偏僻荒凉的地区。两位探险家爬上山腰，来到位于海拔3800米的冰川边缘。在600千米的路程中，他们采集了一批珍贵的植物标本；而最终这批标本由来自85个地区的1627件植物标本组成，其中约250种是科学上新发现的物种。这项工作的成果被记录在由这两位佛罗伦萨植物学家编写的《1890年高加索地区植物名录》（*Enumeratio plantarum anno 1890 in Caucaso lectarum*）中，至今该名录仍是描述西伯利亚地区特有种植物的权威著作之一。

这一系列探索使索米耶在当时的意大利自然学家中崭露头角。在他的科学生涯中，他收获了不同的荣誉。1888年，他作为创始成员建立了意大利植物学会，同时被任命为意大利地理学会的对外代表，并在意大利人类学与民族学学会中担任重要职务。1907年，为了奖励他的科学成就，乌普萨拉大学授予他医学荣誉学位。他令人印象深刻的科研成果包括138篇植物学著作与论文，37篇地理学、人类学和民族志研究论文。不少植物至今仍然以他的名字命名，其中有来自吉利奥岛的索氏补血草（Limonium sommierianum），有在高加索发现的索氏委陵菜（Potentilla sommieri）和索氏毛茛（Ranunculus sommieri）。

他所收集的大部分藏品现存放于佛罗伦萨大学自然历史博物馆的索米耶标本馆内，其中有大约6万件标本，它们分别来自地中海岛屿、西伯利亚和高加索地区。博物馆的人类学与民族学展区，则收藏着许多索米耶所到访过的北极民族的遗物和照片。这批物品在今天看来是极为宝贵的民族学证据，特别是考虑到如今的政治社会变化所导致的当地民俗风情的消失。在索米耶的民族志材料中，各类护身符和崇拜物品极具特色，它们证实了西伯利亚偏远地区居民的萨满习俗。

>>> 王子探险家

有些人在他们短暂的一生中，因为一系列惊世壮举而改变了身处的时代的发展进程，成为历史上当仁不让的主角。路易吉·阿梅迪奥·迪·萨沃伊，是阿布鲁佐公爵，也是一位水手和登山家。拥有如此多的头衔，我们自然要为他开辟一个章节。从阿拉斯加的圣埃利亚山（Monte Sant'Elia）到哈拉和林山（Karakorum）和喜马拉雅山脉，从非洲中心的鲁文佐里山脉到"北极星"（Stella Polare）号驶过的北冰洋，从乘坐"克里斯托弗·哥伦布"号环游世界到揭秘索马里谢贝利河的源头，他的足迹遍及世

S.A.R. LUIGI AMEDEO DI SAVOJA
DUCA DEOLI ABRUZZI

阿布鲁佐公爵路易吉·阿梅迪奥·迪·萨沃伊殿下

界多地。

LA STELLA POLARE DOPO LA PRESSIONE

在路易吉·阿梅迪奥·迪·萨沃伊的带领下，"北极星"号破冰前行

这是一个特立独行的角色，他最大的功劳是打造了一个优秀的团队。他的团队中，有来自瓦莱达奥斯塔的登山专家，如约瑟夫·珀蒂加（Joseph Petigax）、劳伦·克鲁（Laurent Croux）、安德烈·佩利西耶（André Pelissier）和安托万·马奎尼亚兹（Antoine Maquignaz）；有优秀的摄影师，如维托里奥·塞拉（Vittorio Sella），他用美丽的相片留住了永恒的世界最高峰，而该相片至今仍是地理研究的珍贵影像资料；有他的挚友，海军军官翁贝托·科尼（Umberto Cagni）；最重要的是有菲利波·德菲利皮，这位优秀的医生、自然学家和历史学家将为我们这位"王子探险家"的发现提供学术支持。

路易吉·阿梅迪奥·迪·萨沃伊 1873 年出生于马德里，是奥斯塔公爵、西班牙国王阿梅迪奥一世（Amedeo di Savoia）和玛丽亚·维多利亚·道尔·波佐（Maria Vittoria del Pozzo della Cisterna）的第三个儿子，埃马努埃莱·菲利贝托（Emanuele Filiberto）和维托里奥·埃马努埃莱（Vittorio Emanuele）的弟弟。从出生开始，他就遭遇了一系列不可思议的家庭变故。在他出生仅 14 天时，他的父亲阿梅迪奥一世被迫退位，并将全家迁往都灵的奇斯泰尔纳宫（palazzo Cisterna）。1876 年 11 月，他才 3 岁半，他那年仅 30 岁的母亲便去世了。他还不到 6 岁半，就被征召到皇家海军中担任学徒船员[①]，并接受严格的军事训练。因为按照传统，王室的王子们必须在军队中担任高级职务。

在这一时期，路易吉开始对登山产生兴趣。和萨伏伊家族的大多数成员一样，他的假期也是在山里度过的。玛格丽塔公主，也就是 1878 年以来的意大利王后，在路易吉的母亲去世后成为他的监护人，正是她陪伴他在阿尔卑斯山间进行了最初的徒步之旅。然而，对路易吉来说，科学家、巴尔纳巴会神甫学院神父弗兰切斯科·登扎（Francesco Denza）才是对他产生决定性影响的人。他带领年轻的路易吉练习登山，锻造其意志并教导他学习自然科学知识。正如王子的崇拜者和轶事讲述者米基耶利（Michieli，1937 年）所指出的那样：

> 随着登山活动的开启，我们的王子渐渐展现出……他的勇敢与主动，那正是他独树一帜的人格里最具特色的部分。而登山者们，那群不喜恭维的人，也钦佩他的沉着大胆和坚韧不拔……他们不仅把他看作自己人，更将他视为高山的征服者。

1884 年 12 月，路易吉成为利沃诺皇家海军学院的一年级学生，并乘着"维托里奥·埃马努埃莱"号护卫舰完成了第一次航海经历。1889 年，年仅 16 岁的他被任命为皇家海军总参谋部的少尉，并登上"阿梅里戈·韦斯普奇"号前桅横帆双桅船，进行了他的第一次环球航行。在这次巡航中，他遇到了在今后探险中一直伴其左右的忠实伙伴——翁贝托·科尼上尉。

抵达里约热内卢时，父亲去世的消息传来，17 岁的他成了孤儿，海洋、高山和探索的梦想从这一刻起成为他人生唯一的追求。经过近 1 年半的旅程，他回到

①海军职位里最低的一级，负责最简单低劣的甲板作业，通常由年满 15 岁、航行经验不超过 24 个月的男孩担任。

祖国，晋升为中尉，同时国王翁贝托一世授予他"阿布鲁佐公爵"的称号。乘坐"沃尔图诺"（Volturno）号炮艇在地中海、红海和索马里沿岸完成多次航行后，路易吉踏上"克里斯托弗·哥伦布"号，进行了一场持续到1896年的漫长的环球航行。

返航之后，王子开始思索真正意义上的高山探险之旅。他将开启一系列难忘的旅程，范围涵盖了许多当时无法想象的目的地。不过，在跟随我们的王子探险家开始他的冒险之前，我们先来认识一下为路易吉·阿梅迪奥的探索提供科研支持的人。

》》》国际化的意大利人

菲利波·德菲利皮的人际关系十分有趣，他的家庭成员和知己好友几乎都在我们前面介绍过的意大利探险家之列。菲利波·德菲利皮 1869 年出生于都灵，是朱塞佩·德菲利皮（Giuseppe De Filippi）和来自比耶拉（Biella）名门的奥林匹亚·塞拉（Olimpia Sella）的长子。他的叔叔是一位自然学家，我们在前面介绍过，他先是在 1862 年与贾科莫·多里亚以及米凯莱·莱索纳一道参加了外交旅行，随后与恩里科·希利尔·吉廖利一起乘坐"马坚塔"号进行了环球之旅。

他的表弟维托里奥·塞拉是一位伟大的登山家，同时因拍摄下阿布鲁佐公爵团队探险过程中的珍贵照片而闻名于世。他的舅舅是著名的奎因蒂诺·塞拉，是财政部长、科学家、登山家及意大利登山协会创始人，不仅带领他开始登山活动，还陪同他进行了几次旅行。从青春期开始，菲利波·德菲利皮就对徒步攀登高山产生了强烈的热情。作为意大利登山协会都灵分部的年轻成员，他在阿尔卑斯山脉体验了第一次登山的乐趣。

德菲利皮对科学的兴趣主要集中在医学领域。他22岁时于都灵大学毕业，最初研究生理学，并前往德国和奥地利各大科研机构进行学习考察。在其辉煌的职业生涯中，他曾在博洛尼亚大学教授外科医学，随后在热那亚外科医院和罗马的综合病理研究所任职，并致力于生物化学研究。

将自己的名字写入探险史之前，德菲利皮已经是一位杰出的外科医生和生理学家。1901年，他与英国作家、登山家爱德华的妹妹卡洛琳·菲茨杰拉德（Caroline Fitzgerald）结婚，后者于10年后便撒手离世。一战期间，他在红十字会进行志愿服务，担任医疗中校，随后被派往伦敦，负责领导意大利军队的宣传部。

德菲利皮第一次随队参与欧洲大陆之外的冒险是在1897年。当时他受路易吉·迪·萨沃伊的邀请加入探险队，并尝试攀登圣埃利亚山。这是一片顺着阿拉斯加和加拿大交界处的西部海岸延伸的雄伟山脉。此次经历被记录在发表于1900年的报告《阿布鲁佐公爵路易吉·阿梅迪奥王子殿下的圣埃利亚山（阿拉斯加）勘察之行》① [*La spedizione di S. A. R. il Principe Luigi Amedeo di Savoia Duca degli Abruzzi al Monte Sant'Elia（Alaska）*] 中。团队成员还包括科尼、塞拉、助理摄影师埃尔米尼奥·博塔（Erminio Botta）、意大利登山协会都灵分部主席弗朗切斯科·戈内拉（Francesco Gonella），以及瓦莱达奥斯塔的众位向导。

这座北美巨峰攀登起来很艰难，但他们最终取得了胜利。7月31日上午11时45分，我们的探险家在历史上第一次登上了位于海拔5493米处的圣埃利亚山的山顶。德菲利皮如此回忆那个荣耀时刻：

> 走在最前面的是珀蒂加和马奎尼亚兹，他们拉开距离，给王子让路。高山之巅就在他们眼前，仅几步之遥。王子殿下从他们中间走过，第一个踏上了圣埃利亚的山顶，而我们大家气喘吁吁地紧随其后，跟着他大

喊：意大利万岁！萨沃伊万岁！

除了抒发爱国情怀和更新体能纪录，这趟探险还带回了显著的科研成果。在地理学材料之外，德菲利皮还收集了许多地球物理学、气象学、地质学和自然学数据，并将大量的植物和动物带回意大利，供当时各路专家研究。

阿布鲁佐公爵对德菲利皮在科学和历史学方面做出的贡献大加赞赏，并邀请他参加 1899—1900 年的极地考察。王子为此特地购买了一艘挪威前捕鲸船并将其改造成了考察舰"北极星"号。然而，繁忙的外科工作绊住了德菲利皮的脚，从 1898 年 12 月 7 日他写给母亲的信中我们能看出他在无奈地放弃北极巡航后的遗憾：

> 亲爱的妈妈，我今天和教授谈过了。我告诉他我目前所做的事情。他对我说，他没有想到我会在这个时候撂挑子，这会让他很难办。他不会批准我的任何假，但如果我真的执意离开，也可以立刻走人。但这就相当于告诉他，我不再是个值得信任的人了。到家后，我看见了埃德蒙小姐（德菲利皮当时的女友、未来的妻子卡洛琳）给我写的信，过两天我会把它转给您。它就像是个疯子写的，从那前言不搭后语的混乱中我读出了心碎，这令我感到十分懊悔，仿佛做了件坏事。今晚我会给陛下写信，说我无法接受邀请，还要给科尼写一封。您无须评论。

路易吉·萨沃伊的极地探险在世界范围内引起了轰动，因为他们抵达了一个前所未有的北纬纬度（86° 34′）。当时横渡海冰异常艰难：王子的一只手被冻伤了，他不得不把指挥权交给科尼。科尼带着在西伯利亚采购的 121 只雪橇犬，成功地结束了远征任务。

1903 年，德菲利皮和妻子卡洛琳一起，自费进行了一次中亚之旅。其间他穿越高加索，走访了哈萨克斯坦，并最终到达里海和克里米亚。

3 年后，德菲利皮再次被阿布鲁佐公爵邀请，参加鲁文佐里山脉的攀登之旅。不过这次德菲利皮没有特别激动，正如他自己所说的："在康威（Conway）和弗雷什菲尔德（Freshfield）的探访之后，已经没什么可研究的了。但登顶还是有机会的，看起来难度不大，也不太高。"然而他错了。正如我们即将看到的，这次冒险也被证明是科学和地理意义上的一个极大的成功。这次旅行的报告同样由德菲利皮执笔，他为我们留下了一份极具科学价值的不朽著作。

直到 1909 年，德菲利皮才参加了被视为他登山活动中的里程碑的冒险之旅。王子准备通过这次探险，以个人名义向哈拉和林山和那令人望而却步的乔戈里峰（K2）发起挑战，试图突破人类所能达到的极限高度。塞拉用笨重的柯达折叠相机拍摄的相片，以及德菲利皮撰写的冒险报告，都被收录在于 1912 年出版的《阿布鲁佐公爵路易吉·阿梅迪奥王子殿下于 1909 年在哈拉和林山与西喜马拉雅山的探险》（*S. A. R. il Principe Amedeo di Savoia Duca degli Abruzzi. La spedizione in Karakorum e nell' Himalaya Occidentale，1909*）之中，它至今见证着昔日那令人心潮澎湃的壮举。

这批登山者抵达了海拔 7498 米的哈拉和林山的新娘峰（也称乔戈里萨峰），但始终无法征服当时仍未被触及的世界第二高峰乔戈里峰。这座山对于医生兼生理学家德菲利皮来说，仿佛一座天然实验室，可以用来测试人体机能对极端海拔条件的抵抗力。登顶失败带来的失落之情从下面这段话中可见一斑：

> 刚迈出第一步就如此障碍重重，是无法指望能登顶的……很可能压根儿就没有人能登上 K2……我第一次发现自己在一座山面前无计可

施……不可能！……事实是，这些山峰让人望而生畏，它们就像巨大的狮身人面像，隐藏着可怕的秘密。在它们面前我们会感受到作为人类的渺小，对峙双方实力之悬殊想必也曾动摇过阿尔卑斯山脉第一批登山者的登顶信念。

在那次探险中，我们的登山者为所穿越的山峰和冰川冠上了不同的名字，例如德菲利皮冰川，它出现在 K2 地区的地形图上。

1912 年发表的报告详细描述了当地的地理情况以及气象观测、地质和地形调查数据。收集到的植物标本被提交给罗穆阿尔多·皮洛塔和法布里齐奥·科尔泰西（Fabrizio Cortesi），他们负责起草物种清单。塞拉则带着一批珍贵的底片回国，它们将丰富当时的文献资料，不仅提供了地形测量数据，也为后续的登山者提供了影像信息。这位来自比耶拉的摄影师如此评价自己的工作成果："不过我们至少在 22 个定位点进行了摄影测量……取得了 106 张珍贵的照片……在此之上我们真的无能为力了，因为胶片的脆弱性以及它们对保存条件的苛刻要求给高山作业带来了无法逾越的难度。"

在与阿布鲁佐公爵一起探索过喜马拉雅山脉后，德菲利皮又独立计划了一场宏伟的科学考察，目的地依然是中亚的山地丘陵。这场冒险在日后产生了重大影响。舒尔迪奇在《意大利人传记词典》（*Dizionario Biografico degli Italiani*）中是这样介绍的：

> 德菲利皮率领的远征队于 1913 年 8 月初离开意大利，并于 1914 年 12 月底返回。他们从克什米尔出发，到达当时的图尔克斯坦的首府，再从那里返回欧洲，全程超过 2000 千米。

这次科学考察所取得的成果被收录在由 16 册分卷组成的鸿篇巨制中，共约 6000 页，题为《1913—1914 年意大利德菲利皮考察队在喜马拉雅山、哈拉和林山和中国新疆的科学报告》（*Relazioni scientifiche della spedizione italiana De Filippi nell'Himalaia, Caracorum e Turchestan cinese, 1913—1914*）。

瑞典著名探险家和地理学家斯文·赫定（Sven Hedin）将德菲利皮的这场探索定义为非同寻常、前所未有的壮举，它将在随后的几十年里影响世界。1935 年，阿尔迪托·德西奥（Ardito Desio）在《意大利地理学会公报》上高度评价了德菲利皮这场冒险的价值："毫无疑问……德菲利皮考察队完成了对这些地区最重要的探索，也取得了历史上前往亚洲的探险队所能取得的最有价值的科研成果。"的确，这次考察涵盖了一系列内容，其中包括重力、磁场和气象学等地球物理学研究。他们对哈拉和林山东部地区进行了详细的地形勘察，发现了部分未知的冰川，采集了地质学和冰川学数据，还完成了民族人类学的相关调查。

虽然考察队并未以采集自然学标本为主，但随队的自然学家乔托·达内利还是收获了部分极具生物学意义的动植物样本。温奇圭拉说服德菲利皮从喜马拉雅山脉的河流中收集鱼类样本：

> 我很高兴通过出版德菲利皮教授带领的意大利考察队所取得的资料，为加深人们对这一独特地区的鱼类动物的了解做出微薄贡献。我万分感激他接受了我的请求，于印度河上游采集了鱼类样本并将它们送往热那亚自然历史博物馆……众所周知，这次考察的主要目的除了地理调研外，还有关于地质学、物理学和天文学的研究，但并不包括动物学。而这也是这次考察报告中唯一的动物学资料，主要归功于考察队的队员乔托·达内利教授，是他精心采集并保存了这些鱼类的样本。

在分析这批材料时，温奇圭拉也发现了新物种，其中有长鳍准裂腹鱼（Schizothorax dainellii cyprinid，今与 Schizopyge dainellii 同义），它可以在海拔高达 4000 米的河流中生存。而植物类标本由雷纳托·潘帕尼尼（Renato Pampanini）进行分析，他在 1930 年对考察期间收集到的植物物种及其分类发表了一份详细的报告。

长鳍准裂腹鱼

结束考察后，德菲利皮被国际国内各类奖项"缠身"，其中包括意大利地理学会和伦敦皇家地理学会颁发的金奖。这也是他的告别之旅。离开罗马后，德菲利皮决定到佛罗伦萨附近的卡波尼小院（La Capponcina）养老。这座小别墅位于塞蒂尼亚诺（Settignano）山上，加布里埃尔·邓南遮也曾居住于此。他与路易吉·阿梅迪奥·迪·萨沃伊一直保持着联系。此后，他为这位不知疲倦的王子所带领的探险队穿越埃塞俄比亚南部的历险以及探索谢贝利河源头的旅行报告执笔，而这些报告均由蒙达多里（Mondadori）于 1932 年出版。

然而，在此期间他的健康状况却日益恶化。1938 年 9 月 23 日，69 岁的菲利波·德菲利皮因心脏病突发而离世。

≫ 月亮山

几个世纪以来，非洲大地上那如梦似幻的雨林和草原，在西方旅行家们眼里始终充满了神秘的魅力。"地理学之父"、希腊学者克劳狄乌斯·托勒密（Claudio Tolomeo）在 2 世纪的地图上首次画出了月亮山（Lunae Montes），意为洒满月光的山脉。根据他的解释，这条山脉位于非洲大陆中心，当那里的积雪融化，流淌下来汇成湖泊，便形成了尼罗河的源头。

关于这条非洲大河的地形学和水文地理学上的各类疑惑，需要经历几个世纪的研究，才能得到解答。而直到 19 世纪上半叶，随着伟大的探险家们逐渐揭开尼罗河源头的面纱，关于月亮山的传言才流传出来。最早发现这片山脉的，是意大利人罗莫洛·杰西。他在 1876 年从事阿尔贝托湖沿岸的勘探工作时，见到了远处的山峰，对此他进行了一番如今看来饱含寓意的描述："如同雪山一般的奇异景象，在天空中若隐若现，飘浮不定。"这几座山就是当地人所说的 Ruwenzururu，意为"飘雪之地"；1888 年，它们被当时未能顺利登顶的亨利·史坦利命名为"鲁文佐里"。

第一支成功揭秘鲁文佐里山脉地理谜团的考察队，毫无疑问是由德国动物学家弗朗兹·斯图尔曼（Franz Stuhlmann）于 1891 年 6 月率领前往的那支。他们与埃敏·帕夏（Emin Pasha）所带领的探险队一起，在山脉西侧的布塔古（Butagu）山谷寻访了 5 天，深入探索了鲁文佐里，并抵达海拔 4036 米的地方。斯图尔曼收集到了重要的自然学资料，并绘制出了第一张地图，划分了这条非洲山脉的四个主要山区。同时他还发表了一些报告文章，来描述随海拔高度变化而变化的植被以及鲁文佐里的动物群。

此后陆续有探险队来到此处，包括登山家弗雷什菲尔德带领的探险队，由大英博物馆赞助、登山家伍斯南（Woosnam）和沃拉斯顿（Wollaston）带领的探险队，以及阿布鲁佐公爵带领的探险队。后者将为这片山脉的地形研究做出决定性贡献，他采集的大量自然学样本也加深了人们对该地区生物多样性的了解。

> 猛烈的东风呼啸而过，周围是一眼望不到头的茫茫白雾。每个人在心里都惦念着最高峰，我们与它相隔仅数百米，却无法窥探其究竟。我们只得耐心等待，目不转睛地盯着北方。然而过了一个半小时，我们还是只能在略微变得稀薄的雾中，隐约分辨出那模糊不清的山峰轮廓。

德菲利皮如此描述这群意大利探险家在非洲最神秘迷人的山峰上进行探险时的关键瞬间。这是一片被雾气笼罩的山脉。这里天气多变，经常下雨。整片山脉拥有几十座海拔 4000 米以上的山峰，其中脱颖而出的是海拔 5125 米的玛格丽塔峰。德菲利皮整理总结了路易吉·迪·萨沃伊探险队各位队员所记录的旅行笔记，还原了这段经历。他们是值得信赖的，他们当中有来自瓦莱达奥斯塔的登山专家，有永远的挚友翁贝托·科尼，有摄影师维托里奥·塞拉及其助手埃尔米尼奥·博塔，有海军医生阿奇勒·卡瓦利·莫利内利（Achille Cavalli Molinelli），还有自然学家亚历山德罗·罗卡蒂（Alessandro Roccati）。一部由德菲利皮执笔、塞拉提供影像资料的伟大作品由此诞生了；这部作品中有气象学、天文学和矿物学笔记，还有地图和图谱说明；它于 1908 年出版，后来被翻译成多种语言。而科研成果则被收录在另外两本学术专著中，同样由德菲利皮负责编辑：其中一本专门介绍植物学和动物学藏品，另一本则介绍关于鲁文佐里的地质学研究成果。

探险队于 1906 年 4 月 16 日从那不勒斯出发，5 月 3 日到达蒙巴萨，后来抵达维多利亚湖，他们正是从维多利亚湖这里出发，开始通往山脚处的长途跋涉。路易吉·萨沃伊事无巨细地配备了物资，令人印象深刻。米基耶利（1937 年）是这样描述的：

> 一系列野外行军装备：帐篷、床、睡袋、桌椅、洗漱用品、餐具、衣服、毯子、摄影器材、科研设备、狩猎武器和弹药。它们被分装在 714 个包裹中并被一一编号，每个包裹 23 千克……需要 194 个搬运工，此外还要加上车队领队、赶骡马的当地人，以及牧民——牧民们负责管理牛羊，保证"鲜活的食物供给"，所以一共有 300 人。

队伍沿着东面山坡，即乌干达的那一边前进，并在因频繁暴雨而更加湿滑的陡峭山地上行进了近 20 天。在考察行程的初始阶段，他们希望抵达一个足以远眺月亮山轮廓的位置。毕竟在此之前，月亮山一直被厚实的云层掩盖着。

5 月 28 日，在晴朗的天空中，突然浮现了鲁文佐里高耸巍峨的山峰。它们海市蜃楼般悬浮于山脚的雾气之上。

随着海拔逐渐攀升，气温降至 0℃，眼前的风景对于登山者来说愈发熟悉。到达海拔 4000 米的地方后，公爵决定建立大本营。从这里出发，他们将逐一登上鲁文佐里山脉的高峰。其中包括海拔 4873 米的贝克山（monte Baker）、雄伟

布朱库湖（lago Bujuku）以及远处从属于鲁文佐里山脉的史坦利山。维托里奥·塞拉摄于 1906 年

的史坦利山，以及由阿布鲁佐公爵发现并命名的山峰：沃拉斯顿峰（4659米）、摩尔峰（Moore，4654 米）、森佩尔峰（Semper，4829 米）和爱德华多峰（Edoardo，4873 米）。路易吉·阿梅迪奥一路攀登到海拔 5125 米的鲁文佐里最高点，并为其冠上了玛格丽塔王后之名。在整个探险的过程中，他们记录了 18 座山峰的美景信息，并为其确定了精准的地形位置和海拔高度。考察结束后，有些地名将长留在这片山脉的地图上，以纪念意大利人的壮举，它们是科尼峰、塞拉峰、维托里奥·埃马努埃莱峰、博泰格峰、约兰达峰、杰西峰。

然而，我们并不准备过多介绍此次攀登的成果，我们想要强调这批探险者攀登鲁文佐里山脉的过程。当他们攀上山脊并穿越大片原始热带森林时，沿途遇见了枝繁叶茂、树木林立的山林，被千里光、龙血树、白欧石楠、半边莲点缀的荒地，以及沟壑嶙峋、覆盖着苔藓和地衣的山坡。这段路程提供了丰富的自然学样本，大量的动植物标本被带回意大利，展示着这个生物多样性热点非比寻常的自然资源。

考察期间收集到的数量庞大的野生动物标本被交付给当时几位动物学家，他们负责分析。在德菲利皮和路易吉·阿梅迪奥·迪·萨沃伊（1909 年）负责编辑的动物群专科分册中，各个章节都被委托给了研究专家。他们对样本进行学习与描述，随后将深入调查的结果发表在专业学术杂志上。整批藏品包括 470 个动物物种，涵盖 3 个属、96 个品种、1 个亚种和 13 个科学新品种，这批样本至今仍被存放于都灵地区自然科学博物馆中。

在卡梅拉诺负责研究的哺乳动物样本中，有一只保存完好的豹子，属于当地特有的一个亚种，它就是非洲豹鲁文佐里亚种。还有平原斑马格兰特亚种的头骨遗骸，该样本采集于布乔戈洛（Bujogolo）附近的马杜杜（Madudu），也就是探险队的大本营驻地。此外还有来自希马（Hima）森林的东黑白疣猴西部亚种和非洲水牛拉德克里夫亚种（Syncerus caffer radcliffei）。

恩里科·路易吉·费斯塔则专心研究蝙蝠（他描述了新物种加纳犬吻蝠）及啮齿类动物，并列出了 17 种不同的啮齿品种。在 45 件鸟类标本中，萨尔瓦多里划分出了 36 个品种，其中有非洲攀雀、阿洛伊噪犀鸟（Bycanistes aloysii）和黑白噪犀鸟，以及点斑钟声拟䴕（Pogoniolus scolopaceus flavisquadratus）。在两栖类和爬行类动物标本中，佩拉卡（1907 年；引自德菲利皮，1909 年）确定了 10 种蛙类、29 种蜥蜴和蛇类，其中包括新发现的蜥蜴品种阿洛伊蜒蜓（Lygosoma aloysiisabaudiae，今与 Leptosiaphos aloysiisabaudiae 同义）。

此外，还有分属 122 个品种的珍稀昆虫标本，以及 245 个品种的其他无脊椎动物（甲壳类、蠕虫类、蜈蚣类以及多足类）标本。极具生物地理学和分类学价值的还有波洛内拉（Pollonera）负责分析的软体动物，其中包含 63 种陆生和淡水软体动物。在这些物种中，有的被冠以了随队自然学家罗卡蒂之名，如罗氏非洲大蜗牛（Limicolaria roccati）。

现保存于都灵大学植物标本馆中的鲁文佐里植物标本，在当时被委托给了几位杰出的植物学家，如基奥文达、科尔泰西和皮洛塔等人。这批材料为人类了解非洲山脉植物群和植被做出了重大的贡献。在描述这批标本的文章中，他们定义了几种新的地衣、苔藓、蕨类植物和其他高等植物，如公爵千里光（Senecio ducis-aprutii）。

目前都灵博物馆的研究人员正在对这批生物样本进行研究，不少物种现在可能已经被归类在其他物种名下，或是在之前已经被描述过。只有经过分类学细致的检查，我们才能知道这批标本中到底有多少算证据标本。不过这并不影响这批藏品的科学价值，尤其是对于今天的系统发生学和谱系地理学研究而言，它提供了一系列珍贵的对比数据。

1919 年，阿布鲁佐公爵路易吉·阿梅迪奥·迪·萨沃伊挥别广阔的冰川和常年的积雪，前往索马里。公爵来到非洲之角后，在意大利殖民主义的新浪潮中定居于谢贝利河附近的一个低矮山谷，并建立了一个名为阿布鲁佐公爵村的农业殖民地。尽管他在海军的仕途中受挫，但这并不意味着他会就此退隐。在索马里，他组织了一次高难度的考察：1928 年 10 月—1929 年 2 月，他带队前去追寻谢贝利河的源头，即位于埃塞俄比亚海拔 2680 米处的霍吉索盆地（Hoghisò）。

这是他最后一次冒险。1933 年 3 月 18 日，阿布鲁佐公爵路易吉·阿梅迪奥·迪·萨沃伊在此去世，但在这片土地上，仍留有这位探险家王子的足迹。